T0216336

Freiburger Empirische Forschung in der Mathematikdidaktik

Reihe herausgegeben von

Lars Holzäpfel, Fakultät III, Pädagogische Hochschule Freiburg, Freiburg, Deutschland

Timo Leuders, Institut für Mathematische Bildung, Pädagogische Hochschule Freiburg, Freiburg, Deutschland

Katja Maaß, Kollegiengebäude IV, Raum 310, Pädagogische Hochschule Freiburg, Freiburg, Deutschland

Gerald Wittmann, Institut für Mathematische Bildung, University of Education Freiburg, Freiburg, Deutschland

Die Freiburger Arbeitsgruppe am Institut für Mathematische Bildung (IMBF) verfolgt in ihrem Forschungsprogramm das Ziel, zur empirischen Fundierung der Mathematikdidaktik als Wissenschaft des Lernens und Lehrens von Mathematik beizutragen. In enger Vernetzung innerhalb der Disziplin und mit Bezugsdisziplinen wie der Pädagogischen Psychologie oder den Erziehungswissenschaften sowie charakterisiert durch eine integrative Forschungsmethodik sehen wir Forschung und Entwicklung stets im Zusammenhang mit der Qualifizierung von wissenschaftlichem Nachwuchs. Die vorliegende Reihe soll regelmäßig über die hierbei entstehenden Forschungsergebnisse berichten.

Reihe herausgegeben von
Prof. Dr. Lars Holzäpfel
Prof. Dr. Timo Leuders
Prof. Dr. Katja Maaß
Prof. Dr. Gerald Wittmann
Pädagogische Hochschule Freiburg, Deutschland
Prof. Dr. Andreas Eichler
Universität Kassel

Isabelle Gobeli-Egloff

Erkennen von Stärken und Schwächen von Schülerinnen und Schülern

Erfassung diagnostischer Kompetenz von angehenden Primarlehrkräften am Beispiel des Größenbereichs Gewichte

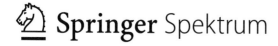 Springer Spektrum

Isabelle Gobeli-Egloff
Brugg, Schweiz

Dissertation Pädagogische Hochschule Freiburg, 2023

ISSN 2193-8164   ISSN 2193-8172   (electronic)
Freiburger Empirische Forschung in der Mathematikdidaktik
ISBN 978-3-658-44133-3   ISBN 978-3-658-44134-0   (eBook)
https://doi.org/10.1007/978-3-658-44134-0

Die Deutsche Nationalbibliothek verzeichnet diese Publikation in der Deutschen Nationalbibliografie; detaillierte bibliografische Daten sind im Internet über http://dnb.d-nb.de abrufbar.

Planung/Lektorat: Marija Kojic
Springer Spektrum ist ein Imprint der eingetragenen Gesellschaft Springer Fachmedien Wiesbaden GmbH und ist ein Teil von Springer Nature.
Die Anschrift der Gesellschaft ist: Abraham-Lincoln-Str. 46, 65189 Wiesbaden, Germany

Das Papier dieses Produkts ist recyclebar.

Geleitwort

Im Rahmen ihrer Dissertation beschäftigt sich Isabelle Gobeli-Egloff mit einem für die Mathematikdidaktik hoch relevanten Thema, mit diagnostischer Kompetenz von angehenden Lehrkräften. Zielsetzung der Dissertation ist es, die Entwicklung diagnostischer Kompetenz im Rahmen der Lehrerausbildung in der Hochschullehre zu erfassen sowie Zusammenhänge zu Überzeugungen, Wissen und Praxiserfahrungen zu untersuchen.

Als Inhalt wählt sie Größen, was in bisherigen empirischen Arbeiten unter dem Aspekt der diagnostischen Kompetenz kaum beachtet wurde. Mit ihrer Fokussierung auf eine Stärke-Schwäche-Diagnose erweitert sie einerseits die Sichtweise auf diagnostische Kompetenz als Urteilsakkuratheit und andererseits weitet sie den Bereich der Diagnose selbst aus, indem nicht nur Fehler oder Fehlkonzepte betrachtet werden, sondern auch bereits vorhandene Kompetenzen von Schülerinnen und Schülern.

Wesentliches Element der Arbeit ist die Entwicklung eines Testinstruments zur Erfassung diagnostischer Kompetenz. In Anlehnung an theoretische Vorarbeiten orientiert sie sich an der ökologischen Validität und am Handlungsziel einer Diagnose als zentrale Qualitätskriterien für die Entwicklung eines Testinstruments zur Erfassung diagnostischer Kompetenz, die sie nutzt, um bestehende Ansätze zu vergleichen und zu bewerten.

Die Qualität der Arbeit zeichnet sich durch eine stetige Verknüpfung empirischer Fragestellungen mit Anforderungen der Praxis, sowie durch eine solide strukturierte und sauber durchgeführte Studie aus, die auch bezüglich der Darstellung der Ergebnisse überzeugt. Zentrales Ergebnis ist ein Testinstrument zur Erfassung einer Teilfacette diagnostischer Kompetenz, das neben den gängigen Gütekriterien vor allem auch ökologisch valide und in hohem Maße praxisrelevant ist.

Das Testinstrument wurde im Rahmen einer Intervention zur Förderung diagnostischer Kompetenz eingesetzt. Hier zeigte sich erneut, dass das Instrument geeignet ist, eine solche Intervention sensitiv und valide zu evaluieren.

Wir wünschen der Arbeit von Isabelle Gobeli-Egloff, dass sie auch weiterhin fruchtbare Nutzung in Forschung und Fortbildungspraxis erfährt.

Prof. Dr. Timo Leuders
Prof. Dr. Kathleen Philipp

Inhaltsverzeichnis

Abkürzungsverzeichnis

Abb.	Abbildung
ANOVA	Analysis of Variance, Varianzanalyse
β	Beta-Koeffizient, Effektstärkemaß der Regressionsanalyse
BKS	Departement für Bildung, Kultur und Sport
CCK	Common content knowledge
COACTIV	Cognitive Activation in the Mathematics Classroom and Professional Competence Teachers
COSIMA	Situationsbasierte Lernumgebungen zur Förderung von Diagnosekompetenzen und auf den Aktivitäten, die beim Lernen in diesen Simulationen ausgeführt werden
df	Degrees of freedom, Freiheitsgrade
F	F-Wert bei Varianzanalysen
ICC	Intra-Class-Correlation-Coefficient
KMK	Kultusministerkonferenz der Länder in der Bundesrepublik Deutschland
M	Mittelwert der erreichten Punkte
M-PA	Mathematiktest für die Personalauswahl
MT21	Mathematics Teaching in the 21st Century
n	Stichprobengröße
η^2	Eta-Quadrat, Effektstärkemaß der Varianzanalyse
NeDiKo	Netzwerk Diagnostische Kompetenz
p	Signifikanzniveau
PCK	Pedagogical content knowledge
PISA	Programme for international Student Assessment
PK	Pedagogical knowledge
r	Korrelationskoeffizient

R^2	Effektstärkemaß, Anteil der erklärten Varianz
SCK	Specialized content knowledge
SD	Standardabweichung
TEDS-M	Teacher Education and Development Study in Mathematics

Abbildungsverzeichnis

Tabellenverzeichnis

Einleitung

1

Fragt eine Primarlehrkraft in einem vierten Schuljahr ihre Schülerinnen und Schüler im Mathematikunterricht zum Thema Gewichte: *„Welcher Gegenstand wiegt ungefähr ein Kilogramm?"* So könnten die Antworten von zwei Kindern folgendermaßen ausfallen:

Kind A: *„Also, weil ich zuhause viel mit meinem Vater backe, weiß ich, dass eine Butter 250 g schwer ist. Deshalb sind vier Butter zusammen ein Kilogramm schwer".*

Kind B: *„Mein Etui mit den Stiften drin wiegt sicher ein Kilogramm oder eher noch mehr, ungefähr 10 Kilogramm; ja, sogar sicher! Es ist nämlich meeega schwer!"*

Diesen und ähnlichen Situationen begegnet eine Primarlehrkraft tagtäglich in ihrem Unterricht. Die Antworten der Kinder A und B offenbaren ihr unterschiedliche Lernstände zweier Kinder der gleichen Klasse, mit denen sie sich als Lehrkraft auseinandersetzt. Um den beiden Lernenden einen nächsten Entwicklungsschritt in ihrem Lernprozess zu ermöglichen, analysiert die Primarlehrkraft deren Antworten. Kind A erzählt von seinen Alltagserfahrungen mit Gewichten durch das Backen und verwendet die Butter als Stützpunktvorstellung. Daraus schließt es in einem nächsten Schritt auf ein Kilogramm. Offenbar weiß es bereits, dass sich ein Kilogramm verfeinern lässt und kennt die kleinere Maßeinheit (Gramm). Ebenso kann Kind A ein Kilogramm in Gramm umwandeln (1kg = 1'000 g) und zeigt durch seine Aussage, dass es im 1'000er-Raum addieren, bzw. multiplizieren, kann (4 · 250 g = 1'000 g).

Kind B zeigt noch keine differenzierte Vorstellung eines Kilogramms. Es nimmt sein Etui – das gefüllt mit Stiften ca. 300 g bis 450 g wiegt – als Repräsentant für ein Kilogramm, weil es sich „meeega schwer" anfühlt. Durch die Aussage, dass das Etui wohl eher 10kg wiegt, zeigt sich, dass „meeega schwer"

I. Gobeli-Egloff, *Erkennen von Stärken und Schwächen von Schülerinnen und Schülern*, Freiburger Empirische Forschung in der Mathematikdidaktik, https://doi.org/10.1007/978-3-658-44134-0_1

für das Kind ein oder zehn Kilogramm sein kann. Offensichtlich fehlen dem Kind
einerseits Alltagserfahrungen, die es ihm erlauben würden, Stützpunktwissen auf-
zubauen, um Repräsentanten für ein Kilogramm zu besitzen und andererseits fehlt
das Wissen und die Vorstellung, dass 10kg *zehnmal mehr* sind als 1kg. Mit seiner Aussage signalisiert Kind B, momentan sowohl über keine (rechnerische)
Vorstellung der Differenz zwischen 1kg und 10kg, als auch über keine tragfähige
Vorstellung von 10kg zu verfügen.

Solche Analysen kann eine Lehrkraft dazu verwenden, den Lernstand ihrer
Schülerinnen und Schüler zu erfassen. Damit befindet sie sich mitten im Diagnoseprozess, bei dem sie richtige und fehlerhafte Überlegungen identifiziert,
deren Ursachen interpretiert und daraus ableitet, welche Schritte nötig sind, damit
ihre Schülerinnen und Schüler in die Zone der nächsten Entwicklung (Wygotski,
1980) gelangen.

Damit richtige und fehlerhafte Überlegungen identifiziert und deren Ursachen
interpretiert werden können, benötigt eine Lehrkraft diagnostische Kompetenz.
Diese wird als Facette von professioneller Kompetenz verstanden und gilt einerseits als Basis von pädagogischem Handeln (z. B. Helmke & Helmke, 2017;
Hoge & Coladarci, 1989; Schrader, 2011; Weinert, 2001b) und andererseits
als Voraussetzung, den Anforderungen des Berufsalltags gerecht zu werden
(Helmke & Helmke, 2017). Ebenso ist diagnostische Kompetenz Bedingung
dafür, dass eine Lehrkraft ihre Schülerinnen und Schüler beim Lernprozess
unterstützen kann, sodass diese ihre Fähigkeiten, Fertigkeiten, Kenntnisse und
metakognitiven Kompetenzen flexibel nutzen können (Weinert, 2000). Diagnostische Kompetenz bildet sich nicht von allein im Lauf der Berufsjahre und mit
steigender Berufserfahrung (Hesse & Latzko, 2017), sondern kann, weil sie
erlernbar ist, durch gezielte Förderung angeleitet und aufgebaut werden (Weinert, 2001b). Weil diagnostische Kompetenz nicht direkt sicht- oder messbar
ist, muss aufgrund von bestimmten Verhaltensweisen darauf geschlossen werden (Breitenbach, 2020; Rudeloff, 2019). Mit der vorliegenden Arbeit wird eine
Facette diagnostischer Kompetenz in den Blick genommen – das Erkennen von
Stärken und Schwächen in Lösungen von Schülerinnen und Schülern am Beispiel
des Größenbereichs Gewichte. Damit diese Kompetenz in Performanz transformiert und damit erfasst werden kann, werden diagnostische Handlungen angeregt,
die in der vorliegenden Arbeit als Stärke-Schwäche-Diagnose bezeichnet werden. Die Operationalisierung findet über die Anzahl identifizierter richtiger und
fehlerhafter Überlegungen und deren Ursacheninterpretation statt.

Weil in den letzten Jahren die Zentralität der Diagnostik damit begründet
wurde, dass sie eine wichtige Voraussetzung für die Beurteilung und für die
Unterrichtsgestaltung einer Lehrkraft ist (Ophuysen & Behrmann, 2015), ergab

sich die Aufgabe festzustellen, wie zutreffend die Urteilsqualität einer Lehrkraft ist. So entstanden diverse Forschungsergebnisse zur Urteilsakkuratheit, für die als Operationalisierung ein Abgleich des Urteils der Lehrkraft mit den erhobenen Merkmalen bei den Schülerinnen und Schülern dient (ebd.). Da eine Lehrkraft in ihrer beruflichen Tätigkeit neben dem Beurteilen ihrer Schülerinnen und Schüler vor weitere Herausforderungen, wie z. B. dem Unterrichten, Erziehen oder Beraten, gestellt wird (Sommerhoff et al., 2022), soll mit der gewählten Vorgehensweise der Stärke-Schwäche-Diagnose und deren Operationalisierung das Feld von Untersuchungen, bei denen die Urteilsakkuratheit als Paradigma im Vordergrund steht, erweitert werden.

Da diagnostische Kompetenz einerseits als inhalts- und nicht nur als domänenspezifisch angesehen wird (Lorenz & Artelt, 2009) und andererseits als erlernbar gilt (Weinert, 2001b), nahmen Studierende des Bachelors-Studienlehrgangs Primar der Pädagogischen Hochschule Nordwestschweiz (PH FHNW) an einer Intervention teil, bei der sie anhand von fachbezogenen Kriterien Aspekte im Hinblick auf das zugrundeliegende mathematische Verständnis zum Aufbau von Größenvorstellungen kennenlernten, die zu richtigen oder fehlerhaften Überlegungen bei Schülerinnen und Schülern führen können (Jacobs et al., 2010). Sowohl Ball et al. (2008) als auch Shulman (1986) heben in ihrem Verständnis zu den Wissensfacetten einer Lehrkraft hervor, dass Fehlkonzepte der Schülerinnen und Schüler erkannt werden müssen, damit gezielt dort angeknüpft werden kann. Ebenso legen verschiedene Untersuchungen zu diagnostischer Kompetenz den Schwerpunkt auf fehlerhafte Überlegungen und Fehlkonzepte von Schülerinnen und Schülern, um das implizite Wissen zu verstehen (wie z. B. von Heinrichs, 2011; Brunner et al., 2011; Larrain & Kaiser, 2022). Weil jedes Kind das Recht auf eine angemessene Förderung hat, ist es gleichermaßen von großer Wichtigkeit, den Fokus auch auf mögliche Stärken von Schülerinnen und Schülern zu legen und dadurch auf das Erkennen von möglichen Lernchancen und Potenzialen (z. B. Bardy & Bardy, 2020; Rösike & Schnell, 2017). Gerade weil die Förderung leistungsstarker Schülerinnen und Schülern in Deutschland im internationalen Vergleich weniger gut auszufallen scheint (Bardy & Bardy, 2020) werden in der vorliegenden Arbeit gezielt auch mögliche Stärken in den Blick genommen.

Weil die professionelle Kompetenz einer Lehrkraft als wichtige Voraussetzung für die Qualität von Unterrichtsprozessen verstanden wird (Südkamp & Prateorius, 2017), nimmt in der Bildungsforschung die Entwicklung geeigneter Modelle zur Operationalisierung und Messung professioneller Kompetenz seit mehreren Jahrzehnten einen hohen Stellenwert ein (Leuders, 2014; Leuders et al., 2022). Diagnostische Kompetenz – auch als diagnostisches Wissen und Können bezeichnet – bei Lehrkräften reliabel und valide zu messen, gestaltet sich in der

Umsetzung jedoch oft schwierig, da Kombinationen von Wissen und Können gemessen werden sollen (Baumert & Kunter, 2006). Die in den letzten Jahren durchgeführten Projekte wie z. B. *NeDiKo*[1], *DiaKoM*[1] oder *Cosima*[2] zeigen, dass diagnostisches Denken und Handeln unterschiedlich konzeptualisiert und gemessen werden können (Leuders et al., 2022). Auch Karst und Förster (2017) streichen die Unterschiedlichkeit in der Herangehensweise zur Messung diagnostischer Kompetenz heraus. Daraus lässt sich schlussfolgern, dass beim Messen durch reliable und valide Instrumente noch Forschungsbedarf besteht (Leuders et al., 2019). Die fachdidaktische Motivation der vorliegenden Arbeit gründet darauf, diagnostische Kompetenz anhand einer Stärke-Schwäche-Diagnose zu messen.

Ein weiterer Aspekt dieser Arbeit ist es, die Bedeutung der Erfassung bzw. Messung von diagnostischer Kompetenz hervorzuheben, da sie Gegenstand der Forschung in verschiedenen Disziplinen und Forschungsbereichen ist (Leuders et al., 2022). Diesem Aspekt wird in *Kapitel 2* zunächst auf theoretischer Ebene Rechnung getragen, indem eine Einordnung von diagnostischer Kompetenz in Modelle zur professionellen Kompetenz einer Lehrkraft vorgenommen wird. Weil epistemologische Überzeugungen als eng mit der professionellen und damit mit der diagnostischen Kompetenz verknüpft gelten (Leuders et al., 2019), wird deren Bedeutung bezüglich der Mathematik für und der Einfluss auf die diagnostische Kompetenz einer Lehrkraft akzentuiert. Um den inhaltlichen Kern diagnostischer Kompetenz herauszuarbeiten, wird anschließend die Stärke-Schwäche-Diagnose in den Blick genommen und theoretisch geklärt, welche diagnostischen Tätigkeiten ihr zugrunde liegen. Dabei wird aufgezeigt, dass diagnostische Kompetenz nicht nur als Grundlage für das Erkennen von Schwächen (Shulman, 1986), sondern genauso für das Erkennen von Stärken als Voraussetzung dient (Rösike & Schnell, 2017). Infolgedessen, dass unterschiedliche Herangehensweisen zur Erfassung diagnostischer Kompetenz in früheren (z. B. Südkamp et al., 2008) und aktuellen (z. B. Enenkiel et al., 2022) Untersuchungen existieren, werden verschiedene Studien untersucht und es wird dargelegt,

---

[1] *NeDiKo* und *DiaKoM* sind Akronyme für das wissenschaftliche **N**etzwerk **Di**agnostische **Ko**mpetenz – Theoretische und methodische Weiterentwicklung und für das Forschungs- und Nachwuchskolleg **Dia**gnostische **Ko**mpetenzen (engl. **DiaCom** für „**dia**gnostic **com**petencies") von Lehrkräften: Einflüsse, Struktur und Förderung. Aktualisiert am 5.2.2023, https://www.for2385.uni-muenchen.de/aktuelles/deniko_diakom/index.html.

[2] Das Interesses der Forschungsgruppe *COSIMA* liegt auf situationsbasierten Lernumgebungen zur Förderung von Diagnosekompetenzen und auf den Aktivitäten, die beim Lernen in diesen Simulationen ausgeführt werden. Aktualisiert am 5.2.2023, https://www.for2385.uni-muenchen.de/rahmenmodell/index.html.

inwiefern deren Ansätze und gewählten Umsetzungen zur Messung von diagnostischer Kompetenz als nahe an der Arbeitsrealität einer Lehrkraft verstanden werden können. Mit diesem Vergleich wird in *Kapitel 3* die Verortung des gewählten Ansatzes und dessen Umsetzung beim entwickelten Messinstrument herausgearbeitet. Ebenfalls werden in diesem Kapitel die Forschungsfragen in den Blick genommen, mit denen auf die Güte und die Sensitivität des Messinstruments sowie auf mögliche Einflüsse auf die diagnostische Kompetenz fokussiert wird. Der methodische Ansatz wird in *Kapitel 4* dargestellt, indem zunächst die qualitativen und quantitativen Grundlagen der Datenerhebung und der Datenanalyse diskutiert werden. Danach wird der Forschungszugang der Mixed-Methods (Kuckartz, 2014) vorgestellt, welcher in der vorliegenden Arbeit zur Umsetzung kommt. Dabei werden für die Auswertung sowohl qualitativ erhobene Daten in quantitative überführt als auch qualitative und quantitative Methoden während der Phasen der Datenanalyse und der Datenauswertung miteinander kombiniert. Wesentliches Ergebnis ist hierbei ein differenziertes Kategoriensystem zur Erfassung der als richtig und als fehlerhaft identifizierten Überlegungen und deren Ursacheninterpretation durch die Studierenden. In *Kapitel 5* folgt die Darstellung der Ergebnisse, mit der zunächst die Güte des entwickelten Testinstruments in den Blick genommen und gezeigt wird, inwiefern damit das Erkennen von Stärken und Schwächen operationalisiert und messbar gemacht werden kann. Anschließend wird veranschaulicht, welche Unterschiede zwischen den Studierenden mit dem Testinstrument festgestellt werden können und welche Faktoren das Erkennen von Stärken und Schwächen beeinflussen. Schließlich folgt in *Kapitel 6* eine Zusammenfassung, bei der die Güte und die Sensitivität des entwickelten Testinstruments sowie mögliche Einflüsse auf das Erkennen von Stärken und Schwächen diskutiert werden. Gleichermaßen wird der Gewinn der vorliegenden Arbeit hervorgehoben, inwiefern sie sich von anderen Untersuchungen zur Messung diagnostischer Kompetenz unterscheidet. Zuletzt folgt ein Fazit, bei dem auf der Grundlage der Erkenntnisse einerseits die Relevanz diagnostischer Kompetenz für die Ausbildung angehender Primarlehrkräfte hervorgehoben und andererseits die Bedeutsamkeit des entwickelten Testinstruments betont werden.

Wesentliche Zielsetzung dieser Arbeit ist einerseits ein theoretisch fundierter und empirisch abgestützter Beitrag zur Messung einer Facette diagnostischer Kompetenz – dem Erkennen von Stärken und Schwächen in Lösungen von Schülerinnen und Schülern im Größenbereich Gewichte. Andererseits soll überprüft werden, inwiefern diagnostische Kompetenz bei einer Stärke-Schwäche-Diagnose mit dem entwickelten Kompetenzmessinstrument erfasst werden kann und ob es sensitiv genug ist, um interindividuelle Unterschiede der diagnostischen Kompetenz zwischen Studierenden festhalten zu können.

Theoretischer Hintergrund und Forschungsstand

2

Primarlehrkräfte können als „die wichtigsten Akteure im Bildungswesen" (Baumert & Kunter, 2011, S. 29) angesehen werden. Aus diesem Grund werden verschiedene Aspekte der Professionalisierung von Lehrkräften durch empirische, pädagogische und fachdidaktische Forschung untersucht, um beispielsweise die Ausbildung angehender Lehrkräfte zu verbessern. In der vorliegenden Arbeit wird diagnostische Kompetenz angehender Primarlehrkräfte in den Blick genommen und in einem ersten Schritt wird auf theoretischer Ebene dargelegt, welche Modelle und Konzepte dabei zugrunde gelegt werden.

2.1 Professionelle Kompetenz von Lehrkräften

Während im Alltag Kompetenz als „Sachverstand" (Harms & Riese, 2018, S. 284) aufgefasst wird, fußt der für die Forschung zur Bildung von Lehrkräften herangezogene Kompetenzbegriff auf dem Wissen und Können von Lehrkräften, um verschiedene Aufgaben im Lehrberuf erfolgreich zu bewältigen (z. B. Baumert & Kunter, 2011). Solche Aufgaben reichen sowohl von der Auswahl von Themen und Methoden für den Unterricht, über die Diagnose und Bewertung der Leistungen von Schülerinnen und Schülern, bis hin zu unterstützenden Maßnahmen und der Entwicklung von Moral und Werten. Gemeinsam ist den bestehenden Forschungsansätzen, dass Kompetenz dadurch charakterisiert wird, dass sie die persönlichen Voraussetzungen zu einer erfolgreichen Bewältigung spezifischer und situationaler Anforderungen beschreibt (Baumert & Kunter, 2011) und dadurch eine „effektive Interaktion mit der Umgebung" (Ufer & Leutner, 2017, S. 67) ermöglicht wird. Baumert und Kunter (2011) charakterisieren Unterricht als ein „Angebot-Nutzungs-Modell" (ebd., S. 30), bei dem

I. Gobeli-Egloff, *Erkennen von Stärken und Schwächen von Schülerinnen und Schülern*, Freiburger Empirische Forschung in der Mathematikdidaktik, https://doi.org/10.1007/978-3-658-44134-0_2

7

Lehrkräfte in Interaktion mit ihren Schülerinnen und Schülern Lerngelegenheiten bereitstellen, die Lernprozesse ermöglichen. Die Gestaltung von Lehr- und
Lern-Situationen und die Vermittlung schulischer Lernziele werden dabei als zentrale Aufgaben einer Lehrkraft angesehen (ebd.), bei dem Lernen „als einen ...
auf Verstehen und Transfer ausgerichteten Prozess" unterstützt wird (Metzger,
2011, S. 383). Aufgrund ihrer professionellen Kompetenz kann eine Lehrkraft
ihre Schülerinnen und Schüler kognitiv aktivieren, indem sie herausfordernde
Aufgaben oder Fragestellungen anbietet, damit sich ihre Schülerinnen und Schüler mental aktiv mit den Lerninhalten auseinandersetzen und die Lernangebote
gewinnbringend für ihren Lernprozess nutzen (Gräsel & Trempler, 2017; Klieme,
2006).

Baumert und Kunter (2011) merken an, dass Weinert (2001b) den Kom-
petenzgedanken in eine „professionelle Handlungskompetenz" (ebd., S. 31)
transferierte und damit die Bewältigung beruflicher Anforderungen prägte. Die
professionelle Handlungskompetenz beinhaltet inhaltsspezifisches Wissen, kognitive Fertigkeiten, Strategien und Routinen und führt zur Erfüllung von beruflichen
Anforderungen (Weinert, 2001a, 2001b). Kognitive Fertigkeiten oder Fähigkeiten
können als Grundlagen von schöpferischem Denken verstanden werden und insgesamt als „intellektuelle Kapazität" (Klauer & Marx, 2010, S. 215) bezeichnet
werden.

Damit eine Lehrkraft bei ihren Schülerinnen und Schülern Lernprozesse anregen kann, benötigt sie professionelle Kompetenz. Diese beinhaltet fachliches,
fachdidaktisches, allgemein pädagogisches und psychologisches Wissen (Harr
et al., 2019). Die Dreiteilung der professionellen Kompetenz in fachliches,
fachdidaktisches und pädagogisch-psychologisches Wissen geht auf Shulman
(1987) zurück, der als Bildungspsychologe die Professionalität einer Lehrkraft
in Wissensdimensionen unterteilt hat (Baumert & Kunter, 2011) und auf dessen
Forschungsergebnisse im weiteren Verlauf eingegangen wird.

Um Lerngelegenheiten bereitzustellen und Lernprozesse aktivieren zu können,
muss eine Lehrkraft sowohl über *Wissen* als auch *Können* verfügen (Baumert &
Kunter, 2011). Wissen und Können beruhen darauf, Wissen in Handlungszusam-
menhängen zu integrieren (Abs, 2007) und sind Ausdruck von professioneller
Kompetenz. Damit umfasst die professionelle Kompetenz die Fähigkeit und die
Bereitschaft zu handeln und bezieht sich dabei auf individuelle Voraussetzungen
(Baumert & Kunter, 2011).

In Weinerts Definition von Kompetenz (2001b), als Ausdruck von Wissen und
Können, beschreibt er sie als *erlernbar*:

...unter Kompetenzen [versteht man] die bei Individuen verfügbaren oder durch sie erlernbaren kognitiven Fähigkeiten und Fertigkeiten, um bestimmte Probleme zu lösen, sowie die damit verbundenen motivationalen, volitionalen und sozialen Bereitschaften und Fähigkeiten, um die Problemlösungen in variablen Situationen erfolgreich und verantwortungsvoll nutzen zu können. (Weinert, 2001b, S. 27, 28)

Laut dieser Definition handelt es sich bei einer Kompetenz nicht um eine allgemeine Fähigkeit, die immer und überall gleich ist und bleibt, sondern um eine *erlernbare* Fähigkeit, die je nach Situation entsprechend eingesetzt und genutzt werden kann, um ein Problem zu lösen. Kompetenz ist also kontextabhängig (Klieme & Leutner, 2006) und auch Rychen und Salganik (2000) betonen die Veränderbarkeit und grundsätzliche Erlernbarkeit einer Kompetenz. Sie ist einem fortlaufenden, lebenslangen Lernprozess unterworfen.

Durch Weinerts (2001b) Definition wird ebenfalls klar, dass die motivationalen, volitionalen und sozialen Bereitschaften und Fähigkeiten einer Person in die Kompetenz und dadurch in eine mögliche Lösung eines Problems mit hineinspielen und als entscheidende Voraussetzungen „für die Bereitschaft zu handeln gesehen werden" (Baumert et al., 2011, S. 31). Eine volitionale Kompetenz bezeichnen Forstmeier und Rüddel (2004) als willentliche Handlungssteuerung, die eine zielgerichtete Steuerung von Gedanken, Emotionen und Handlungen bedeutet. Weinert (2001b) beschreibt Kompetenz in seiner Definition nicht als eine rein kognitive Fähigkeit. Sie wird sogar als „Gegenbegriff zur klassischen Intelligenzforschung" (Klieme & Leutner, 2006, S. 879) verstanden, bei der Intelligenz als generalisiertes, kontextunabhängiges und nur begrenzt erlernbares Konzept verstanden wird. Kognitive Fähigkeiten gelten in der Psychologie als mentale Fähigkeiten und beinhalten den Erwerb oder die Veränderung von Meinungen einer Person auf der Basis von logischen Schlussfolgerungen. Dabei geht es um Vorgänge des Informationserwerbs und der Informationsverarbeitung (Bach, 2013). Ebenso werden mit kognitiven Fähigkeiten verschiedene mentale Fähigkeiten beschrieben wie die *Wahrnehmung*sfähigkeit, bei der bei einer Person aufgrund eines äußeren Sachverhalts Wahrnehmungseindrücke hervorgerufen werden oder die *Denk*fähigkeit, mit der die Transformation von internen Zuständen wie Wünschen oder Meinungen in andere Zustände übergehen sowie die Fähigkeit der *Verhaltenssteuerung*, bei der auf Grundlage bestimmter Meinungen und Wünschen Entscheide zum Handeln getroffen werden. Als nicht-kognitive Fähigkeiten werden gemäß Camehl (2016) soziale und emotionale Fähigkeiten oder Persönlichkeitsmerkmale, wie z. B. Gewissenhaftigkeit, verstanden.

Wichtig für die Beschreibung von Kompetenz ist die Annahme, dass sowohl *Wissen* als auch *Können* einer Lehrkraft, den Unterricht erfolgreich auf die

Bedürfnisse der Schülerinnen und Schüler abzustimmen, keine von der Natur gegebenen Talente darstellen, sondern durch einen bewusst professionalisierten Entwicklungsprozess erlernt werden können (Hesse & Latzko, 2017). Die Definition von Kompetenz von Weinert (2001b) unterstreicht diese Annahme und dient als Grundlage der vorliegenden Arbeit. Aus dem Aspekt der Erlernbarkeit wird die Auffassung abgeleitet, dass diagnostische Kompetenz – als Facette von professioneller Kompetenz – lern- und durch eine Intervention auf-, bzw. ausbaubar ist. Der Begriff *Facette* wird synonym für einen *Teilaspekt* verwendet (Drosdowski, 2020).

Wissen und *Können* einer Lehrkraft drücken sich ferner dadurch aus, dass sie ein opportunistisches Verhalten zeigt, durch das sie Voraussetzungen in ihrem Unterricht schafft, bei dem Schülerinnen und Schüler Lernfortschritte erzielen und durch die Lehrkraft in den zu erreichenden Selbst-, Sach- und Sozialkompetenzen gefördert und unterstützt werden (Kunter et al., 2009). Weinert (2000) unterstreicht mit sechs formulierten „fundamentalen Bildungszielen" (ebd., S. 5 f.) die Wichtigkeit der beiden Komponenten des *Wissens* und *Könnens* der professionellen Kompetenz einer Lehrkraft und betont, dass es die wichtigste Aufgabe des Bildungssystems ist, dass Schülerinnen und Schüler intelligentes Wissen erwerben können. Weinert (2000) begründet dies damit, dass die Vermittlung von intelligentem Wissen das wichtigste Bildungsziel überhaupt ist und dass dieses Wissen für ein bedeutungshaltiges und sinnhaftes Wissen steht, das nicht „eingekapselt", nicht „tot im Gedächtnis liegt", und nicht „verlötet ist mit der Situation, in der es erworben wurde" (ebd. S. 5). Aus diesem Grund ist intelligentes Wissen lebendig und flexibel nutzbar. Damit intelligentes Wissen erworben werden kann, wird ein „wohlorganisiertes, disziplinär, interdisziplinär und lebenspraktisch vernetztes System von flexibel nutzbaren Fähigkeiten, Fertigkeiten, Kenntnissen und metakognitiven Kompetenzen" gefordert (ebd., S. 6). Damit Schülerinnen und Schüler diese Fähigkeiten aufbauen und vertiefen können, sind von Lehrkräften hauptsächlich folgende Teilkompetenzen erforderlich (Weinert, 2000):

(1) die *Sachkompetenz* einer Lehrkraft, die ein Fach sachlich beherrschen und Wissen darüber haben muss, wie es zu vermitteln ist,

(2) *diagnostische Kompetenzen*, als „Bündel von Fähigkeiten, um den Kenntnisstand, die Lernfortschritte und die Leistungsprobleme der Schülerinnen und Schüler beurteilen zu können" (ebd., S. 16),

(3) *didaktische Kompetenzen*, als „Bereitschaften, verschiedene Unterrichtsformen souverän zur Erreichung unterschiedlicher pädagogischer Ziele einsetzen zu können" (ebd. S. 16),

(4) die *Klassenführungskompetenz*, als die Fähigkeit, Schülerinnen und Schüler einer Klasse „zu motivieren, sich möglichst lange und intensiv auf die erforderlichen Lernaktivitäten zu konzentrieren" (ebd., S. 17).

Diese vier Facetten von professioneller Kompetenz können als *Wissen* und *Können* zusammengefasst werden, mit denen eine Lehrkraft erfolgreich unterrichten kann (Baumert & Kunter, 2011). Ebenso wird durch die Spezifizierung der professionellen Kompetenz in vier Facetten deutlich, dass das Professionswissen einer Lehrkraft in sich differenziert ist. Obwohl in der vorliegenden Arbeit der Fokus auf der *diagnostischen* Kompetenz liegt, erscheint es sinnvoll, auch die anderen geforderten Teilkompetenzen einer Lehrkraft nachfolgend kurz zu beschreiben, da die diagnostische Kompetenz mit den anderen Kompetenzen eng verwoben ist (Leuders et al., 2019).

Damit eine Lehrkraft auf die Bedürfnisse ihrer Schülerinnen und Schüler adäquat eingehen kann, bedarf sie gemäß Weinerts Definition *didaktische* und *diagnostische Kompetenzen* (Weinert, 2000). Mit didaktischer Kompetenz ist das Wissen über didaktische Prinzipien gemeint, mit denen Leitvorstellungen des Lernens und Lehrens beschrieben werden (Bruckmaier, 2019) und Erkenntnisse aus der pädagogischen Psychologie mit den Erfahrungen aus dem Unterrichtsalltag verknüpft wird. Didaktische Kompetenz beinhaltet demnach das Kennen von Regeln für die Planung, Gestaltung und Analyse von Unterricht. *Sachkompetenz* – als weitere Facette professioneller Kompetenz – benötigt eine Lehrkraft, um mit ihrem Fachwissen ihre Schülerinnen und Schüler z. B. durch Fragen herauszufordern, eine reflexive Distanz einzunehmen und eine solche auch bei den Schülerinnen und Schülern zu fördern. Um zu wissen, wie und wann sie welche neuen Informationen, Perspektiven oder Ideen einsetzen muss, die bei ihren Schülerinnen und Schülern zu einem Überdenken ihrer bestehenden Überzeugungen führen, braucht eine Lehrkraft zusätzlich zur Sach- auch diagnostische Kompetenz (Baumert et al., 2011). Eine weitere Facette professioneller Kompetenz von Lehrkräften ist die *Klassenführungskompetenz*, die eine Lehrkraft benötigt, um auf Basis einer spezifischen und sachlichen Beziehung ihre Schülerinnen und Schüler professionell und motivierend in spezifischen Domänen wie z. B. der Mathematik zu fördern und zu unterstützen und auch zu führen. Mit Domänen sind unterschiedliche Lernfelder gemeint, wie z. B. das Lesen oder aber auch fachbezogene Leistungsbereiche, wie z. B. mathematisches Modellieren (Klieme & Leutner, 2006.). Ebenso fällt unter die Klassenführungskompetenz die Fähigkeit einer Lehrkraft, auf Erklärungen, Begründungen und auf Genauigkeit zu beharren und die Fähigkeit des Durcharbeitens und systematischen Übens ihrer Schülerinnen und Schüler zu fördern und zu unterstützen (Baumert und Kunter, 2006).

Die professionelle Kompetenz einer Lehrkraft kann zusammenfassend als Basis für die erfolgreiche Durchführung ihres Unterrichts beschrieben werden. Baumert et al. (2011) verstehen „die didaktische Vorbereitung und Inszenierung von Unterricht" – als Facette von professioneller Kompetenz – „als die zentrale Anforderung des Berufs [einer Lehrkraft]" (ebd., S. 30, 31). Die Basis für eine erfolgreiche didaktische Vorbereitung und Inszenierung von Unterricht bildet unter anderem die diagnostische Kompetenz einer Lehrkraft, mit der sie die Lernstände der Schülerinnen und Schüler in Erfahrung bringen und daraus die Bedürfnisse ableiten kann, um einen adäquaten Unterricht vorzubereiten und durchzuführen.

2.1.1 Modellierungen professioneller Kompetenz

Wir haben gesehen, dass die professionelle Kompetenz einer Lehrkraft aus mehreren Teilkompetenzen besteht und die Basis für eine erfolgreiche Inszenierung von Unterricht bildet. Deshalb werden im Folgenden die Teilaspekte professioneller Kompetenz einer Lehrkraft anhand verschiedener Kompetenzmodelle beleuchtet mit dem Ziel, diagnostische Kompetenz als eine Facette von professioneller Kompetenz theoretisch zu verorten.

Die Merkmale, die die notwendigen Bedingungen für die Gestaltung von Lehr- und Lernsituationen einer Lehrkraft darstellen, wurden im Rahmen des Forschungsprojekts „Cognitive Activation in the Classroom Project" (COACTIV) (Baumert & Kunter, 2011, S. 30) für den Bereich Mathematik untersucht und spezifiziert. Dabei wurden die Ziele des Mathematikunterrichts, Mathematikaufgaben, Lernschwierigkeiten mit mathematischen Begriffen, Erläuterungen von mathematischen Sachverhalten und das mathematische Wissen der Mathematiklehrkräfte in den Blick genommen. Baumert und Kunter (2011) entwickelten hierzu ein theoretisches Modell zu den Aspekten professioneller Kompetenz einer Lehrkraft (Abb. 2.1). Die Autorinnen und die Autoren sehen das für eine Lehrkraft relevante professionelle Handeln als ein Zusammenspiel von spezifischem, deklarativen und prozeduralen Wissen, das auf professionellen Werten und epistemologischen Überzeugungen, sowie auf subjektiven Theorien und Zielen basiert und die Fähigkeit einer professionellen Selbstregulation und Motivation beinhaltet. Deklaratives Wissen beinhaltet das Verstehen von Sachverhalten (Schmotz & Blömeke, 2009) und wird im Modell mit Fachwissen bezeichnet. Im Weiteren können die Aspekte professioneller Kompetenz sowohl in konditionales Wissen

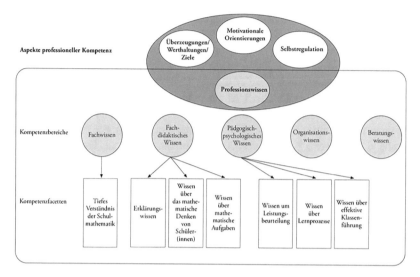

Abb. 2.1 Das Kompetenzmodell von COACTIV (Baumert & Kunter, 2011, S. 32)

differenziert werden, welches das Wissen über Bedingungen meint, unter welchen eine Entscheidung oder eine Handlung angemessen erscheint als auch in strategisches Wissen, das die Fähigkeit beinhaltet, Handlungen bewusst auszuwählen und zielgerichtet einzusetzen. Das strategische Wissen kann als metakognitives Wissen betrachtet werden, da damit das Wissen *über* verschiedene Situationen ausgedrückt wird und damit eine Facette der metakognitiven Kompetenz ausmacht, die das Wissen und die Kontrolle über die eigenen kognitiven Funktionen, wie z. B. dem Lernen, dem Gedächtnis, dem Denken oder dem Verstehen, beinhaltet (Hasselhorn & Artelt, 2018). Mit dieser inhaltlichen Spezifikation zu den Aspekten professioneller Kompetenz einer Lehrkraft orientieren sich Baumert und Kunter (2011) an der Definition von Kompetenz von Weinert (2001b) und setzen in ihrem Kompetenzmodell das Professionswissen aus verschiedenen Kompetenz*bereichen* zusammen. Die Kompetenz*bereiche* werden spezifiziert durch „Kompetenzfacetten" (Baumert & Kunter, 2011, S. 32). Ein Kompetenzbereich wird als fachdidaktisches Wissen definiert und kann als *konditionales* und *strategisch* beschriebenes Wissen professioneller Kompetenz verstanden werden (Schmotz und Blömeke, 2009). Im Projekt von Baumert und Kunter (2011) wurde das fachdidaktische Wissen als Wissen über die Klärung von mathematischen Inhalten, Wissen über mathematikbezogene Kognitionen von Schülerinnen und Schülern und Wissen über das kognitive Potential von Mathematikaufgaben charakterisiert (Krauss et al., 2008).

Die Kompetenzbereiche des Kompetenzmodells von Baumert und Kunter (2011) fußen – wie auch Weinerts (2000) Beschreibungen der vier Facetten professioneller Kompetenz – auf Shulmans Unterscheidungen (1986) des professionellen Wissens einer Lehrkraft. Shulman hat sich für eine Professionalisierung des Berufs einer Lehrkraft und gegen eine „verengte Unterrichtsforschung" (Baumert & Kunter, 2006, S. 479 f.) ausgesprochen, in der nur noch generische pädagogische Kompetenzen, wie z. B. das berufliche Handeln oder die Verhaltensweise der Lehrkraft, eine Rolle spielen. Shulman (1986) betont, dass durch diese verengte Sichtweise der Unterrichtsgegenstand – als zentraler Aspekt des Unterrichts – in der Unterrichtsforschung ignoriert und nicht danach gefragt werde, wie der vermittelte Inhalt der Lehrkraft mit dem Wissen der Schülerinnen und Schüler zusammenhängt – obwohl doch gerade diese Frage zentral sei. Dank ihm rückte der Begriff des Professionswissens einer Lehrkraft in den Forschungsfokus (Baumert & Kunter, 2011). Shulman (1986) hob die Bedeutung des Verständnisses und des Einfühlungsvermögens einer Lehrkraft in seinem Aufsatz „Those who can, do. Those who understand, teach" (Shulman, 1986, S. 14) hervor und betonte, dass diese Eigenschaften allein nicht ausreichen, um zu unterrichten. Zusätzlich zum Verständnis benötigt eine Lehrkraft auch Wissen, um zu urteilen und zu handeln. Shulman fragte nach den Quellen dieser Wissensbasis für den Unterricht und danach, wie diese Quellen konzeptualisiert werden können (Shulman, 1987). Bromme (1995) erwähnt, dass Shulman (1987) mit diesen Fragen die Wichtigkeit hervorheben wollte, die Lehrtätigkeit genauer zu untersuchen, zu spezifizieren und damit schließlich zu professionalisieren, indem der Fachinhalt verstärkt in den Mittelpunkt der Forschung gerückt wird (Bromme, 1995).

Der gewählte Fokus von Shulman (1986) zum professionellen Wissen einer Lehrkraft bedeutete eine radikale Abkehr von der damaligen Forschung, die sich fast ausschließlich um allgemeine Aspekte des Unterrichtens wie z. B. Unterrichtsmanagement, Zeiteinteilung oder Planung drehte (Ball et al., 2008). Shulman (1986, S. 9 f.) spezifiziert folgende Aspekte des Professionswissens von Lehrkräften:

- Allgemeines pädagogisches Wissen (*general pedagogical knowledge*),
- Fachwissen (*subject-matter content knowledge*),
- fachdidaktisches Wissen (*pedagogical content knowledge*) und
- Wissen über das Fachcurriculum (*curriculum knowledge*)

Mit dem allgemeinen *pädagogischen Wissen* bezeichnet Shulman (1986) das Wissen, das benötigt wird, um Unterrichtsbedingungen zu analysieren. Bromme (1997) ergänzt diese Ausführungen mit weiteren Aspekten, wie z. B. dem Wissen über die Einführung von notwendigen Verhaltensmustern mit einer Klasse, damit ein Inhalt gut vermittelt werden kann. Im pädagogischen Wissen steht gemäß Bromme (1997) also weniger der Fachinhalt als solcher, als vielmehr ein übergeordnetes Wissen zu unterrichtlichen Verhaltensweisen im Vordergrund.

Im Bereich des *Fachwissens* bemängelt Shulman (1986) die manchmal festgestellte Vernachlässigung des eigentlichen Themas und damit die fehlende Berücksichtigung des Inhalts eines Faches. Oft würden politische Entscheidungsträger Forschungsergebnisse lesen, ohne dabei Hinweise auf das eigentliche Fach zu erhalten. So geschehe es, dass die daraus resultierenden Standards oder Handbücher keinen Bezug zu den inhaltlichen Dimensionen des Unterrichts aufweisen würden und dass nirgends beschrieben werde, wie die Überführung des Wissens der Lehrkraft in den Unterricht funktioniere und was schlussendlich die Schülerinnen und Schüler lernten. Dabei stünde die Frage aus der kognitiven Lernforschung nach dem tatsächlich gelernten Stoffinhalt einer Schülerin oder eines Schülers außer Zweifel. In Bezug auf das Fachwissen sei es besonders wichtig, dass es sich nicht einfach auf reines Faktenwissen beschränke, sondern auf das Erkennen von Zusammenhängen und Strukturen, um vernetztes Begründen zu ermöglichen. Mit *fachdidaktischem Wissen* bezeichnet Shulman (1986) unter anderem das Verständnis einer Lehrkraft von Vorstellungen und Vorurteilen ihrer Schülerinnen und Schüler in einem Fach und was das Lernen bestimmter Themen leichter oder schwieriger macht. Shulman stellt das fachdidaktische Wissen als besondere Form des Inhaltswissens dar. Die Aspekte eines Inhalts sowie dessen Lehrbarkeit sind gemäß Shulman (1986) die wichtigsten Punkte des fachdidaktischen Wissens. Er beschreibt fachdidaktisches Wissen wie folgt:

> Pedagogical content knowledge also includes an understanding of what makes the learning of specific topics easy or difficult: the conceptions and preconceptions that students of different ages and backgrounds bring with them to the learning of those most frequently taught topics and lessons. If those preconceptions are misconceptions, which they so often are, teachers need knowledge of the strategies most likely to be fruitful in reorganizing the understanding of learners, because those learners are unlikely to appear before them as blank slates. (Shulman, 1986, S. 9, 10)

Fachdidaktisches Wissen (pedagogical content knowledge) beinhaltet gemäss der Beschreibung von Shulman (1986) das Verständnis sowohl von besonders schwierigen oder einfachen Aspekten bestimmter Themen als auch ein Verständnis von den Konzepten der Schülerinnen und Schüler von einem Inhalt. Shulman (1986) drückt die Situation von Lernenden so aus, dass diese nicht als „blank slates" (ebd., S. 10) – als unbeschriebene Blätter – vor der Lehrkraft sitzen, sondern als Schülerinnen und Schüler, die eigene Konzepte, Vorurteile und Missverständnisse mitbringen würden. Es gehört zum fachdidaktischen Wissen einer Lehrkraft, den Grad des Verständnisses und die Haltungen von Schülerinnen und Schüler in Erfahrung zu bringen und aufzuklären. Ebenso beinhaltet das fachdidaktische Wissen die Darstellungen von Ideen und Analogien, Illustrationen, Beispielen, Erklärungen und Demonstrationen (Shulman, 1986). Das fachdidaktische Wissen einer Lehrkraft ist also die Voraussetzung dafür, Lerngelegenheiten so zu gestalten, dass Lernende dort anknüpfen können, wo sie sich entsprechend ihres Grades von Verständnis, befinden. Einen weiteren Aspekt des Professionswissen legt Shulman (1986) als das *Wissen über das Fachcurriculum* dar (Shulman, 1986). Damit ist das Wissen zur Konzeption von Inhalten zu Themen in verschiedenen Fächern gemeint, die gemäß Lehrplan behandelt werden müssen. Hierzu gehört ebenfalls das Wissen über die für diese Themen zur Verfügung stehenden Lehrmaterialien. Der Lehrplan und die dazugehörigen Materialien stellen gemäß Shulman (1986) das „Pharmacopeia" (ebd. S. 10), das *Arzneibuch*, dar, woraus Lehrkräfte ihre Werkzeuge beziehen, um möglichst über die geforderten Inhalte und das ganze zur Verfügung stehende Spektrum von Lehrplanmaterialien Bescheid zu wissen.

Die drei von Shulman (1986) thematisierten Bereiche *allgemeines pädagogisches Wissen, Fachwissen* und *fachdidaktisches Wissen* der professionellen Kompetenz einer Lehrkraft wurden in zahlreichen weiteren Übersichtsartikeln zur professionellen Kompetenz von Lehrkräften aufgenommen und stehen als deren Kernkomponenten fest (Baumert & Kunter, 2006). Ein weiterer Grund dafür, dass Shulmans Aufsätze so wegweisend waren, liegt darin, dass er mit der Einführung des Begriffs des fachdidaktischen Wissens eine Brücke schlägt zwischen Fachwissen und Unterrichtspraxis (Ball et al., 2008).

Im Projekt von Baumert und Kunter (2011) orientieren sich die Autorinnen und Autoren bei der Entwicklung des Modells an Shulmans (1986) drei Wissensdimensionen (Baumert & Kunter, 2011) und ergänzen es durch die Kompetenzbereiche des Organisationswissens und des Beratungswissens, das Lehrkräfte ebenfalls benötigen, um z. B. mit Eltern von Schülerinnen und Schülern oder anderen Laien zu kommunizieren. Im Projekt von Baumert und Kunter (2011) wird das Professionswissen im Fach Mathematik weiter ausspezifiziert und zwischen Laien- und Professionswissen einer Lehrkraft differenziert. Baumert und Kunter (2011) beschreiben das Professionswissen einer Lehrkraft als domänenspezifisch und ausbildungs- bzw. trainingsabhängig (Berliner, 2001; Bromme, 1997, 2004; Lorenz & Artelt, 2009): Das Professionswissen einer Lehrkraft der

Mathematik unterscheidet sich gemäß Baumert und Kunter (2011) vom Professionswissen einer Lehrkraft des Fachs Deutsch, da die Mathematik andere fachliche und fachdidaktische Herausforderungen beinhaltet als das Fach Deutsch (auch Blömeke, 2007).

Die Forschungsgruppe um Ball (Ball et al., 2008) analysierte ebenfalls die Arbeiten von Shulman (1986) und differenziert durch ihre Forschungsarbeit die Aspekte professioneller Kompetenz weiter aus, indem sie sie und ihre empirische Grundlage ausdifferenzieren (Ostermann et al., 2019). Die Autorin und die Autoren fragen danach, inwiefern die Arbeit einer Primarlehrkraft Einsicht von ihr ins mathematische Denken erfordert und auf welche Weise Mathematik bei der Bewältigung der alltäglichen Anforderungen des Unterrichts eine Rolle spielt. Ball et al. (2008) sehen ihren Beitrag in der Durchführung einer Tätigkeitsanalyse von Lehrkräften (job analysis) um herauszufinden, welches Wissen Lehrkräfte, auf das Fach Mathematik bezogen, benötigen (Ball et al., 2008). Dazu führten Ball et al. (2008) umfangreiche qualitative Analysen von aus der Unterrichtspraxis aufgenommenen Videoaufnahmen durch und stellen Hypothesen auf, um mathematisches Wissen für den Unterricht herauszukristallisieren. Ball et al. (2008) stellen fest, dass die Art der mathematischen Kenntnisse, die eine Lehrkraft für ihren Unterricht benötigt, verschiedene Aspekte beinhaltet und verfeinern die beiden von Shulman (1986) bezeichneten Kategorien fachliches Inhaltswissen (*subject-matter content knowledge (SCK)*) und fachdidaktisches Inhaltswissen (*pedagogical content knowledge (PCK)*) (Abb. 2.2, umrahmt) in allgemein fachspezifisches (mathematisches) Inhaltswissen (*common content knowledge (CCK)*) und spezielles (mathematisches) Inhaltswissen (*specialized content knowledge (SCK)*) (Ball et al., 2008). Mit dem Begriff „common" soll im Gegensatz zum Ausdruck „specialized content knowledge" verdeutlicht werden, dass das allgemein fachspezifische Inhaltswissen nicht in erster Linie für den Unterricht gedacht ist, jedoch eine entscheidende Rolle einnimmt in der Arbeit einer Lehrkraft.

Ebenso unterteilen Ball et al. (2008) das fachdidaktische Wissen in drei Teilbereiche. Ein Teilbereich beinhaltet die Kenntnis, das Wissen der Schülerinnen und Schüler mit dem Wissen über den mathematischen Inhalt zu kombinieren und umfasst auch Fehlvorstellungen von Schülerinnen und Schülern und deren Denken (*knowledge of content and students (KCS)*). Leuders et al. (2019) bezeichnen KCS auch als „fachspezifisches diagnostisches Wissen" (ebd., S. 10). Ein anderer Bereich beinhaltet das Wissen, wie z. B. ein Thema eingeführt werden soll (*knowledge of content and teaching (KCT)*) und ein dritter Bereich des fachdidaktischen Wissens (*knowledge of curriculum*) definieren Ball et al. (2008) als eng mit dem allgemeinen fachspezifischen Inhaltswissen zusammenhängende Kenntnis über den Lehrplan, sowie der Fähigkeit über die Anwendung von didaktischen Werkzeugen, wie z. B. Lernjournalen oder Lernlandkarten (Ball et al., 2008; Wenzel & Pieler, 2017).

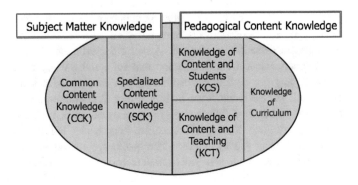

Abb. 2.2 Das Kompetenzmodell von Ball et al. (2008, S. 403) mit den beiden Unterscheidungen von Shulman (1986) (grau umrahmt)

Methodisch auf der Grundlage von Tätigkeitsanalysen und ausgehend von Shulmans Kompetenzverständnis entwickelten Ball et al. (2008) ein Modell, das die professionelle Kompetenz einer Lehrkraft als ein mehrdimensionales Konstrukt beschreibt und verfeinern damit den ursprünglichen Kompetenzbegriff von Shulman (1986).

Vergleicht man das Kompetenzmodell des Projekts von Baumert und Kunter (2011) mit dem Kompetenzmodell von Ball et al. (2008), so lässt sich feststellen, dass Ball et al. (2008) theoretische Grundlagen und Messinstrumente für die Erfassung der professionellen Kompetenz für *Primar*lehrkräfte entwickelten, um die Ursachen, Struktur und Handlungsrelevanz im Fach Mathematik zu untersuchen. Im Gegensatz dazu wurden mit dem Projekt von Baumert und Kunter (2011) theoretische Grundlagen und Messinstrumente für Lehrkräfte der *Sekundarstufe I* entwickelt (Baumert & Kunter, 2006). Beide Gruppen teilen grundlegende Ideen, wie z. B. den Fokus auf das mathematische Wissen, das für das Verständnis im Vermitteln von mathematischem Unterricht notwendig ist und im fachdidaktischen Handeln zum Ausdruck kommt (Baumert & Kunter, 2006). Allerdings unterscheiden sich die beiden Gruppen auch, wie z. B. in ihren Ansätzen bezüglich des mathematischen Fachwissens. Ball et al. (2005) fragen für das mathematische Wissen von Lehrkräften nicht nach einem universitären Wissen, das ein tieferes Verständnis der Fachinhalte der Sekundarstufe umfasst, sondern sie fragen einerseits nach allgemein fachspezifischem Inhaltswissen – *common content knowledge* – über das jede und jeder verfügen sollte und andererseits nach speziellem fachspezifischen Inhaltswissen – *specialized content knowledge* – das mit Training und Berufserfahrung zu erreichen ist (Baumert & Kunter, 2006). Leuders et al. (2019) umschreiben das spezielle Inhaltswissen von Ball et al. (2008) als „vertieftes Hintergrundwissen über Inhalte des mathematischen Schulcurriculums" (Leuders et al., 2019, S. 16) und verstehen dieses Wissen als „Facette von fachbezogenem pädagogischen Wissen" (ebd.).

Vom Alltags- und Spezialwissen grenzen Ball et al. (2005) eine dritte Form mathematischen Inhaltswissens einer Lehrkraft ab und nennen es das Wissen über Inhalte und Vorstellungen von Schülerinnen und Schülern – *knowledge of content and students* – mit dem Lehrkräfte typische Fehler oder Schwierigkeiten erkennen können. Die drei Facetten (CCK, SCK und KCS) des fachdidaktischen Wissens gelten als Basis für diagnostische Tätigkeiten von Lehrkräften (Ostermann et al., 2019) und werden in Abschnitt 2.2.1 wieder aufgegriffen.

Im Projekt von Baumert und Kunter (2011) werden – im Gegensatz zur Untersuchung von Ball et al. (2008) – vier Ebenen mathematischen Wissens unterschieden: (1) Mathematisches Alltagswissen, über das grundsätzlich alle Erwachsenen verfügen sollten; (2) die Beherrschung des Schulstoffes auf Niveau einer durchschnittlich bis guten Schülerin oder Schülers; (3) ein tieferes Verständnis der Fachinhalte des Curriculums der Sekundarstufe, wie es an der Universität gelehrt wird und (4) das reine Universitätswissen, das vom Curriculum losgelöst ist (Baumert & Kunter, 2006). Im Projekt von Baumert und Kunter (2011) wurde das universitäre Wissen (Ebene (3)) in den Blick genommen. Damit wird – im Gegensatz zu Ball et al. (2008) – ein tieferes mathematisches Verständnis vorausgesetzt. Im Projekt von Baumert und Kunter (2011) wird das mathematische Fachwissen vom fachdidaktischen Wissen unterschieden, das in drei Dimensionen aufgeteilt wird:

(1) Wissen über das didaktische und diagnostische Potenzial von Aufgaben, Wissen über die kognitiven Anforderungen und impliziten Wissensvoraussetzungen von Aufgaben, ihre didaktische Sequenzierung und die langfristige curriculare Anordnung von Stoffen,

(2) Wissen über Schülervorstellungen (Fehlkonzeptionen, typische Fehler, Strategien) und Diagnostik von Schülerwissen und Verständnisprozessen,

(3) Wissen über multiple Repräsentations- und Erklärungsmöglichkeiten. (Baumert & Kunter, 2006, S. 495)

Ein Bereich des fachdidaktischen Wissens wird von Baumert und Kunter (2011) als „…Diagnostik von Schülerwissen und Verständnisprozessen" (Baumert & Kunter, 2006, S. 495) bezeichnet und der Begriff der *Diagnostik* verwendet. Obwohl die drei Bereiche CCK, SCK und KCS des fachdidaktischen Wissens von Ball et al. (2008) als Grundlage von diagnostischem Handeln verstanden werden können (Ostermann et al., 2019) und obwohl Ball et al. (2008) diagnostisches Wissen mit der inhaltlichen Beschreibung von KCS als das Wissen über Fehlvorstellungen und das Denken von Schülerinnen und Schülern (Leuders et al., 2019) inhaltlich klar ausdrücken, so wird der Begriff des *diagnostischen Wissens* oder der *diagnostischen Kompetenz* bei Ball et al. (2008) nicht explizit verwendet.

Die in den letzten Jahren in unterschiedlichen Domänen entwickelten Konzeptualisierungen zur professionellen Kompetenz beinhalten gemäß Leuders et al. (2019) „wiederkehrende stabile Kernkonzepte" (ebd., S. 12). Leuders et al. (2019) entwickelten auf der Basis dieser Kompetenzmodelle ein integrierendes Modell zur Professionalität einer Lehrkraft (Abb. 2.3). Damit sollen die charakterisierten Facetten der professionellen Kompetenz einer Lehrkraft integrierend zusammengebracht werden. Wie die Kompetenzmodelle von Baumert und Kunter (2011) und von Ball et al. (2008) geht auch das integrierende Modell von Leuders et al. (2019) auf Shulmans (1986) drei Wissensdimensionen zurück.

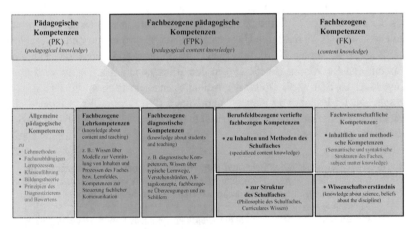

Abb. 2.3   Vorschlag für ein Arbeitsmodell von Lehrerprofessionalität (Leuders et al., 2019, S. 13)

Leuders et al. (2019) betonen, dass das integrierende Modell zur Lehrerprofessionalität kein Abbild der kognitiven Struktur einer Lehrkraft darstellt, sondern der Strukturierung der bisher entstandenen Modelle zur professionellen Kompetenz von Lehrkräften dient. Mit diesem Modell wird darauf hingewiesen, dass Wissen, Können und Überzeugungen einer Lehrkraft miteinander verwoben sind. Die Autorinnen und Autoren schließen sich Ball et al. (2008) an, indem sie ebenfalls eine Trennlinie ziehen zwischen universitärem und berufsfeldbezogenem vertieftem Wissen, das in der Ausbildung zur Lehrkraft erworben wird (Leuders et al., 2019). Die fachbezogenen Kompetenzen (*content knowledge*) werden unterschieden in inhaltliche und methodische Kompetenzen auf der einen und in ein auf die Disziplin bezogenes Wissenschaftsverständnis (*knowledge about science, beliefs about the discipline*) auf der anderen Seite. Das auf die Disziplin bezogene Wissenschaftsverständnis besteht aus dem disziplinären metakognitiven Wissen – dem Wissen um komplexe Zusammenhänge und Schlussfolgerungen für den pädagogischen Prozess – und den fachbezogenen Überzeugungen (Leuders et al., 2019). Gleichermaßen lassen sich auch die Kompetenzen bezüglich des Schulfaches unterscheiden in inhaltliche und methodische Kompetenzen (*specialized content knowledge*) auf der einen und in metakognitives Wissen und fachbezogene Überzeugungen auf der anderen Seite.

Mit dem integrierenden Modell zur Lehrerprofessionalität von Leuders et al. (2019) werden auf Basis von Shulmans drei Wissensdimensionen die wiederkehrenden, stabilen Kernkonzepte aus verschiedenen Klassifikationen und Konzeptualisierungen unterschiedlicher Gruppen von Forschenden aufgezeigt. Graphisch wird dies durch die Verwendung von Farbübergängen dargestellt, um zu verdeutlichen, dass die Abgrenzungen zwischen den verschiedenen Facetten nicht eindeutig sind. Die erläuterte Facette der berufsfeldbezogenen Kompetenzen (*specialized content knowledge*) wird z. B. als Verschränkung zwischen fachbezogenen (*content knowledge*) und fachbezogenen pädagogischen Kompetenzen (*pedagogical content knowledge*) bezeichnet und in der Grafik (Abb. 2.3) mit Farben als ineinanderfließend und damit vermischt dargestellt. Damit wird der Fokus bei diesem Modell – im Gegensatz zu den beiden anderen Modellen von Baumert und Kunter (2011) und von Ball et al. (2008) – auf die miteinander interagierenden Bereiche gelegt.

Nachdem in diesem Abschnitt verschiedene Modellierungen zur professionellen Kompetenz einer Lehrkraft dargestellt wurden, werden im Weiteren die epistemologischen Überzeugungen genauer in den Blick genommen. Da durch eine zunehmende Zahl an Studien belegt werden kann, dass „sophistiziertere epistemologische Überzeugungen oftmals mit effektiveren Lernprozessen … einhergehen" (Leuders et al., 2019, S. 23; auch Larrain & Kaiser, 2022), werden die epistemologischen Überzeugungen bezüglich der Mathematik näher betrachtet.

„Sophistisch" kann in diesem Zusammenhang als gleichbedeutend wie „scho-
lastisch" (Eikhoff et al., 2014, S. 830) oder „ausgeklügelt" (ebd., S. 793)
aufgefasst werden.

2.1.2   Epistemologische Überzeugungen

Wir haben festgestellt, dass epistemologische Überzeugungen eng mit dem Wissen und Können einer Lehrkraft verknüpft sind (Leuders et al., 2019). Aus diesem
Grund werden nachfolgend jene epistemologischen Überzeugungen genauer in
den Blick genommen, die sich einerseits auf die Vorstellungen und Sichtweisen
bezüglich der Struktur und der Genese von mathematischem Wissen beziehen
und andererseits darauf, wie eine Schülerin oder ein Schüler lernt und zu ihrem
oder seinem mathematischen Wissen gelangt (Dubberke, 2008).
    Die von Shulman (1986) herausgearbeiteten Aspekte des Professionswis-
sens werden sowohl im Projekt von Baumert und Kunter (2011) (Abb. 2.1)
als auch von den Autorinnen und Autoren des integrierenden Modells zur
Lehrerprofessionalität (Abb. 2.3) von Leuders et al. (2019) als von epistemologischen Überzeugungen beeinflusst oder als mit ihnen verwoben dargestellt. Beide
Modelle weisen damit auf die Bedeutung der epistemologischen Überzeugungen
bezüglich der professionellen Kompetenz einer Lehrkraft hin (Baumert & Kunter,
2011; Leuders et al., 2019).
    Schmotz und Blömeke (2009) betonen ebenfalls den Einfluss von episte-
mologischen Überzeugungen bezüglich der Mathematik auf die professionelle
Kompetenz einer Lehrkraft und heben deren Wichtigkeit hervor, indem sie
professionelles Wissen definieren als „kognitive Fähigkeiten und Fertigkeiten...-
sowie affektiv-motivationale Werthaltungen und Bereitschaften – im Sinne von
Überzeugungen – [die als] zentrale Komponenten von Kompetenz [gelten]"
(Schmotz & Blömeke, 2009, S. 149). Gestützt auf empirische Befunde werden
epistemologische Überzeugungen von (Mathematik-) Lehrkräften als zentraler
Faktor in Bezug auf die Unterrichtsgestaltung und die Leistungen von Schüle-
rinnen und Schülern gesehen und üben auf die Lehr- und Lernprozesse einen
Einfluss aus, selbst wenn die epistemologischen Überzeugungen der Lehrkraft
selbst nicht bewusst sind (Grigutsch et al., 1998; Dubberke et al., 2008; Staub &
Stern, 2002).
    Es ist daher von großer Bedeutung, dass eine Lehrkraft auch metakognitive
Kompetenzen ausbildet, um sich ihrem Denken, Handeln und ihren epistemolo-
gischen Überzeugungen bewusst zu werden (Dossey et al., 2000). Der Begriff der
Überzeugungen wie ihn Schmotz und Blömeke (2009) verwenden, baut auf der

Definition von Grigutsch et al. (1998) auf, die Untersuchungen in diesem Bereich mittels Fragebogen durchgeführt haben. Grigutsch et al. (1998) bezeichnen Überzeugungen bezüglich der Mathematik als *Einstellungen* und weisen darauf hin, dass in der mathematikdidaktischen Literatur auch *Haltung* oder *Auffassung* verwendet wird und diese Begriffe meist auch die „Prozesse und Beziehungen im Umfeld des Lehrens und Lernens von Mathematik" (ebd., S. 5) umfassen. In der englischsprachigen Literatur wird die Bezeichnung „mathematical belief" oder „belief system" verwendet, die aber nicht immer klar voneinander abgegrenzt werden, ebenso wie die Begriffe „conceptions" oder „attitudes" (ebd., S. 5). In der vorhandenen Arbeit wird in Anlehnung an Schmotz und Blömeke (2009) der Begriff der epistemologischen Überzeugungen verwendet.

Grigutsch et al. (1998) merken an, dass es unterschiedliche Konkretisierungen zum Begriff der „Einstellung" (ebd. S., 5) gibt und die meisten Definitionen in zwei Punkten übereinstimmen: Zum einen wird eine Einstellung als „eine Bereitschaft zur Reaktion auf eine Situation" (ebd., S. 5) verstanden und zum anderen zeichnet sich eine Einstellung „durch Konsistenz der Reaktionen" aus (Grigutsch et al., 1998, S. 5). Eine epistemologische Überzeugung ruft demnach eine bestimmte Reaktion einer Person hervor und zeigt eine gewisse Beständigkeit, bleibt also länger erhalten. Auch Dubberke et al. (2008) haben in ihrer Untersuchung lerntheoretische Überzeugungen als subjektiv und ebenfalls als überdauernde Vorstellungen oder Hypothesen einer Person zu einem bestimmten Objekt definiert.

Grob lassen sich epistemologische Überzeugungen bezüglich der Mathematik in zwei Bereiche einteilen: Einerseits in epistemologische Überzeugungen bezüglich der Struktur und der Ursachen von mathematischem Wissen (Dubberke et al., 2008) und andererseits in epistemologische Überzeugungen darüber, wie Schülerinnen und Schüler Mathematik lernen und dadurch zu Wissen und Erkenntnis gelangen. Des Weiteren lassen sich epistemologische Überzeugungen bezüglich der Mathematik in die Bereiche „Einstellungen über Mathematik, über das Lernen von Mathematik, über das Lehren von Mathematik" und „über sich selbst (und andere) als Betreiber von Mathematik" (Griutsch et al., 1998, S. 9) unterteilen. Weil epistemologische Überzeugungen im Lernprozess erworben werden, in welche auch Umweltfaktoren hineinspielen, stellen Grigutsch et al. (1998) die These auf, dass epistemologische Überzeugungen einer Lehrkraft in Bezug auf Mathematik einen wesentlichen Einfluss auf die Überzeugungen ihrer Schülerinnen und Schüler ausüben: Einerseits durch die im Unterricht stattfindende Kommunikation durch die Lehrkraft und ihrer (direkten) Interaktion mit der Klasse und andererseits durch die Auswahl der Methode, des Stoffes oder des Beurteilungssystems in der Mathematik. Offenbar sind Lehrkräfte mit einer epistemologischen Überzeugung bezüglich eines konstruktivistischen lerntheoretischen Ansatzes eher bereit, nach den Ursachen für fehlerhafte Überlegungen der Schülerinnen und Schüler zu suchen und können ihren Unterricht zielgerichteter planen (Larrain & Kaiser, 2022). Bei einer konstruktivistischen Überzeugung, mit der einem konstruktivistischen lerntheoretischen Ansatz gefolgt wird, wird Lernen als aktiver Konstruktionsprozess verstanden, der über die Informationsverarbeitung hinausgeht, in einen sozialen Kontext eingebettet und situativ geprägt ist (Weißeno et al., 2013).

Durch ihre epistemologischen Überzeugungen beeinflusst eine Lehrkraft also gar das mathematische Weltbild ihrer Schülerinnen und Schüler (Grigutsch et al., 1998). Dass epistemologische Überzeugungen einer Lehrkraft einen wesentlichen Einfluss sowohl auf die Überzeugungen der Schülerinnen und Schüler als auch darauf ausüben, in welchem Maß die Lehrkraft ihre Schülerinnen und Schüler herausfordert und dass sich Überzeugungen sogar auch hinsichtlich Leistungsvor-, bzw. Nachteilen bei den Schülerinnen und Schülern zeigen, können Dubberke et al. (2008) mit ihrer Untersuchung untermauern. Auch mit neueren Forschungen, wie z. B. der Arbeit von Larrain und Kaiser (2022), kann ein starker Zusammenhang zwischen Überzeugungen (beliefs) und diagnostischer Fehlerkompetenz bei angehenden Lehrkräften aufgezeigt werden. In ihrer Arbeit untersuchen die beiden Autorinnen die Art von Hypothesen, die angehende Lehrkräfte über die Ursachen von fehlerhaften Überlegungen der Schülerinnen und Schüler bilden und welche Rolle dabei Überzeugungen, die Erfahrung und das Wissen einer Lehrkraft spielen.

Jedes „einstellungshafte Denken, Fühlen und Handeln in der Mathematik" (Grigutsch et al., 1998, S. 35) – jede epistemologische Überzeugung also – wird durch vier Grundeinstellungen oder Dimensionen wie dem „Formalismus-, Schema-, Prozess- und Anwendungs-Aspekt der Mathematik" (ebd.) strukturiert, welche als die bedeutsamsten und wesentlichsten Aspekte eines mathematischen Weltbildes feststehen. Die vier Aspekte spiegeln die Grundüberzeugungen oder Positionen in Bezug auf den Mathematikunterricht wider, mit denen die Mathematik aus einer transmissiven Sichtweise als System oder aus einer dynamischen, bzw. konstruktivistischen Sichtweise als „Prozess bzw. als Tätigkeit" aufgefasst wird (ebd., S. 11).

Unter einer transmissiven Sichtweise wird ein einseitiger Prozess der Informationsweitergabe einer Lehrkraft an ihre Schülerinnen und Schüler verstanden, die in diesem Prozess mehr oder weniger passive Empfänger sind (Weißeno et al., 2013). Die Aspekte des Schemas und des Formalismus stehen für eine eher statische Sichtweise, bei der Mathematik als abstrakte Struktur angesehen wird, als eine „fertig interpretierte Theorie" (Grigutsch et al., 1998, S. 11), die aus „Axiomen, Begriffen und Zusammenhängen zwischen diesen Begriffen (Aussagen, Sätzen) besteht" (ebd.). Dabei geht es in erster Linie um das Lernen von Begriffen, von Formeln, Regeln oder Algorithmen (Schemaaspekt) und stützt sich auf eine festgelegte Theorie ab, die auf einer exakten axiomatischen Basis beruht (Formalismusaspekt).

Kirsch (1987) bezeichnet den professionellen Mathematiker als Person, die sich ungern mit Fragen nach der „*Genese*, der *Bedeutung*, der *Verwendung* mathematischer Begriffe" (ebd. S. 11) aufhält und diese Aufgabe lieber „dem Lernenden zu eigener Klärung" (ebd.) überlässt. Damit vertritt Kirsch (1987) die Ansicht, dass der Schema- und Formalismusaspekt zwar eine (wichtige) Voraussetzung für das Verstehen von Mathematik darstellt, dass sich aber der „professionelle Mathematiker" (ebd.) lieber mit Fragen beschäftigt, bei denen die Aspekte des Prozesses und die der Anwendung von Mathematik in den Fokus gestellt werden. Mathematik soll als eine Tätigkeit verstanden werden, bei der über Prozesse nachgedacht wird und es um den Gewinn von (neuen) Erkenntnissen geht. So verstanden beginnt Mathematik mit Fragen oder sich stellenden Problemen, die anhand von Beispielen verstanden und deren Zusammenhänge dadurch erklärt werden können (Grigutsch et al., 1998). Freudenthal (1978) spricht sich ebenfalls für einen Mathematikunterricht aus, der auf dem Prozess- und Anwendungsaspekt beruht. Er befürwortet z. B. das Arbeiten in Schülerinnen- und Schülerteams, in denen gemeinsam geforscht, diskutiert und nach Lösungen gesucht wird. Dortige Erfahrungen werden zu Aussagen gebündelt und geordnet und zu neuen Erkenntnissen geführt. Mit diesem Vorgehen werden mathematische Erkenntnisse nicht einfach von der Lehrkraft vorgegeben, sondern sie werden durch Einsetzen bestimmter Techniken (wie z. B. Lerngruppen) durch die Lehrkraft von den Schülerinnen und Schüler selbst nacherfunden.

Grigutsch et al. (1998) führten mittels Fragebogen Untersuchungen zu epistemologischen Überzeugungen von Lehrkräften bezüglich der Mathematik durch, die Aussagen zu allen vier Aspekten (Schema, Formalismus, Prozess, Anwendung) beinhalten. Anhand von vorgegebenen Aussagen mussten die Lehrkräfte beurteilen, ob ihre Überzeugungen mit diesen übereinstimmen. Aufgrund der Ergebnisse können Grigutsch et al. (1998) aufzeigen, dass bei den Lehrkräften die vier Aspekte nicht als gleich wichtig wahrgenommen werden. Während der Schema-Aspekt bei Lehrkräften eher als gering und eher ablehnend eingeschätzt wird und der Formalismus-Aspekt eine mittlere bis mäßig hohe Bedeutung aufweist, werden die Anwendungs- und Prozessaspekte als bedeutsam eingestuft und lassen sich messtheoretisch nicht voneinander unterscheiden.

Bräunling (2017) untersuchte epistemologische Überzeugungen von Referendarinnen und Referendaren und erfahrenen Lehrkräften im Arithmetikunterricht in der Primarstufe und den ersten Klassen der Sekundarstufe 1. Sie stellt mittels Befragungen fest, dass bei den Referendarinnen und Referendaren ein einheitliches Bild bezüglich der vier Aspekte epistemologischer Überzeugung von Mathematik vorherrscht – im Gegensatz zu erfahrenen Lehrkräften, die stärkere Unterschiede in Bezug auf die vier Aspekte aufzeigen. Die Unterschiede bei den erfahrenden Lehrkräften lassen sich am stärksten zwischen dem Prozess- und Schemaaspekt feststellen. Bräunling (2017) bemerkt, dass diese Unterschiede auch mit der Schulform zusammenhängen, da bei den Grundschullehrkräften hauptsächlich die Prozessorientierung und bei den Realschullehrkräften meist die Schemaorientierung dominieren und jeweils eine zentrale Stellung in den epistemologischen Überzeugungen bezüglich der Mathematik einnehmen.

Im Projekt von Baumert und Kunter (2011) konnte gezeigt werden, dass Lehrkräfte mit konstruktivistischer Überzeugung über das Lernen in einem hohen Bereich ein höheres Potenzial zur kognitiven Aktivierung von Schülerinnen und Schülern ausweisen als Lehrkräfte mit einer transmissiven Sichtweise (Baumert & Kunter, 2011; Weißeno et al., 2013). Damit stimmen diese Ergebnisse mit den Erkenntnissen von Grigutsch et al. (1998) und Bräunling (2017) überein.

Zusammenfassend kann festgehalten werden, dass in den Untersuchungen zu epistemologischen Überzeugungen von Lehrkräften bezüglich der Mathematik von Grigutsch et al. (1998) die vier Aspekte (Anwendung, Prozess, Schema und Formalismus) nicht gleichmäßig, sondern eher akzentuiert bei einer Lehrkraft vorhanden sind und die Anwendungs- und Prozessaspekte offenbar mehr betont werden als der Schema-Aspekt. Die Autoren betonen, dass je stärker die Einstellung eines Formalismus-Aspekts vorherrscht, desto größer ist offenbar auch der Einfluss des Schema-Aspekts und desto geringer ist der Einfluss des Prozess-Aspekts. Dies gilt ebenso dort, wo Mathematik vom Schema-Aspekt dominiert und dem Formalismus-Aspekt eine hohe Bedeutung beigemessen wird. Hier liegt gleichzeitig eine geringe Übereinstimmung mit dem Prozess-Aspekt vor.

Mit den durchgeführten Untersuchungen von Grigutsch et al. (1998) zu epistemologischen Überzeugungen bezüglich der Mathematik von Lehrkräften kann – im Hinblick auf das mathematische Weltbild – davon ausgegangen werden, dass einzelne Überzeugungen eines Aspekts, bzw. einer Dimension, andere Überzeugungen aus anderen Dimensionen stützen, bzw. ablehnen, und diese Überzeugungen als ziemlich konsistent, als in sich stabil und beständig, feststehen. Dubberke et al. (2008) können mit ihrer Untersuchung aufzeigen, dass die Gestaltung des Mathematikunterrichts von Lehrkräften mit einer transmissiven Überzeugung auf Mathematik, die ein behavioristisches Lernkonzept vertreten, ihren Unterricht eher gleichförmig und wenig kognitiv herausfordernd gestalten. Dies im Gegensatz zu Lehrkräften, die ein konstruktivistisches Lernkonzept vertreten und Mathematik als subjektive Konstruktion verstehen und stärker problemlöseorientiert handeln. Lehrkräfte mit konstruktivistischem Lernkonzept gestalten ihren Unterricht entsprechend kognitiv herausfordernd (Dubberke et al., 2008) und lassen sich eher darauf ein, nach den Ursachen für fehlerhafte Überlegungen ihrer Schülerinnen und Schüler zu suchen (auch Larrain & Kaiser, 2022). Dubberke et al. (2008) konnten zudem aufzeigen, dass sogar bedeutsame Unterschiede in den Mathematikleistungen der Schülerinnen und Schüler festzustellen sind, die durch die Unterschiede in den epistemologischen Überzeugungen bezüglich der Mathematik der Lehrkräfte erklärt werden können.

Es lässt sich also feststellen, dass die epistemologischen Überzeugungen bezüglich der Mathematik eine wichtige Funktion im Hinblick auf die professionelle Kompetenz einer Lehrkraft haben. Weil diagnostische Kompetenz als eine Facette der professionellen Kompetenz und als Voraussetzung für die erfolgreiche Durchführung von Unterricht verstanden wird, kann davon ausgegangen werden, dass epistemologische Überzeugungen auch auf diagnostische Kompetenz einen Einfluss haben.

2.2 Diagnostische Kompetenz

In der Diskussion über Bildung für Lehrerinnen und Lehrer ist kaum eine Komponente der professionellen Kompetenz so prominent vertreten, wie die der diagnostischen Kompetenz (Baumert & Kunter, 2006), da sie Wahrnehmungs-, Interpretations- und Entscheidungsfähigkeiten umfasst, die als wichtige Voraussetzungen für einen adaptiven Unterricht gelten (Reuker & Künzell, 2021). Shulman legte im Jahr 1986 mit der Beschreibung der professionellen Kompetenz durch die drei Wissensdimensionen (Fachwissen, fachdidaktisches und allgemein pädagogisches Wissen) die Basis für die pädagogische Diagnostik. Diese lehnt sich bezüglich ihrer Methoden und Denkweisen an der medizinischen und psychologischen Diagnostik an und galt besonders in den 70er und 80er Jahren des letzten Jahrhunderts noch als „heftig umstrittenes und unklares Programm" (Ingenkamp & Lissmann, 2008, S. 12). Daraufhin begann sie sich an „wissenschaftlich abgesicherte[n] Verfahren" (ebd.) zu orientieren und stand fortan als eigenständige, „etablierte wissenschaftliche Teildisziplin" (ebd.) fest. Die diagnostische Kompetenz, als Facette von professioneller Kompetenz, einer Lehrkraft (Weinert, 2000) hat nichts von ihrer Aktualität eingebüßt und gilt auch in der heutigen Zeit als wichtig und notwendig (Breitenbach, 2020). Sie stellt eine

Schlüsselkompetenz dar, um den Berufsalltag erfolgreich bewältigen zu können (Helmke & Helmke, 2017).

Etymologisch leitet sich der Begriff Diagnostik vom griechischen Verb *diagignóskein* ab, das unterschiedliche Aspekte eines kognitiven Vorganges bezeichnet – vom Erkennen bis zum Beschließen. Das Verb bedeutet (1) „genau kennenlernen", (2) „entscheiden" und (3) „beschließen" (Fisseni, 2004, S. 4). Der Begriff Diagnostik findet sich im Alltag häufig in Verbindung mit medizinischen Belangen wie Krankheit oder Störung wieder und ist damit eher defizitorientiert (Maier & Schönknecht, 2012). Diagnostik, wie sie in der vorliegenden Arbeit verstanden wird, grenzt sich hiervon deutlich ab, da sie für eine Lehrkraft als Grundlage dient, um das individuelle Lernen der Schülerinnen und Schüler zu optimieren (Ingenkamp & Lissmann, 2008). Diagnostik hat demnach eine klar förderorientierte Bedeutung inne.

Für den Ausdruck der diagnostischen Kompetenz werden verschiedene Konzepte und Termini verwendet: In der Forschung zu Lehrerinnen und Lehrern (z. B. Schrader & Helmke, 1987) finden sich Begriffe wie „diagnostic competence" oder „diagnostic expertise" und wenn der Fokus vor allem auf dem Einsatz zentraler Testinstrumenten liegt, wird von „assessment literacy" gesprochen (Popham, 2009). Ob der Begriff der diagnostischen Kompetenz im Singular oder Plural verwendet wird, hängt von der betreffenden Forschungsliteratur ab. Weinert (2000) z. B. verwendet ihn im Plural und Schrader (2010) im Singular. Brunner et al. (2011) merken dazu an, dass in der deutschen Forschungsliteratur der Begriff hauptsächlich in der Einzahl verwendet wird. Alternativ verwenden Brunner et al. (2011) den Begriff der „diagnostischen Fähigkeiten" (ebd., S. 215). Damit wollen sie ihn begrifflich klar von der professionellen Kompetenz trennen und damit zum Ausdruck bringen, dass es sich gemäß ihren Untersuchungen nicht bloß um *eine* diagnostische Fähigkeit, sondern um mehrere handelt. In der vorliegenden Arbeit wird der Begriff in der Einzahl verwendet und damit Schraders Applikation (2010) gefolgt.

Das benötigte Wissen und die erforderlichen Fähigkeiten, die es für die Vorbereitung, die Durchführung und die Reflexion von Unterricht braucht, können als diagnostische Kompetenz zusammengefasst werden (Leuders et al., 2020). Gemäß der Definition von Kompetenz von Weinert (2001b) ist sie erlernbar. Die Erlernbarkeit kann aus der Lehrerexpertiseforschung bestätigt werden, die keinen signifikanten Zusammenhang zwischen der Berufserfahrung und der diagnostischen Kompetenz einer Lehrkraft nachweisen konnte (Hesse & Latzko, 2017). Demzufolge bildet sich diagnostische Kompetenz nicht von allein im Lauf der Berufsjahre und mit steigender Berufserfahrung aus, sondern sie kann vielmehr durch gezielte Förderung, wie z. B. im Rahmen einer Intervention, angeleitet und aufgebaut werden.

Bereits im Jahre 1965 betont Paul Moor, ein Schweizer Heilpädagoge, die Wichtigkeit der Diagnostik in seinem Buch „Heilpädagogik: Ein pädagogisches Lehrbuch" (Moor, 1965). Er schrieb: „Wir müssen das Kind verstehen, bevor wir es erziehen" (Moor, 1965, S. 259). Gemäß Moor soll vor einer erzieherischen Handlung bei einem Kind eine Erfassung der Persönlichkeit vorangehen (Moor, 1965). Kobi (1995), ein Schüler von Paul Moor, spezifiziert diese Aussage und postuliert, dass zuerst überprüft werden soll, wo das Kind sich in seinem Lernprozess befindet, bevor mit ihm etwas erarbeitet wird. Dabei sollen seine Lernvoraussetzungen und seine aktuellen Fähigkeiten sowie seine Bereitschaft analysiert werden, Lernschwierigkeiten zu überwinden.

Schrader (2010) hingegen schreibt in seiner Definition zur diagnostischen Kompetenz nichts vom Lernprozess des Kindes. Er versteht diagnostische Kompetenz als

> „...die Fähigkeit, eines Urteilers, Personen zutreffend zu beurteilen. Sie ist damit Grundlage für die Genauigkeit diagnostischer Urteile oder Diagnosen" (Schrader, 2010, S. 102).

Mit dieser Definition wird der Fokus stark auf die Beurteilung und das Urteil und somit auf dessen Akkuratheit an sich gelegt – die Genauigkeit des Urteils der Lehrkraft steht hierbei im Vordergrund. Beurteilen und das Erteilen von Qualifikationen machen zwar einen wichtigen Teil innerhalb der pädagogischen Diagnostik aus, allerdings beinhaltet pädagogische Diagnostik weitere Aspekte, wie z. B. das Erkennen des Lernstands und der Lernfortschritte sowie das Erfassen von Schwierigkeiten der Schülerinnen und Schüler durch die Lehrkraft. Helmke (2007) verwendet hierfür den Begriff der diagnostischen Expertise, welche er von der diagnostischen Kompetenz abhebt (Helmke, 2021). Die diagnostische Kompetenz beziehe sich – wie dies in Schraders Definition (2010) zum Ausdruck kommt – „meistens lediglich auf (...) die *Urteilsgenauigkeit (accuracy)* oder *Veridikalität"* (Übereinstimmung von Urteil und Realität) (Helmke, 2021, S. 119). Die diagnostische Expertise hingegen steht gemäß Helmke (2021) für ein umfassenderes Konzept als die diagnostische Kompetenz. Die diagnostische Expertise schließt sowohl die Einschätzung und Verfügbarkeit der Methoden zur Einschätzung der Leistungen von Schülerinnen und Schülern als auch das Erkennen von Urteilstendenzen und Urteilsfehlern mit ein. Die Definition von Helmke (2021) zur diagnostischen Expertise umfasst mehr Aspekte als nur die von Schrader (2010) beschriebene Akkuratheit der Beurteilung einer Lehrkraft und den tatsächlich erbrachten Leistungen ihrer Schülerinnen und Schüler. Dadurch ist sie breiter abgestützt. Die diagnostische Expertise liegt somit näher an der Definition von Weinert (2000), der diagnostische Kompetenz wie folgt beschreibt:

> [Diagnostische Kompetenzen bestehen aus einem] Bündel von Fähigkeiten, um den Kenntnisstand, die Lernfortschritte und die Leistungsprobleme der einzelnen Schüler sowie die Schwierigkeiten verschiedener Lernaufgaben im Unterricht fortlaufend beurteilen zu können, sodass das didaktische Handeln auf diagnostischen Einsichten aufgebaut werden kann. Weinert (2000, S. 16 f.)

Mit dieser Definition bezeichnet Weinert (2000) die diagnostische Kompetenz als eine von vier Basiskompetenzen für erfolgreichen Unterricht. Er nimmt mit der diagnostischen Kompetenz die Fähigkeit einer Lehrkraft in den Blick, Lernschritte der Schülerinnen und Schüler innerhalb ihrer Lernprozesse und den Grad des Verständnisses zu erkennen und zu beurteilen, um den Lernstand damit festhalten zu können. Den Grad des Verständnisses erfasst die Lehrkraft dadurch, indem sie Stärken und Schwächen ihrer Schülerinnen und Schüler erkennt (Philipp, 2018). Beim Erkennen von Stärken und Schwächen ist es zentral, dass eine Lehrkraft anhand von fachbezogenen Kriterien möglichst viele Aspekte kennt, die zu richtigen und fehlerhaften Überlegungen führen (Philipp & Gobeli-Egloff, 2022). Einerseits bedeutet das, dass die Überlegungen der Schülerinnen und Schüler als richtig oder fehlerhaft identifiziert und darüber hinaus auch im Hinblick auf das zugrundeliegende mathematische Verständnis gedeutet werden sollen (Jacobs et al., 2010).

Auf dem Fundament der diagnostischen Kompetenz erwachsen diagnostische und/oder pädagogische Handlungen oder Tätigkeiten. Ingenkamp und Lissmann (2008) beschreiben diagnostische Tätigkeiten einer Lehrkraft wie folgt:

> Pädagogische Diagnostik umfasst alle diagnostischen Tätigkeiten, durch die bei einzelnen Lernenden und den in einer Gruppe Lernenden Voraussetzungen und Bedingungen planmäßiger Lehr- und Lernprozesse ermittelt, Lernprozesse analysiert und Lernergebnisse festgestellt werden, um individuelles Lernen zu optimieren. Zur pädagogischen Diagnostik gehören ferner die diagnostischen Tätigkeiten, die die Zuweisung zu Lerngruppen oder zu individuellen Förderprogrammen ermöglichen, sowie die mehr gesellschaftlich verankerten Aufgaben der Steuerung des Bildungsnachwuchses oder die Erteilung von Qualifikationen zum Ziel haben. (Ingenkamp & Lissmann, 2008, S. 13)

Eine diagnostische Tätigkeit oder Handlung wird nach Ingenkamp und Lissmann (2008) als ein Vorgehen angesehen, Informationen mittels Beobachtung oder Befragung zu erheben, um Lernvorgänge einschließlich ihrer Voraussetzungen,

Rahmenbedingungen und Ergebnissen zu untersuchen. Je besser eine Lehrkraft den Lernprozess und richtige und fehlerhafte Überlegungen einer Schülerin oder eines Schülers identifizieren und deren Ursachen interpretieren kann, desto eher kann sie adäquate Maßnahmen im Unterricht durchführen, von denen die Schülerinnen und Schüler profitieren. Die erhobenen Beobachtungen und Befragungen interpretieren und anschließend mitzuteilen, ist ein weiterer Schritt innerhalb der diagnostischen Tätigkeit. Der Schwerpunkt im Diagnoseprozess liegt demnach zuerst auf diagnostischen Handlungen und in einem zweiten Schritt werden sie so umgesetzt, indem die Lehrkraft die Rahmenbedingungen in ihrem Unterricht fortlaufend durch pädagogische Handlungen anpasst. Dies geschieht, indem der Lernprozess aufseiten der Schülerinnen und Schüler durch das Ergreifen verschiedener didaktischer Maßnahmen, wie z. B. dem Gestalten eines Arbeitsblatts oder dem Auseinandersetzen zweier Schülerinnen oder Schüler, angeregt und unterstützt wird (Kaiser et al., 2017).

Aus der Definition zu diagnostischen Tätigkeiten von Ingenkamp und Lissmann (2008) lassen sich zwei Ziele der pädagogischen Diagnostik erkennen. Einerseits soll die Diagnostik das Lernen von Schülerinnen und Schülern verbessern, andererseits bildet sie die Grundlage zur Erteilung von Allokations-, Selektions-, bzw. Qualifikationsentscheiden (Ophuysen & Behrmann, 2015). Als Allokationsentscheid wird z. B. die Zuweisung von individuellen oder finanziellen Ressourcen oder die Zuweisung einer Schülerin oder eines Schülers an eine Sonderschule bezeichnet (Loibl et al., 2020). Ophuysen und Behrmann (2015) verstehen die von Ingenkamp und Lissmann (2008) beschriebenen zwei Ziele der pädagogischen Diagnostik als „Basis- und Förderdiagnostik".

Die Basisdiagnostik legt den Fokus auf die regelmäßige Erfassung von Leistung, Arbeits- und Sozialverhalten von Schülerinnen und Schülern und entspricht damit einer „Absicherungsdiagnostik" (ebd., S. 87), ob z. B. die Schülerinnen und Schüler die Lernziele erreicht haben. Im Gegensatz zur Förderdiagnostik befindet sich die Basisdiagnostik auf der institutionellen Ebene, wo es darum geht, möglichst objektive Leistungsberichte und Zeugnisse zu erstellen (Hesse & Latzko, 2017). Die Basisdiagnostik entspricht damit der von Ingenkamp und Lissmann (2008) beschriebenen Grundlage für Qualifikationsentscheide und übt damit eine Steuerungsfunktion aus, um auf „die innerschulische und die nachschulische Auslese der Schülerinnen und Schüler" (Sundermann & Selter, 2006, S. 1) abzuzielen. Als klassische (basis-) diagnostische Aufgabe einer Lehrkraft gilt die Übergangsempfehlung am Ende der Primarschulzeit, die die Lehrkraft auf der Grundlage von Informationen zu verschiedenen Merkmalen ihrer Schülerinnen und Schülern einschätzt (Ophuysen & Behrmann, 2015). Mit der Empfehlung für eine weiterführende Schule bestimmt die Lehrkraft mit großer Wahrscheinlichkeit den

Schulabschluss der betreffenden Schülerin oder des betreffenden Schülers, die ihre oder seine beruflichen Entwicklungsmöglichkeiten beeinflusst.

Schrader (2010) ergänzt die Unterscheidung der Basis- und Förderdiagnostik, indem er Aspekte der formellen, bzw. informellen Diagnostik einbringt. Im Gegensatz zur formellen Diagnostik sieht Schrader (2010) die informelle Diagnostik als „unverzichtbar" (ebd., S. 107), wenn „erzieherisches Handeln professionellen Ansprüchen genügen soll" (ebd.). Informelle Urteile sollen zuerst als Hypothesen, die im Rahmen des alltäglichen erzieherischen Handelns oft beiläufig und unsystematisch aufgestellt werden, durch formelle Diagnostik abgesichert und bestätigt oder verworfen werden. Deshalb sind für kompetente pädagogische Handlungen einer Lehrkraft das Verbinden von informellen und formellen Diagnoseleistungen von großer Bedeutung. Schrader (2010) versteht die Förderdiagnostik deshalb als Grundlage für basisdiagnostische Tätigkeiten einer Lehrkraft.

Der Übergang von der Basis- zur Förderdiagnostik ist fließend und die Förderdiagnostik nimmt stärker die (Lern-) Bedürfnisse der einzelnen Schülerin oder des einzelnen Schülers und die Optimierung ihrer oder seiner Lernprozesse in den Blick. Förderdiagnostik findet im Gegensatz zu Basisdiagnostik auf individueller Ebene statt, wenn es z. B. darum geht, Aufgabenanforderungen auf die Leistungsmöglichkeiten einer Schülerin oder eines Schülers abzustimmen oder um abzuschätzen, wie sie oder er reagieren wird, wenn die Schülerin oder der Schüler für eine Leistungskontrolle vor die Klasse gerufen wird (Hesse & Latzko, 2017). Ebenso findet Förderdiagnostik auch auf Klassenebene statt, wenn die Lehrkraft interindividuelle Unterschiede ihrer Schülerinnen und Schüler erkennt und entscheidet, welche pädagogischen Maßnahmen sie für ein gewinnbringendes kooperatives Lernen in Gruppen ergreifen oder welche Lehrform sie einsetzen soll, um durch kognitive Aktivierung sinnreiche Lernprozesse bei den Schülerinnen und Schülern anregen zu können. Die Förderdiagnostik übt damit eine Entwicklungsfunktion aus (Sundermann & Selter, 2006), die die „bestmögliche Förderung der Schülerinnen und Schüler" (ebd., S. 1) beinhaltet.

Ein wichtiges Instrument der Förderdiagnostik ist die formative Beurteilung. Black und Wiliam (2009) beschreiben die formative Beurteilung als besonders effektiv, um wünschenswerte Veränderungen bei den Schülerinnen und Schüler herbeizuführen. Um eine formative Beurteilung durchführen zu können, durchläuft die Lehrkraft folgende drei Schlüsselprozesse, um ein effektives Lernumfeld zu gestalten. Die Lehrkraft stellt fest, wo die Schülerinnen und Schüler in ihrem Lernprozess stehen (z. B. indem sie sich fragt, ob die gewählte Strategie der Schülerin oder des Schülers zu einem erfolgreichen Weitergehen im Lernprozess führt oder nicht). Danach überlegt sie, was die Schülerinnen und Schüler als nächstes tun müssen, um erfolgreich in die Zone der nächsten Entwicklung zu gelangen (Black & Wiliam, 2009). Damit eine Lehrkraft diese Prozesse durchlaufen kann, verwendet sie Strategien, mit denen sie durch den Austausch mit den Schülerinnen und Schülern deren Lernabsichten klärt und durch Rückmeldung ein Fortschreiten im Lernprozess ermöglicht. Ebenso aktiviert sie die Ressourcen der Schülerinnen und Schüler, damit diese daran anknüpfen können und für ihr Lernen persönlich Verantwortung übernehmen. Black und Wiliam (2009) betonen, dass für eine wirksame Rückmeldung und eine reflektierende Analyse oft wenig Zeit bleibt, bevor eine Entscheidung getroffen wird. Für eine wirksame Rückmeldung sind folgende zwei Schritte der Lehrkraft vonnöten: Der erste ist ein diagnostischer Schritt, bei dem aufgrund des Beitrags der Schülerin oder des Schülers interpretiert wird, was sie oder er gedacht und was sie oder ihn dazu motiviert hat. Der zweite ist ein prognostischer Schritt, bei dem die Wahl einer optimalen Antwort im Vordergrund steht. Beide Schritte müssen oft in Sekundenschnelle durch die Lehrkraft durchgeführt werden. Black und Wiliam (2009) legen in ihrer Arbeit zur „Entwicklung der Theorie der formativen Beurteilung" die Übersichtsarbeit von Hattie und Temperley (2007) dar, die quantitative Belege für mehrere Arten von Feedback untersucht haben, bei denen sie Meta-Analysen einsetzten, um durchschnittliche Effektgrößen ableiten zu können (Black & Wiliam, 2009). Black und Wiliam (2009) beschreiben, dass Hattie und Temperley (2007) mit ihrer Übersichtsarbeit in denjenigen Fällen hohe Effektstärken nachweisen konnten, in denen die Schülerinnen und Schüler zum einen gezielte Informationen über ihre Aufgaben erhalten und zum anderen, wenn sie Hinweise bekommen, wie sie die Aufgaben „effektiver" (ebd. S., 44) ausführen könnten – im Gegensatz zu Rückmeldungen, die ausschließlich Lob, Belohnung oder Bestrafung beinhalten. Solche Rückmeldungen würden entsprechend zu geringen Effektstärken führen.

Neben dem beschriebenen ersten diagnostischen Schritt von Black und Wiliam (2009) existiert noch eine Vielzahl anderer diagnostischer Handlungen, die eine Lehrkraft ausführt (Helmke, 2021). Um diese Vielfalt der diagnostischen Handlungen einer Lehrkraft zu veranschaulichen, beschreibt Helmke (2021, S. 132 f.) folgende sechs Dimensionen, in die er die von Ingenkamp und Lissmann (2008) beschriebenen Inhalte diagnostischer Tätigkeiten einfließen lässt: Für die Dimension der *Personen- versus Aufgabenmerkmale* bringt die Lehrkraft die Lernvoraussetzungen ihrer Schülerinnen und Schüler in Erfahrung und setzt passende Aufgaben ein, die sie zuerst auf mögliche Hürden hin überprüft. Für die Dimension *Fachlicher oder überfachliche[r] Bezug* muss eine Lehrkraft sowohl eine Diagnose zu fachlichen Qualifikationen, wie z. B. dem Erreichen der Lernziele im Fach Mathematik, als auch zu überfachlichen Kompetenzen, wie z. B. Problemlösestrategien oder Umgang mit Anforderungen, bilden können. Die dritte Dimension entspricht der *Individuums- und der Klassenebene*, bei der eine Lehrkraft in Klassen oder Gruppen unterrichtet und stets einen Perspektivenwechsel zwischen der Klasse als Ganzes und der einzelnen Schülerin oder dem einzelnen Schüler durchführen muss. So kann sie sowohl interindividuelle als auch intraindividuelle Bedürfnisse erkennen und ihren Unterricht entsprechend adaptieren. Als nächste Dimension nennt Helmke (2021) die Dimension *Status versus Potenzial*. Das Beurteilen des aktuellen Ist-Zustandes entspricht einer *Status*diagnose und ist die Voraussetzung dafür, um die Zone der nächsten Entwicklung nach Wygotski (1980) der Schülerin oder des Schülers bestimmen zu können. Die Statusdiagnose ist für eine Lehrkraft wichtig, um herauszufinden, wie sie ihren Unterricht adaptieren kann, um Lernprozesse anzuregen. Mit *Potenzial* ist der maximal erreichbare Leistungsstand der Schülerin oder des Schülers gemeint, der rückwirkend aufgrund der Leistungsentwicklung einer Schülerin oder eines Schülers diagnostiziert wird. Die *Selbst- und Fremddiagnose* ist eine weitere Dimension. Sie bedeutet, dass eine Lehrkraft, die die Leistungen ihrer Schülerinnen und Schüler einschätzt, sich stets über das eigene Verhalten im Klaren sein, bzw. ihre Handlungen selbstdiagnostisch reflektieren können sollte, da ihr Gebaren eventuell die Fremddiagnose beeinflusst. Schließlich nennt Helmke die *Bezugsnormen des diagnostischen Urteils* als letzte Dimension diagnostischer Tätigkeiten, die eine Lehrkraft in ihrem Alltag ausführt. Weil Urteile von Lehrkräften sowohl möglichst genau als auch möglichst förderorientiert ausfallen sollten, ist die Wahl der Bezugsnorm relevant. Die *individuelle* Bezugsnorm verwendet eine Lehrkraft dann, wenn sie den Lernfortschritt einer Schülerin oder eines Schülers in einem Fach bestimmt. Die Leistungen der Schülerin oder des Schülers werden demnach miteinander, bzw. *mit sich selbst*, verglichen, um einen etwaigen Fortschritt feststellen zu können. Eine weitere Bezugsnorm ist die *soziale* Bezugsnorm. Die Lehrkraft vergleicht die Leistungen einer Schülerin oder eines Schülers mit denjenigen der Klasse. Die Leistungen werden so in eine Rangordnung gebracht. Als dritter Bezug für ein Urteil beschreibt Helmke (2021) die *kriteriale* Bezugsnorm. Hierbei vergleicht eine Lehrkraft die Leistung einer Schülerin oder eines Schülers mit den Lernzielen, die erreicht werden sollen und entscheidet aufgrund der Ausprägung der Leistung der Schülerin oder des Schülers, inwiefern die Lernziele erreicht werden (Hesse & Latzko, 2017). Die Vielzahl von beschriebenen diagnostischen Handlungen von Helmke (2021), die eine Lehrkraft täglich in ihrem Arbeitsalltag ausführt, untermauern das vermittelte Bild von Weinert (2000), der diagnostische Kompetenz als „Bündel von Fähigkeiten" (ebd., S. 17) ausdrückt.

Die aufgeführte diagnostische Handlung des Anwendens von verschiedenen Bezugsnormen können als Komponenten der Basis- und der Förderdiagnostik verstanden werden (Helmke (2021). Damit eine Lehrkraft Entscheidungen treffen, bzw. Urteile fällen kann, müssen bei der Anwendung der verschiedenen Bezugsnormen bestimmte Qualitätsanforderungen, auch Gütekriterien genannt, erfüllt werden. Die Objektivität, die Reliabilität und die Validität dienen als Gütekriterien der Qualitätssicherung eines diagnostischen Urteils. Die Anforderungen an das Erstellen einer Diagnose zum Verbessern des Lernens fallen im Erreichen der Gütekriterien bescheidener aus als bei der Diagnose zur Erteilung von Allokations-, Selektions- und Qualifikationsentscheiden (Helmke, 2021). Dies liegt darin begründet, da einzelne förderorientierte Diagnosen den Unterricht nur kurzfristig beeinflussen und erst in der Häufung einschneidende Konsequenzen für die Schülerinnen und Schüler haben können (Helmke, 2021). Zudem ist es im Falle der Diagnostik zur Verbesserung des Lernens oft wichtiger, eine schnelle und „für den Unterricht nutzbare Orientierung zu bekommen" (ebd., S. 124) als die Güte der Diagnose mit großem Aufwand zu optimieren. Weinert und Schrader (1986) betonen, dass Diagnosen von Lehrkräften während des Unterrichts nicht besonders genau sein müssen, solange sich die Lehrkraft über deren Vorläufigkeit und Ungenauigkeit bewusst ist. Es gäbe „für die Unterrichtsarbeit im Klassenzimmer keine didaktischen Modelle, keine speziellen Lehrmethoden …, die durch extreme Genauigkeit der herangezogenen diagnostischen Informationen wesentlich verbessert werden könnten" (Weinert und Schrader, 1986, zitiert nach Helmke, 2021, S. 126). Die Autoren führen aus, dass es viel wichtiger sei, dass eine Lehrkraft eine ungefähre Diagnose durchführt und diese permanent während des Unterrichts überprüft. Des Weiteren weisen sie darauf hin, dass eine Lehrkraft durch ihre Diagnosen während des Unterrichts sensitiv auf „Verhaltens-, Wissens- und Motivationsänderungen" (ebd., S. 126) ihrer Schülerinnen und Schüler reagieren und entsprechende pädagogische Maßnahmen einleiten soll. Damit kann die Lehrkraft den aktuellen Bedürfnissen der Schülerinnen und Schüler begegnen und nach Möglichkeit stillen. Diagnostische Handlungen im Bereich der Förderdiagnostik zeichnen sich oft auch durch eine kurzfristige Relevanz aus, die durch eine pädagogische Tätigkeit umgesetzt wird. Förderdiagnosen von Lehrkräften, die die Optimierung von Lernprozessen im Fokus haben, sind nicht durch neutrale Objektivität gekennzeichnet, sondern sollten sich durch „pädagogisch günstige Voreingenommenheiten" (Helmke, 2021, S. 127), also durch eine positiv gestimmte Erfolgserwartung an Schülerinnen und Schüler, auszeichnen. Natürlich wäre auch in der Förderdiagnostik ein möglichst genaues und zuverlässiges Urteil der Lehrkraft zu bevorzugen. Doch entspricht ein solches Urteilen während des Unterrichtens, bei dem auch die Gütekriterien erfüllt sind, nicht der Arbeitsrealität einer Lehrkraft. Unter den Belastungen des Unterrichts können situationsabhängige Erlebnisse, Urteile über andere und die kritische Hinterfragung eigener Handlungen nicht voneinander getrennt werden, weil sie eng miteinander verknüpft sind und eine Lehrkraft entsprechend situativ und adäquat handeln muss. Förderdiagnostische Urteile, die durch eine pädagogisch motivierte und auf Optimierung des Lernprozesses ausgerichtete Handlung, wie z. B. der Auswahl des Arbeitsblattes für die nächste Unterrichtslektion (Ophuysen & Behrmann, 2015), zur Umsetzung gelangen, weisen oft keine bedeutungsschweren Konsequenzen für die Schülerinnen und Schüler auf. Dadurch ist es annehmbar, dass bei solchen Urteilen die Anforderungen im Erreichen der Gütekriterien bescheidener ausfallen. Dies im Gegensatz zur Basisdiagnostik, bei der es folgenschwerere Konsequenzen für die Schülerinnen und Schüler haben kann, wenn die Lehrkraft z. B. nur aufgrund einer optimistischen Grundhaltung und ohne Berücksichtigung wissenschaftlicher Gütekriterien eine Übergangsempfehlung aussprechen würde (Helmke, 2021). Gerade in der Basisdiagnostik werden deutlich höhere Anforderungen an das Erreichen der drei Gütekriterien gestellt als bei förderdiagnostischen Urteilen. Die Relevanz solcher Qualifikationsentscheide haben aufgrund ihrer Auswirkungen einen höheren Stellenwert als bei Konsequenzen, die aus der Förderdiagnose entstehen (Helmke, 2021).

Ursprünglich bezogen sich die drei Gütekriterien auf psychologische Testverfahren, die in der pädagogischen Diagnostik herangezogen wurden (Helmke, 2021). Anhand der Gütekriterien soll möglichst genau festgestellt werden, wo sich eine Schülerin oder ein Schüler in ihrem oder seinem Lernprozess befindet und welche Qualifikation der betreffenden Schülerin oder dem betreffenden Schüler erteilt werden soll. Die Anbindung der pädagogischen Diagnostik an wissenschaftlich fundierte (Güte-)Kriterien ist gemäß Ingenkamp und Lissmann (2008) wichtig. Sie führt nicht etwa zu inhumanem, unpersönlichem oder ausschließlich leistungsorientiertem Unterricht, sondern hilft, den Unterricht vor Willkür und Protektion zu schützen. Nach Schrader (2013) soll die formelle, bzw. die Basisdiagnostik, bei der verschiedene Qualitätsanforderungen erfüllt sein müssen, dann zum Zug kommen, wenn es sich um „Entscheidungen mit schwerwiegenden und weitreichenden Konsequenzen" (ebd., S. 161) handelt. Die Erfüllung von Qualitätsanforderungen durch das Erreichen von Gütekriterien nimmt in der Basisdiagnostik eine wichtige Rolle ein und dient einer Lehrkraft dazu, neben ihrem Förder- auch einen Selektionsauftrag ausüben zu können (Ingenkamp & Lissmann, 2008; Black & Wiliam, 2009).

Wenn sowohl die Basis- als auch die Förderdiagnostik, als Voraussetzung für die Durchführung von Förderung und Selektion, in der Hand der (gleichen) Lehrkraft liegen, führt dies nicht selten zu Spannungen und scheint auf den ersten Blick widersprüchlich zu sein (Ingenkamp & Lissmann, 2008). Dieses Spannungsfeld erklären die beiden Autoren damit, dass früher ein Geburtsrecht galt, ob eine Führungsrolle in der Gesellschaft wahrgenommen werden durfte oder nicht. Hierfür brauchte es keine formelle und objektive Testverfahren. Entweder man *war* adlig und lebte in einer sozialen „Exklusivität gegenüber untergeordneten Bevölkerungsgruppen und Schichten" (Frie, 2005, S. 2) und konnte einen verantwortungsvollen Posten besetzen und Führung übernehmen oder man war *nicht* adlig und konnte deshalb auch keine Führungsrolle übernehmen. In Europa wurde es erst nach 1700 üblich, den Geburtsadel und seine Macht zu schwächen und Prüfungen einzuführen, um verschiedene Ämter besetzen zu können. Ein Grund für diesen Wandel liegt darin, dass der Geburtsadel zahlenmäßig zu gering wurde, als dass damit alle (wichtigen) Stellen hätten besetzt werden können (Ingenkamp & Lissmann, 2008). Ein anderer Grund war eine Veränderung in Bezug auf die Weltsicht (Terhart, 2016). Mit dem Herausschälen des Denkens aus einer kirchlich-theologischen Einbindung wurden neue Wege des Denkens sichtbar und die Rolle von Bildung und Ausbildung wichtiger (Terhart, 2016). Mit der Demokratisierung wurden persönliche Lernerfolge für den sozialen Aufstieg immer bedeutsamer und der Geburtsadel wurde unwichtig (Ingenkamp & Lissmann, 2008). Dies war die Geburtsstunde der Basisdiagnostik und damit der Zensuren, mit denen schulische Leistungen in Zeugnissen festgehalten wurden, um damit über eine Eignung für einen bestimmten Beruf zu entscheiden. So fand die Basisdiagnostik den Weg in die Schulen und zu den Lehrkräften, die ihr Repertoire der Förderdiagnostik damit erweiterten.

Durch diesen geschichtlichen Hintergrund lassen sich die beiden oft widersprüchlich erscheinenden Aufgabenbereiche einer Lehrkraft – die Förderung und die Selektion – besser erklären und helfen den unterstützenden und fördernden aber auch den selektiven Auftrag einer Lehrkraft besser zu verstehen. Ebenso wird mit der geschichtlichen Komponente offensichtlich, dass, wenn sowohl die Förderung als auch die Selektion in der Hand der gleichen Lehrkraft liegen, diese nur auf der Grundlage der pädagogischen Diagnostik erwachsen können.

Resümierend umfasst die pädagogische Diagnostik formelle und informelle basis- und förderdiagnostische Tätigkeiten, mit denen eine Lehrkraft Steuerungs- und Entwicklungsfunktionen ausüben kann. Für diese Tätigkeiten benötigt sie diagnostische Kompetenz. Diese wird in der neueren Forschungsliteratur als zentrales Thema des Professionswissens angesehen und sowohl für die Qualität von Unterrichtsprozessen als auch für die Leistungs- und Persönlichkeitsentwicklung von Schülerinnen und Schülern als theoretisch plausibel anerkannt (z. B. Pratorius & Südkamp, 2017; Loibl et al. 2020, Leuders et al, 2022). Es ist die Aufgabe der Forschung, ebenso sehr Vermittlungsprozesse aufzuklären, die eine Lehrkraft im Rahmen ihrer diagnostischen Tätigkeit zwischen Lerninhalt und den Schülerinnen und Schülern ausübt, wie auch diagnostische Kompetenz selbst zu modellieren und messbar zu machen (Baumert & Kunter, 2006).

2.2.1 Modellierungen diagnostischer Kompetenz

Nachdem eine Klärung des Begriffs der diagnostischen Kompetenz stattgefunden hat, interessiert in einem nächsten Schritt, wie diagnostische Kompetenz in verschiedenen Kompetenzmodellen verortet wird.

Blum et al. (2011) untersuchten im Projekt von Baumert und Kunter (2011) die professionelle Kompetenz von Mathematiklehrkräften und legen dabei ein Augenmerk auf Merkmale, die als notwendige Bedingungen für die Vermittlung schulischer Inhalte im Fach Mathematik angesehen werden. Diese Merkmale werden im Modell als diagnostische Fähigkeiten dargestellt (Abb. 2.4). Blum et al. (2011) verwenden nicht den Begriff der diagnostischen Kompetenz, sondern sprechen von diagnostischen *Fähigkeiten*, da nicht ausschließlich die Urteilsgenauigkeit oder Veridikalität zur Konzeptualisierung von diagnostischer Kompetenz im Projekt untersucht wurde, sondern auch das Wissen über das Verständlichmachen von mathematischen Inhalten, das Wissen über mathematikbezogene Kognitionen von Schülerinnen und Schülern sowie das Wissen über das kognitive Potenzial von Mathematikaufgaben (Krauss et al., 2008). Aus diesem Grund können die beschriebenen diagnostischen Fähigkeiten von Baumert und Kunter (2011) der von Helmke (2021) dargelegten diagnostischen Expertise als zugehörig betrachtet werden (Helmke, 2021). Der verfolgte Ansatz von Blum et al. (2011) wird auf die Annahme abgestützt, Kompetenz sowohl als einen fortlaufenden, lebenslangen Lernprozess anzunehmen und daraus schlussfolgernd als erlernbar anzuerkennen (Rychen & Salganik, 2000).

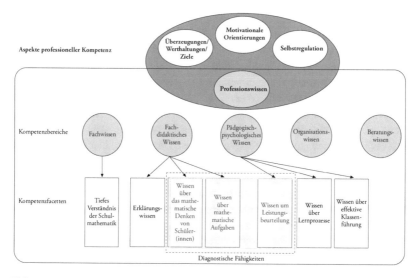

Abb. 2.4 Verortung diagnostischer Fähigkeiten im Kompetenzmodell von COACTIV (Baumert & Kunter, 2011, S. 217) (hervorgehoben durch die Autorin)

Baumert und Kunter (2011) betrachten im COACTIV-Projekt Unterricht als eine „Gelegenheitsstruktur für verständnisvolle schulische Lernprozesse" (ebd., S. 216), die es Schülerinnen und Schüler im Unterricht ermöglichen soll, sich selbstständig und aktiv mit einem Lerninhalt auseinanderzusetzen. Bei diesem Prozess kommt die diagnostische Kompetenz einer Lehrkraft an zwei Stellen zum Tragen: Einerseits trägt die diagnostische Kompetenz dazu bei, dass die Lehrkraft einen kognitiv aktivierenden Unterricht bietet, der eine Auseinandersetzung mit dem Schulstoff anregt. Andererseits ist diagnostische Kompetenz notwendig, damit die Lehrkraft beurteilen kann, welche Anpassungen es hinsichtlich didaktischer Methoden, fachlicher Tiefe oder pädagogischer Hilfsmittel braucht. Hierzu bemerken Baumert und Kunter (2011), dass Lehrkräfte ihre diagnostischen Fähigkeiten dazu nutzen sollen „(1) kognitive Aufgabenanforderungen und -schwierigkeiten einzuschätzen sowie (2) das Vorwissen und (3) Verständnisprobleme der Schülerinnen und Schüler ihrer Klassen angemessen zu beurteilen" (ebd., S. 216). Insgesamt trägt die diagnostische Kompetenz also zu einer Lernumgebung bei, in der Schülerinnen und Schüler, die von der Lehrkraft dargebotenen kognitiv aktivierenden Lerngelegenheiten nutzen können und dabei von ihr begleitet und unterstützt werden (Baumert & Kunter, 2011).

Im Projekt von Baumert und Kunter (2011) werden die diagnostischen Fähigkeiten als drei Kompetenzfacetten von zwei Kompetenzbereichen, dem fachdidaktischen und dem pädagogisch-psychologischem Wissen, dargestellt. Die drei Facetten werden als das Wissen über das mathematische Denken von Schüler(innen), das Wissen über mathematische Aufgaben und als das Wissen um Leistungsbeurteilung betitelt (Abb. 2.4). Das Wissen über das mathematische Denken von Schülerinnen und Schülern beinhaltet das Wissen über den Grad des Verständnisses. Das Wissen über mathematische Aufgaben steht für das Wissen von fachspezifischen, mathematischen Inhalten. Ebenso wird hier das Wissen über etwaige Stolpersteine, die sich in den Aufgaben verbergen können, einbezogen. Das Wissen um Leistungsbeurteilung, als dritte Facette diagnostischer Kompetenz, stammt aus dem Kompetenzbereich des pädagogisch-psychologischen Wissens. Dieses Wissen ist fachunspezifisch und betrifft die Leistungsbeurteilung, wie z. B. das Wissen über Prüfungen und Bewertungen von gezeigten Leistungen der Schülerinnen und Schüler. Wie die beschriebenen diagnostischen Fähigkeiten von Baumert und Kunter (2011) aus unterschiedlichen Kompetenzbereichen stammen, können auch die drei Facetten (CCK, SCK und KCS) des fachdidaktischen Wissens des Kompetenzmodells von Ball et al. (2008) (vgl. Abschnitt 2.1, Abb. 2.2) als Basis für diagnostische Tätigkeiten von Lehrkräften verstanden werden (Ostermann et al., 2019). Als Beispiel zur Unterscheidung der beiden Wissensfacetten CCK (allgemein fachspezifisches (mathematisches) Inhaltswissen) und SCK (spezielles (mathematisches) Inhaltswissen) verwenden Ball et al. (2008) die Rechnung „307 – 168" (ebd., S. 401). Für das Erkennen einer falschen Antwort dieser Rechnung benötigen Lehrkräfte ein allgemein fachspezifisches Inhaltwissen (CCK). Hingegen steht das Erkennen der *Art* eines Fehlers für das spezielle fachspezifische Inhaltswissen (SCK) und beinhaltet eine gewisse Geschicklichkeit im Denken über Zahlen und eine Aufmerksamkeit für Muster, die sich in einer gedanklichen Flexibilität zeigen. Diese gedankliche Flexibilität und Aufmerksamkeit erlauben es einer Lehrkraft zu erkennen, dass Schülerinnen und Schüler bei solchen Subtraktionsaufgaben oft ergänzend vorgehen. SCK kann als „die fachwissenschaftliche Basis diagnostischen Handelns" (Ostermann et al., 2019, S. 96) verstanden werden. Ostermann et al. (2019) führen aus, dass Ball et al. (2008) SCK als das Wissen bezeichnen, das nur Lehrkräfte für ihren Unterricht benötigen. Mit SCK kann eine Lehrkraft z. B. Fehler in Lösungen von Schülerinnen und Schülern erkennen und abschätzen, ob eine Strategie einer Schülerin oder eines Schülers tragfähig ist (Ball et al., 2008). Diese Art von Wissen und die darauf basierenden Fähigkeiten einer Lehrkraft, etwaige Muster in den Lösungswegen der Schülerinnen und Schüler zu erkennen, bezeichnen Ball et al. (2008) als charakteristisch für die alltägliche Arbeit. Von SCK grenzen Ball et al. (2008) eine Facette ab, die das Wissen über mathematische Vorstellungen, Fehler und typische Lösungswege von Schülerinnen und Schülern kennzeichnet und von Ball et al. (2008) als *knowledge of content and students (KCS)* bezeichnet wird (Ostermann et al., 2019). Hill et al. (2008) beschreiben KCS folgendermaßen:

> We propose to define KCS as content knowledge intertwined with knowledge of how students think about (…) is used in tasks of teaching that involve attending to both the specific content and something particular about learners, for instance, how students typically learn to add fractions an the mistakes or misconceptions that commonly arise during the process. (Hill et al.,2008, S. 375)

KCS beinhaltet also die Fähigkeit einer Lehrkraft, z. B. vorauszusehen, welche Fehler bei gewissen Aufgaben am häufigsten vorkommen und zu erkennen, was ihre Schülerinnen und Schüler denken und was sie in den Aufgaben verwirrend, motivierend und interessant finden (Ball et al., 2008). Ebenso soll eine Lehrkraft auf Basis von KCS eine geeignete Zuweisung von Aufgaben machen können und in der Lage sein, das Denken der Schülerinnen und Schüler zu verstehen, indem sie deren Aussagen interpretiert (Ball et al., 2008). Die Fähigkeit, das sich entwickelnde und noch unvollständige Denken der Schülerinnen und Schüler wahrzunehmen und zu analysieren stellt gleichermaßen eine Facette von KCS dar (Leuders et al., 2017). Personen, die nicht als Lehrkräfte arbeiten, besitzen gemäß Ostermann et al. (2019) dieses Wissen wohl nicht. Zusammengefasst stellt KCS einen eigentlichen „Kernbereich" (ebd., S. 96) diagnostischen Handelns dar (Ostermann et al., 2019). Ball et al. operationalisieren KCS durch Aufgaben, die folgende Schwerpunkte aufweisen und gemäß Ostermann et al. (2019) als diagnostische Handlungen verstanden werden können:

(1) Kenntnis, Vorhersage und Fähigkeit zur Identifizierung von typischen Fehlern,
(2) Erkennen des Grades von Verständnis in Schülerlösungen und
(3) Identifikation von relativen Schwierigkeiten bzw. geeignete Lernschritte (Ostermann et al., 2019, S. 97).

Die beiden Kompetenzmodelle von Baumert und Kunter (2011) und von Ball et al. (2008) beinhalten unter anderem den Aspekt des Erkennens von fehlerhaften Überlegungen und möglichen Fehlkonzepten oder Schwächen in Lösungen von Schülerinnen und Schülern. Das Identifizieren von Fehlern und das Erkennen einer Schwäche gelten als eine Facette von diagnostischer Kompetenz, das auf dem Wissen über typische Fehler oder Fehlkonzepten basiert (Ostermann et al., 2019). Einerseits lässt sich der Aspekt des Identifizierens von Fehlern mit dem Kompetenzmodell von Baumert & Kunter (2011) in der Facette des Wissens über das mathematische Denken von Schülerinnen und Schülern verorten. Andererseits kann der Aspekt des Identifizierens von Fehlern im Kompetenzmodell von Ball et al. (2008) in der Facette von KCS, dem Erkennen des Grades von Verständnis in schriftlichen Lösungen von Schülerinnen und Schülern, eingeordnet werden. Ball et al. (2008) verweisen auf die Wichtigkeit des Wissens einer Lehrkraft über und die Erfahrung mit Fehlvorstellungen von Schülerinnen und Schülern und deren Denken, damit sie die Vorstellungen der Schülerinnen und Schüler nachvollziehen kann (Ball et al., 2008). Im Projekt von Baumert und Kunter (2011) wird der Schwerpunkt auf das Identifizieren von Fehlern, bzw. von (Fehler-)Mustern, von Schülerinnen und Schülern gelegt. Lehrkräfte sollen in ihrer Arbeit nachvollziehen können, warum ihre Schülerinnen und Schüler zu falschen Lösungen gekommen sind, damit Strategien abgeleitet werden können, um Schülerinnen und Schüler zu unterstützen, ihre Fehler und möglichen Schwächen zu erkennen und zu beheben (Blum et al., 2011). Shulman (1986) hebt ebenfalls die Wichtigkeit hervor, Konzepte und Fehlkonzepte der Schülerinnen und Schüler zu erkennen und zu verstehen. Er beschreibt die Wichtigkeit des Erkennens von Fehlkonzepten folgendermaßen:

> The study of student misconceptions and their influence on subsequent learning has been among the most fertile topics for cognitive research. We are gathering an ever-growing body of knowledge about the misconceptions of students and about the instructional conditions necessary to overcome and transform those initial conceptions. Such research-based knowledge, an important component of the pedagogical understanding of subject matter, should be included at the heart of our definition of needed pedagogical knowledge. (Shulman, 1986, S. 10)

Shulman (1986) versteht (Fehler-)Analysen als die fruchtbarsten Themen der Forschung, weil dadurch ein ständig wachsendes Wissen über Fehlvorstellungen von Schülerinnen und Schülern entsteht. Dieses Wissen ist notwendig, um Fehlvorstellungen zu verändern und zu überwinden.

Es fällt auf, dass sowohl Shulman (1986), Baumert und Kunter (2011) und Ball et al. (2008) mit ihren entwickelten Kompetenzmodellen auf das Nachvollziehen von Vorstellungen der Schülerinnen und Schüler großen Wert legen. Dabei werden jedoch eher *Fehl*vorstellungen, Fehler oder Fehlkonzepte von Schülerinnen und Schülern berücksichtigt, wenn vom Wissen über das mathematische Denken oder vom Erkennen des Grades von Verständnis in schriftlichen Lösungen die Rede ist. Weder in der Arbeit von Shulman (1986) noch im Projekt von Baumert und Kunter (2011) oder in der Forschungsarbeit von Ball et al. (2008) wird explizit das Erkennen von Stärken in Lösungen von Schülerinnen und Schülern in den Mittelpunkt gestellt – Im Gegensatz zum integrierenden Modell zur Lehrerprofessionalität von Leuders et al. (2019) (Abb. 2.3 in Abschnitt 2.1.1). Im integrierenden Modell werden bei den fachbezogenen, diagnostischen Kompetenzen weniger Fehlkonzepte, Fehlvorstellungen, bzw. Schwächen, in Lösungen der Schülerinnen und Schüler in den Blick genommen, sondern eher allgemeiner auf das „Wissen über typische Lernwege" oder auf „Alltagskonzepte" (Leuders et al., 2019, S. 13) fokussiert. Dieses Modell kann deshalb als weiter geöffnet interpretiert werden, da es offenlässt, ob mit dem *Wissen über typische Lernwege* Wege gemeint sind, die die von den Schülerinnen und Schülern gemachten Fehler und Fehlkonzepte, bzw. Schwächen, oder die die richtigen Lösungen und mögliche Stärken offenbaren.

Dass explizit auch Stärken in Lösungen von Schülerinnen und Schülern berücksichtigt werden sollen, kann z. B. mit den Grundschuluntersuchungen der TIMSS-Studie[1] von 2015 begründet werden. Dort wurde festgestellt, dass die erreichten Punkte der 5 % leistungsstärksten Schülerinnen und Schülern aus Deutschland sich in den Jahren seit den letzten Untersuchungen (2007 und 2011) nicht merklich verändert, bzw. verbessert, haben. Dieses Bild zeigt sich auch bei den 15-jährigen Schülerinnen und Schülern im Mathematik-Test von PISA[2] von 2015 (Bardy & Bardy, 2020). Ein Grund dafür könnte sein, dass für diese Schülerinnen und Schüler keine oder zu wenig spezifische Förderprogramme entwickelt worden waren, die sich nachhaltig auf die Verbesserung ihrer Leistungen ausgewirkt hätten. Bardy und Bardy (2020) deuten die fehlende Verbesserung dieser leistungsstarken Schülerinnen und Schüler so, dass die Förderung von solchen Schülerinnen und Schülern in Deutschland im internationalen Vergleich offenbar nicht in ausreichendem Maße gelinge – im Gegensatz zur Förderung von leistungsschwachen Schülerinnen und Schülern. Darauf basiert die Forderung, dass *alle* Schülerinnen und Schüler – sowohl die Leistungsstärkeren als auch die Leistungsschwächeren – das Recht auf eine angemessene Förderung haben, da bereits in der Primarschule aufgrund unterschiedlicher Begabungs- und Leistungsvoraussetzungen individuelle Lernbedürfnisse entstehen. Erst, wenn auch

---

[1] TIMSS steht als Akronym für "Trends in International Mathematics and Science Study". Mit TIMSS werden das mathematische und naturwissenschaftliche Grundverständnis von Schülerinnen und Schülern am Ende der 4. Jahrgangsstufe in einem vierjährigen Rhythmus erfasst.

[2] PISA steht als Akronym für «Programme for International Student Assessment». Mit PISA werden seit dem Jahr 2000 Schulleistungen von fünfzehnjährigen Schülerinnen und Schülern im dreijährigen Turnus erfasst, die zum Ziel haben, alltags- und berufsrelevante Kenntnisse und Fähigkeiten zu messen.

leistungsstärkere Schülerinnen und Schüler angemessen gefördert werden, können sie ihr Potenzial auch ausschöpfen (Leikin, 2009).

Um eine Stärke fördern zu können, muss sie jedoch zuerst als solche erkannt werden, da das Erkennen einer Stärke von den Erwartungen einer Lehrkraft beeinflusst wird (Helmke & Schrader, 2001). Erwartungen einer Lehrkraft bezüglich der Stärken und Schwächen ihrer Schülerinnen und Schülern beeinflussen ihre Unterrichtsgestaltung, die wichtig ist, um eine passende Adaptivität zwischen Lernvoraussetzungen und Lernzielen zu erreichen. Hierfür braucht es Lehrkräfte, die die Bereitschaft zeigen, objektiv und unvoreingenommen von den wahrgenommenen Leistungen ihren Schülerinnen und Schülern gegenüber zu sein und dabei bereit sind, ihre persönlichen Erwartungen und Hypothesen zu hinterfragen und eventuell zu korrigieren.

Welche Prozesse dem Erkennen einer Stärke und einer Schwäche zugrunde liegen, wird im nächsten Abschnitt dargelegt.

2.2.2   Erkennen von Stärken und Schwächen

Wir haben gesehen, dass das Fördern möglicher Stärken oder das Erkennen von Schwächen von Schülerinnen und Schülern voraussetzt, dass Stärken und Schwächen von einer Lehrkraft überhaupt erst erkannt werden müssen. Aus diesem Grund soll der dem Erkennen von Stärken und Schwächen zugrunde liegende Prozess als nächstes in den Blick genommen werden.

Etymologisch bedeutet das Verb *erkennen* „innewerden, geistig erfassen, sich erinnern" (Drosdowski, 2020, S. 239) sowie auch „entscheiden, urteilen, bekannt machen" (ebd.) in der Rechtssprache. *Wahrnehmen* enthält als ersten Bestandteil das „untergegangene Substantiv" (ebd., S. 916) *Wahr*, das für „Aufmerksamkeit, Acht, Obhut, Aufsicht" (ebd., S. 916) steht und „in Aufmerksamkeit nehmen, einer Sache Aufmerksamkeit schenken" bedeutet (ebd., S. 916). Das *Erkennen* oder *Wahrnehmen* wird in der englischsprachigen Forschungsliteratur mit *perception* übersetzt (Blömeke et al., 2015a, Loibl et al., 2020). Die Begriffe *Wahrnehmen* und *Erkennen* werden in der vorliegenden Arbeit synonym verwendet.

Die Fähigkeit des Erkennens von Stärken und Schwächen ermöglicht es, diagnostische Handlungen des Identifizierens von richtigen und fehlerhaften Überlegungen sowie des Interpretierens möglicher Ursachen durchzuführen (Ingenkamp & Lissmann, 2008; Ostermann et al., 2019) und kann als Ausdruck von diagnostischer Kompetenz verstanden werden. Van Es und Sherin (2021) verstehen diagnostische Handlungen als Schlüsselfunktion einer Lehrkraft beim

Unterrichten (van Es & Sherin, 2021) und drücken diesen Prozess des Wahrnehmens von auch nicht-sichtbaren Schlüsselmomenten während des Unterrichts mit der Analysekompetenz (*Noticing*) aus (Rutsch et al., 2018). Ein nicht-sichtbarer Schlüsselmoment kann z. B. das Bilden einer gemeinsamen Ausgangslage durch die Lehrkraft oder einer Idee einer Schülerin oder eines Schülers bedeuten (van Es & Sherin, 2002). Die Analysekompetenz einer Lehrkraft verstehen die Autorinnen als zentrales Konstrukt des Unterrichts, als Fähigkeit, die Aufmerksamkeit auf Situationen zu lenken, die für das Unterrichten und den Lernprozess des Kindes relevant sind und oft unmittelbar auftreten. Weil beim Erkennen von relevanten Schlüsselsituationen vergleichbare Prozessschritte ablaufen, wie sie Lehrkräfte beim Erkennen von Stärken und Schwächen von Schülerinnen und Schülern in schriftlich vorliegenden Arbeiten durchlaufen müssen, wird der Wahrnehmungsprozess von van Es und Sherin (2021) in der vorliegenden Arbeit auf das Erkennen von relevanten Hinweisen in (schriftlichen) Lösungen ausgeweitet. Das Wahrnehmen von Schlüsselsituationen wird von van Es und Sherin (2021) als prägendes Ereignis oder Wendepunkt im Lernprozess der Schülerinnen und Schüler betont und kann ebenso in schriftlichen Lösungen zu einer Interaktion zwischen Lehrkraft und Schülerin oder Schüler führen, um einen Wendepunkt im Lernprozess der Schülerin oder des Schülers einzuleiten. Die Autorinnen bemerken, dass ein gelingender Lernprozess bei Schülerinnen und Schülern auf der Wahrnehmung der Lehrkraft beruht und als Kern der Interaktion zwischen ihr und ihren Schülerinnen und Schülern zu verstehen ist. Diese Interaktion verlangt von der Lehrkraft ein bewusstes in den Blick nehmen von Schlüsselmomenten – wie z. B. Informationen und Ideen teilen, gezielte Fragen stellen, ausführliche Erklärungen geben und Fehler überprüfen – respektive ein bewusstes Ausblenden von weniger wichtigen Informationen, um den eigentlichen Lernprozess im Auge behalten zu können.

In seinem Artikel zur *Professionalisierung der Lehrerbildung* schreibt Radtke (2000), dass zukünftige Lehrkräfte einer wissenschaftlichen Bildung bedürfen, damit sie „Beobachten, Wahrnehmen und Beurteilen" (ebd., S. 2) lernen, „weil sie sonst nicht wissen, warum sie etwas sehen und etwas anderes nicht" (ebd.). Er beschreibt damit die Notwendigkeit der Analysekompetenz einer Lehrkraft, die van Es und Sherin (2021) mit ihrem Rahmenmodell zum Wahrnehmungsprozess aufgreifen und in drei Dimensionen differenzieren. Die erste Dimension bezeichnen van Es und Sherin (2021, S. 3) als „Attending" – das Beachten von Schlüsselmomenten sowie das gleichzeitige Ignorieren bestimmter anderer Situationen. Hier muss eine Lehrkraft beobachten, wahrnehmen und urteilen, damit sie am Unterrichtsgeschehen teilnehmen und auch einen nicht-sichtbaren Schlüsselmoment im Lernprozess ihrer Schülerinnen und Schüler bemerken kann. Hierfür benötigt sie eine selektive Wahrnehmung, die das Beobachten und Identifizieren von für den Lernprozess förderlichen Schlüsselmomenten beinhaltet.

Die zweite Dimension beschreiben die Autorinnen als „Interpretation", indem sie einerseits auf das Einnehmen einer forschenden Haltung der Lehrkraft in Bezug zu Lernprozessen ihrer Schülerinnen und Schüler hinweisen und andererseits die Interpretation des beobachteten Schlüsselmoments hervorheben. Eine *forschende Haltung* beinhaltet eine grundsätzlich offene und neugierige Haltung der forschenden Person, in diesem Fall der Lehrkraft (Strübing, 2008). Dabei betonen Przyborski und Wohlrab-Sahr (2014) die Wichtigkeit, die Spannung zwischen einer forschenden Distanz und einer empathischen Teilhabe nicht aufzulösen. Dass eine Lehrkraft also sehr wohl Sympathie oder gar Bewunderung oder Mitleid empfinden darf, solange sie das Verhältnis zwischen sich und den Schülerinnen und Schülern reflektiert. Van Es und Sherin (2021) weisen darauf hin, dass für die Interpretation eines beobachteten Schlüsselmoments eine Lehrkraft ihr Wissen und ihre Erfahrung benötigt, um diese mit der beobachteten Situation zu einer Interpretation zu verknüpfen und ihr einen Sinn zu geben. Damit die Lehrkraft durch ihre Interpretation ein diagnostisches Urteil bilden kann, ist ebenfalls wieder eine forschende Haltung vonnöten. Das diagnostische Urteil unterstützt die Lehrkraft darin, ihren Unterricht zu adaptieren, indem sie die Rahmenbedingungen verändert, bzw. so gestaltet, dass neue oder andere Interaktionen bei den Schülerinnen und Schülern angeregt werden. Durch das Eingreifen wirkt die Lehrkraft gestaltend, bzw. modellierend, in das Unterrichtsgeschehen ein und verschafft sich so Zugang zu zusätzlichen Informationen über die Lernprozesse ihrer Schülerinnen und Schüler. Diese Modellierung bezeichnen van Es und Sherin (2021) in ihrem Modell als dritte Dimension „Shaping", das mit „Gestalten" übersetzt werden kann.

Die Fähigkeit des Erkennens von Stärken und Schwächen der vorliegenden Arbeit fußt auf dem Wahrnehmungsprozess der Analysekompetenz zum Erkennen von Schlüsselsituationen in Unterrichtssituationen von van Es und Sherin (2021). Auf diesem Wahrnehmungsprozess basiert auch die Untersuchung zur „fachdidaktische[n] Analysekompetenz zum Umgang mit Darstellungen" von Friesen et al. (2018, S. 118). Der Analyseprozess, wie ihn Friesen et al. (2018) inhaltlich charakterisieren, umfasst die drei Dimensionen von van Es und Sherin (2021) wie die „Identifikation eines relevanten Ereignisses" (ebd., S. 156), die „kritische Bewertung" (ebd.) und die „Artikulation" (ebd.), wodurch das Analyseergebnis betrachtet werden soll. Der Unterschied zwischen dem Verständnis der vorliegenden Arbeit und dem von Friesen et al. (2018) sowie von van Es und Sherin (2021) besteht darin, dass letztere mit ihrem Modell das Unmittelbare während des Unterrichtens betonen, während in dieser Arbeit und bei Friesen et al. (2018)

der Fokus auf einem vignettenbasierten Testinstrument liegt. In der Studie von Friesen et al. (2018) wurde ein vignettenbasiertes Testinstrument entwickelt, mit dem der Einfluss von Video-, Text- und Comicvignetten auf die Auseinandersetzung und die Analyse von Unterrichtssituationen in Bezug auf den Umgang mit Darstellungen untersucht wurde. Unter Vignetten werden kurze Video- (oder Text-)Ausschnitte verstanden, die eine abgeschlossene, reale oder fiktionale Szene wiedergeben (Streit & Weber, 2013). Sowohl die Fähigkeit des Erkennens von Schlüsselsituationen im unmittelbaren Unterrichtsgeschehen als auch die Fähigkeit, den Umgang mit verschiedenen Darstellungsformen der Schülerinnen und Schüler zu analysieren, können als zentrale diagnostische Handlungen verstanden werden. Schülerinnen und Schüler sollten z. B. imstande sein, verschiedene Darstellungsformen von mathematischen Situationen und Objekten anzuwenden, indem sie sie interpretieren und voneinander unterscheiden, sowie Beziehungen zwischen ihnen erkennen können (Friesen et al., 2018). Verschiedene Studien zeigen jedoch, dass der Wechsel zwischen verschiedenen Darstellungsformen eines mathematischen Objekts, sogenannte „Conversions", „komplexe, kognitive Prozesse erfordern" (ebd., S. 155) und dadurch für viele Schülerinnen und Schüler zu einem Hindernis in der Handhabung mit unterschiedlichen Darstellungen werden. Weil Verständnisschwierigkeiten im Zusammenhang mit „Conversions" von Lehrkräften jedoch oftmals als „konzeptuelles Nichtverstehen fehlinterpretiert" (ebd., S. 155) werden, sollten Lehrkräfte über professionelles Wissen in diesem Bereich verfügen und Unterrichtssituationen, in denen der Umgang mit Darstellungen eine zentrale Rolle spielt, analysieren können, damit sie mögliche Hürden erkennen können. Mit „professionellem Wissen" ist gemeint, dass z. B. bei einem Wechsel der Darstellung eine ungenügende Verknüpfung verschiedener Darstellungen eines mathematischen Objekts zu Verständnisproblemen bei Schülerinnen und Schülern führen kann.

Mit dem Darlegen der Untersuchung von Friesen et al. (2018) soll zusammenfassend hervorgehoben werden, dass dem Wahrnehmen von relevanten Schlüsselsituationen ein aktiver Prozess zugrunde liegt, mit dem eine Lehrkraft z. B. den Umgang mit Herausforderungen bei Darstellungswechseln identifiziert, diese Identifikation mit ihrem professionellen Wissen und ihrer Erfahrung verknüpft, interpretiert und modellierend in das Unterrichtsgeschehen eingreift (Rutsch et al., 2018). Der beschriebene Wahrnehmungsprozess wird in dieser Arbeit nahezu vollständig angewendet, mit Ausnahme der Dimension des „Modellierens", da mit der vorliegenden Studie nicht untersucht wurde, welche pädagogischen Maßnahmen nach der Diagnose zum Einsatz kommen könnten („Modellieren"). Der beschriebene Wahrnehmungsprozess von van Es und Sherin (2021) dient somit dazu, richtige und fehlerhafte Überlegungen von Schülerinnen und Schülern zu identifizieren und bildet die Grundlage für die Interpretation der zugrundeliegenden Ursachen.

Das Vorgehen des Identifizierens von richtigen und fehlerhaften Überlegungen und deren Ursacheninterpretation kann als diagnostische Handlung verstanden werden (Helmke, 2021) und wird in der vorliegenden Arbeit mit dem Begriff der der *Stärke-Schwäche-Diagnose* ausgedrückt.

In einem ersten Schritt gilt es also zu klären, was der Unterschied ist zwischen falsch (*fehlerhaft überlegt*) und einem Fehlkonzept oder einer Fehlvorstellung, bzw. einer Schwäche. Ebenso wird in einem zweiten Schritt der Unterschied zwischen *richtig gerechnet* und einer Stärke erläutert, da nicht jeder Fehler automatisch eine Schwäche bedeutet und nicht jedes richtige Ergebnis eine Stärke.

Etwaige Schwierigkeiten in der Mathematik werden von einer Lehrkraft oft dadurch bemerkt, dass eine Schülerin oder ein Schüler beim Lösen von Mathematikaufgaben (viele) Fehler macht. Von einem Fehler wird in der pädagogischen Psychologie dann gesprochen, wenn ein von einer Norm abweichender Sachverhalt oder von einer Norm abweichende Prozesse beschrieben werden (Oser et al. 1999). Normen stehen für ein Bezugssystem, ohne das es nicht möglich wäre, Fehler und korrekte Leistungen, bzw. das Falsche vom Richtigen unterscheiden zu können. Ein Fehler einer Schülerin oder eines Schülers kann als „Fehlerphänomen" (Prediger & Wittmann, 2009, S. 4) bezeichnet werden. Er steht für das sichtbare Produkt eines Denkprozesses, indem er auf eine möglicherweise fachlich falsche Denkweise hinweist. Fehler entstehen oft nicht zufällig auf Basis von flüchtigem Verrechnen, sondern sind Ausdruck von subjektiven Strategien oder Konzepten, die auf ein tiefer liegendes Verständnisproblem, bzw. auf ein Fehlkonzept hinweisen, das in der vorliegenden Arbeit als *Schwäche* bezeichnet wird. Der quantitative Aspekt *viele Fehler* kann dazu dienen, ein Fehlermuster zu erkennen, das für eine innere Logik steht, wenn z. B. bei strukturell gleichen Aufgaben auch gleiche Fehler auftreten (Prediger & Wittmann, 2009; Kaufmann & Wessolowski, 2015). Nur mit der Feststellung, dass etwas falsch gerechnet wurde, kann noch nicht auf ein Fehlkonzept oder eine Fehlvorstellung geschlossen werden. Dafür braucht es zuerst eine qualitative Erfassung des Fehlers und somit ein Verstehen der Strategie, die eine Schülerin oder ein Schüler angewendet hat und zum falschen Ergebnis gelangt ist (Kaufmann & Wessolowski, 2015). Mit dem Verstehen der Denkweise und der gewählten Strategie der Schülerin oder des Schülers kann die Lehrkraft die innere Rationalität und Stimmigkeit des Fehlers einordnen und daraus auf ein etwaiges Fehlkonzept, eine Fehlvorstellung, bzw. auf eine Schwäche, schließen. Damit beurteilt die Lehrkraft, ob die gewählte Strategie als Ausgangspunkt zum Weiterlernen angesehen werden kann, weil es nur ein oberflächliches flüchtiges Verrechnen war, bei dem oft mangelnde Konzentration die Ursache ist oder ob die gewählte Strategie in eine Sackgasse führen wird, weil das Fehlermuster auf ein tieferliegendes Verständnisproblem, bzw. auf eine Schwäche, hinweist (Prediger & Wittmann, 2009). Aus diesem Grund sollten Fehler, wann immer möglich, qualitativ erfasst werden, „mit dem Ziel, Einsicht in das Denken der Kinder zu gewinnen, um das Vorgehen des Kindes zu verstehen" (Kaufmann & Wessolowski, 2015, S. 17).

In der vorliegenden Arbeit wird der Begriff der „Schwäche" als Fehlkonzept oder als Verständnisproblem verstanden und wird nicht mit dem Konstrukt der „Rechenschwäche in der Mathematik" gleichgesetzt. Das Konstrukt der mathematischen Schwäche wird oft allgemein und für den Bereich der Arithmetik verwendet, um Kinder zu beschreiben, die über den Regelunterricht hinaus eine Förderung benötigen, weil sie Probleme im Zusammenhang mit dem Lernen von mathematischen Inhalten haben. Eine Rechenschwäche beinhaltet vor allem Probleme im Umgang mit grundlegenden Fähigkeiten wie denjenigen der Grundrechenarten (Moser Opitz, 2013). Kindern mit einer Rechenschwäche kann mit organisierten Fördermaßnahmen der Schule häufig geholfen werden (Käpnick & Benölken, 2020).

Die qualitative Erfassung von schriftlich vorliegenden Lösungen von Schülerinnen und Schülern stellt einen wichtigen Schritt in der Stärke-Schwäche-Diagnose dar. Mit dem Fokus auf das Identifizieren von fehlerhaften Überlegungen und der Interpretation möglicher Ursachen, ordnet die Lehrkraft die Strategie der Schülerin oder des Schülers ein und verknüpft diese Strategie mit dem eigenen Wissen (van Es & Sherin, 2021). Eigenes Wissen einsetzen bedeutet, (gelerntes) mathematikdidaktisches Wissen, wie z. B. das Wissen über Fehler oder das Wissen über die erforderlichen Voraussetzungen für die Aufgabe mit dem Lösungsweg zu verknüpfen. Daraufhin kann eine Lehrkraft beurteilen, ob ein fehlerhaftes Rechnen einem oberflächlichen Verrechnen zugeordnet werden kann oder ob der Fehler auf ein dahinter liegendes Fehlkonzept – also eine Schwäche – hindeutet.

Das Identifizieren von Fehlern sowie das Interpretieren möglicher Ursachen wird als Ausdruck einer Fähigkeit verstanden und als ein Aspekt der Stärke-Schwäche-Diagnose angesehen. Ebenso verhält es sich mit der Fähigkeit, richtige Lösungen zu identifizieren und mögliche Stärken daraus abzuleiten. Das Vorgehen hierzu wird als der andere Aspekt der Stärke-Schwäche-Diagnose betrachtet. Beim Identifizieren einer richtigen Lösung und dem Ableiten von möglichen Stärken laufen die diagnostischen Handlungen ähnlich ab wie beim Identifizieren eines Fehlers und dem Interpretieren möglicher Ursachen. Stärken werden von einer Lehrkraft meist dadurch bemerkt, dass eine Schülerin oder ein Schüler (sehr) häufig richtig rechnet. Dieser quantitative Aspekt muss noch nicht Ausdruck einer Stärke sein. Auch hier braucht es zuerst eine inhaltliche Klärung und ein Verstehen der Denkweise und der gewählten Strategie, bzw. des dahinterliegenden Konzepts, wie zum richtigen Ergebnis gelangt wurde. Damit kann die Lehrkraft die innere Rationalität und Stimmigkeit des richtigen Ergebnisses einordnen und beurteilen, ob die gewählte Strategie als Zeichen eines vertieften Verstehens der Sache steht, die als Stärke gedeutet werden kann. Aus diesem Grund „verdienen" es richtige Lösungen ebenso, dass sie qualitativ erfasst werden, um Einsicht in das Denken zu gewinnen und um das Vorgehen des Kindes zu verstehen (Kaufmann & Wessolowski, 2015). Ein zentraler Schritt hierfür wird ebenso wie beim Aspekt *Schwäche erkennen* bei der Analyse von schriftlich vorliegenden Lösungen von Schülerinnen und Schülern getätigt. Dabei gilt es, richtige Ergebnisse zu identifizieren, die auf ein tieferliegendes Verständnis oder Konzept der Schülerin oder des Schülers hindeuten. Damit diese Analyse gelingt und eine Lehrkraft eine Strategie einer Schülerin oder eines Schülers fachdidaktisch, bzw. mathematikdidaktisch einordnen kann, wird die Strategie mit dem eigenen fachdidaktischen Wissen verknüpft.

In einem weiteren Schritt gilt es nun aus fachdidaktischer Sicht zu prüfen, ob die erkannte Stärke allenfalls auf eine mögliche mathematische Begabung hindeutet. Bardy und Bardy, (2020) zitieren in ihrer Arbeit über mathematisch begabte Kinder und Jugendliche den russischen Kognitionspsychologen Krutezki, der im Jahr 1968 eine umfangreiche Untersuchung mit dem Ziel durchführte, die Natur und Struktur mathematischer Fähigkeiten bei Schülerinnen und Schüler im Alter zwischen 6 und 17 Jahren zu erfassen. Dabei kam Krutezki zum Schluss, dass mathematisch begabte Kinder sich durch eine hohe Ausprägung in sechs Basiskomponenten auszeichnen (Krutezki, 1968; in Bardy & Bardy, 2020). Dazu gehören die Fähigkeit zur Abstraktion einer Problemstellung, die Fähigkeit zur Verallgemeinerung mathematischer Inhalte, die Fähigkeit zur Verkürzung eines Gedankenganges, die Fähigkeit zur Flexibilität von Denkprozessen, die Fähigkeit des „Streben[s] nach Klarheit, Einfachheit und auch Eleganz einer Lösung" (Bardy & Bardy, 2020, S. 88), sowie die Fähigkeit eines dauerhaften und schnellen Erinnerns mathematischen Wissens. Bardy und Bardy (2020) stellen einen Merkmalskatalog für Lehrkräfte zur Verfügung, wie diese ein begabtes Kind identifizieren können. Wie schon in den beschriebenen Basiskomponenten von Krutezki (1968), dient auch der Merkmalskatalog von Bardy und Bardy (2020) den Lehrkräften als Orientierung, um zu überprüfen, ob sehr viele der beschriebenen Merkmale auf ein Kind zutreffen und dadurch auf eine mögliche Begabung hinweisen. Natürlich reicht es nicht aus, eine mathematische

Begabung ausschließlich auf Basis von schriftlichen Dokumenten von Schülerinnen und Schülern zu identifizieren. Gerade die Merkmale „[das Kind] findet Gefallen an Strukturen, Ordnungen und Konsistenzen" oder „[das Kind] ist in seinem Denken flexibel" (Bardy & Bardy, 2020, S. 149) lassen sich nicht ausschließlich anhand von schriftlichen Dokumenten feststellen. Hierzu wäre ein direktes Gespräch mit dem Kind und weitere Beobachtungen im Unterricht sinnvoll, um das Vorhandensein der beschriebenen Merkmale zu untermauern oder zu verwerfen.

Würde ein Kind einer vierten Klasse bei einer Aufgabe z. B. die Dezimalschreibweise verwenden, so könnte dies im Merkmalskatalog von Bardy und Bardy (2020) unter den Aspekt „[das Kind] nimmt Informationen schnell auf und kann sie leicht rekapitulieren" fallen, da die Schülerin oder der Schüler die Dezimalschreibweise bei Größen offenbar beim Thema Geld aufgeschnappt hat und nun richtig rekapitulieren kann. Als Lehrkraft könnte eine solche Schreibweise als Stärke erkannt und als Aufforderung an sich selbst verstanden werden, diese Schülerin oder diesen Schüler gezielter zu beobachten. Damit könnte festgestellt werden, ob sich noch weitere Stärken in ihren oder seinen Lösungen finden lassen und ob allenfalls ein nächster Schritt in der „Diagnostik von (Hoch-) Begabung" (Bardy & Bardy, 2020, S. 149) eingeleitet werden kann. Eine Stärke-Schwäche-Diagnose kann also als erster Schritt zur Feststellung einer mathematischen Begabung verstanden werden. Mit dem Ausdruck „mathematisches Potenzial" weiten Rösike und Schnell (2017, S. 224) in ihrer Untersuchung „do math!" zur Erkennung und Förderung mathematischen Potenzials von Schülerinnen und Schülern den relativ engen Fokus der Begabung von Bardy und Bardy (2020) aus. Rösike und Schnell (2017) erfassten in ihrer Untersuchung *sämtliche* Schülerinnen und Schüler im oberen Leistungsdrittel in Bezug auf mögliche Fähigkeiten, Fertigkeiten und Leistungen. Die Autorinnen betonen, dass aufgrund des „Schlummerns" (ebd., S. 224) von Potenzialen es bei der Diagnose vor allem wichtig ist, nicht nur die Produkte aus Lernsituationen zu berücksichtigen, sondern vor allem Lernprozesse. Sie merken an, dass dafür „einzelne, konkrete Interaktionssituationen, in denen Lernende Potenzial zeigen, nicht nur als Indikatoren für eine dahinterliegende stabile Disposition [Veranlagung] der Person gedeutet werden, sondern vor allem auch als Möglichkeit zur *Förderung* und *Festigung* dieser Potenziale durch Anpassen des Lehrerhandelns" (ebd., S. 224). Zur Untersuchung von Lösungen von Schülerinnen und Schülern auf mögliche Potenziale verwenden die Autorinnen den „prozessorientierte[n] Potenzialbegriff" (ebd., S. 228) und meinen damit die Fokussierung der Lehrkraft auf z. B. das Erkennen von kognitiven Aktivitäten bei Entdeckungsprozessen der Schülerinnen und Schüler. In ihrer Studie verwenden die Autorinnen reichhaltige und sinnstiftende Problemstellungen, die eine offene Differenzierung nach oben ermöglichten. Dies mit dem Ziel, auf unterschiedlichen Bearbeitungsniveaus ein Kompetenzerleben zu ermöglichen und Leistungsstärkeren wirkliche Herausforderungen zu bieten. In der Untersuchung von Rösike und Schnell (2017) wurden Videovignetten verwendet, die sich für eine Prozessdiagnose sehr gut eignen. Vignetten werden auch für eine teilnehmende Beobachtung und für die Verbindung von Befragung und Experiment verwendet, da sie als Stimuli dienen, um Probanden in Interviews in einen spezifischen Kontext zu versetzen (Streit & Weber, 2013).

Resümierend wird in der vorliegenden Arbeit das Erkennen von Stärken und Schwächen als Facette diagnostischer Kompetenz verstanden (Weinert, 2000). Das Vorgehen des Identifizierens von richtigen und fehlerhaften Überlegungen und der Interpretation ihrer Ursachen, dem ein aktiver Wahrnehmungsprozess zugrunde liegt, zählt als diagnostische Tätigkeit (Ingenkamp & Lissmann, 2008) und wird in der vorliegenden Arbeit mit dem Begriff der Stärke-Schwäche-Diagnose ausgedrückt. Durch die Stärke-Schwäche-Diagnose werden zwei Aspekte diagnostischer Kompetenz sicht- und dadurch messbar gemacht. Zum einen durch die Fähigkeit, eine *Schwäche zu erkennen* (fehlerhafte Überlegungen identifizieren sowie mögliche Ursachen interpretieren) und zum anderen durch die Fähigkeit, eine *Stärke zu erkennen* (richtige Überlegungen identifizieren sowie mögliche Ursachen interpretieren).

In einem nächsten Schritt wird in den Blick genommen, wie aufgrund von erkannten Stärken und Schwächen auf die diagnostische Kompetenz geschlossen werden und diese erfasst werden kann.

2.3   Erfassung diagnostischer Kompetenz

Aus welchen Komponenten der Wahrnehmungsprozess des Erkennens von Stärken und Schwächen besteht, wurde im letzten Abschnitt mit den drei Dimensionen des Rahmenmodells von van Es und Sherin (2021) dargelegt. Dabei konnte verdeutlicht werden, dass diagnostische Kompetenz als Grundlage verstanden werden kann, richtige und fehlerhafte Überlegungen zu identifizieren und mögliche Ursachen zu interpretieren und somit Stärken und Schwächen in Lösungen von Schülerinnen und Schülern zu erkennen.

Diagnostische Kompetenz ist nicht unmittelbar beobachtbar und deshalb auch nicht direkt erfass-, beziehungsweise messbar (Breitenbach, 2020). Als hypothetisches Konstrukt muss das Erkennen von Stärken und Schwächen operationalisiert und in konkretes Verhalten übersetzt werden, damit es messbar gemacht werden kann. Folglich interessiert als nächstes die Frage, wie aufgrund eines Verhaltens auf diagnostische Kompetenz geschlossen werden kann.

Als Grundlage zur Messung diagnostischer Kompetenz dient das Modell zur „Darstellung von Kompetenz als Kontinuum" von Blömeke et al. (2015a, S. 9) (Abb. 2.5). Mit ihrem Modell stellen Blömeke et al. (2015a) Kompetenz als einen Prozess mit verschiedenen Übergängen dar. Sie empfehlen, Kompetenz als ein mehrdimensionales Konstrukt anzusehen, mit dem die beiden Pole *Disposition* – als nicht-sichtbare, personenbezogene Voraussetzungen – und *Performanz* – als sichtbare Leistung – miteinander in Verbindung gebracht werden (Blömeke et al., 2015b). Blömeke et al. (2015a) stützen sich auf die Annahme, dass eine Kompetenz erlern- und dadurch veränderbar ist, und verstehen sie als ein nicht-algorithmisches, flexibles Handeln, das auf verschiedenen Eigenschaften wie Wissen, Fertigkeiten und epistemologischen Überzeugungen, aber auch auf Haltungen und Affekten, wie z. B. Gemütsbewegungen, beruht. Während des Unterrichtens ist die diagnostische Kompetenz stets einem sich verändernden Prozess unterworfen (Prediger, 2010), bei dem die Lehrkraft immer wieder das Verständnis der Schülerinnen und Schüler in Erfahrung bringt und die Rahmenbedingungen entsprechend anpasst. Diese (geforderte) Vielschichtigkeit wird mit dem Kompetenzmodell von Blömeke et al. (2015a) dargestellt. Dabei wird ersichtlich, welche Prozesse bei der Transformation von Kompetenz in Performanz ablaufen. Die persönlichen Eigenschaften einer Lehrkraft – bestehend aus kognitiven, affektiven und motivationalen Fähigkeiten – werden auf der analytischen Seite des Kompetenzmodells von Blömeke et al. (2015b) verortet (Abb. 2.5, linke Seite). Persönliche Eigenschaften können als Wissen, Einstellungen oder affektive und motivationale Aspekte verstanden werden (Blömeke et al., 2015a). Diese Eigenschaften sind strukturell mit der (sichtbaren) Leistung auf der anderen Seite des Modells (Abb. 2.5, rechte Seite) durch eine Reihe von situationsspezifischen Fähigkeiten verbunden (Abb. 2.5, in der Mitte). Sie werden im Kompetenzmodell als Wahrnehmen, Interpretieren und Abschätzen von geeigneten Handlungsmöglichkeiten bezeichnet. Werden die situationsspezifischen Fähigkeiten des Kompetenzmodells von Blömeke et al. (2015a) mit den Dimensionen des Wahrnehmungsprozess von van Es und Sherin (2021) verknüpft, so lässt sich feststellen, dass die Aspekte des Wahrnehmens, Interpretierens und Abschätzens bei Blömeke et al. (2015a) als äquivalent zu den beiden Dimensionen Beachten und Interpretieren von van Es und Sherin (2021) verstanden werden können. Die dritte beschriebene Dimension des Gestaltens kann im Modell von Blömeke et al. (2015a) allerdings zum Aspekt der Performanz gezählt werden, weil es nach dem Verständnis van Es und Sherin (2021) hierbei um das Modellieren und damit um das Eingreifen in das Unterrichtsgeschehen durch die Lehrkraft geht.

Resümierend führt die Transformation von diagnostischer Kompetenz in Performanz über situationsbezogene Fähigkeiten wie der Wahrnehmung, der Interpretation und des Abschätzens, bzw. der Entscheidungsfindung. Diese Faktoren verbinden die kognitiven und motivationalen Personeneigenschaften mit der Performanz (Blömeke et al., 2015a). Kompetenz wird demnach sowohl als horizontales (entlang von Wissens- und affektiv-motivationalen Komponenten) als auch als vertikales (einzelne Kompetenzfacetten können unterschiedlich ausgeprägt sein) Kontinuum beschrieben (Krosanke, 2021). Ebenso wird mit dem Modell gezeigt, dass nur durch Beobachtung der Performanz auf die diagnostische Kompetenz geschlossen werden kann.

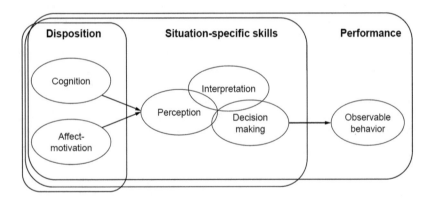

Abb. 2.5 Darstellung von Kompetenz als Kontinuum (Blömeke et al. 2015a, S. 9)

Leuders et al. (2018) differenzieren das Modell zur Kompetenz als Kontinuum von Blömeke et al. (2015a) weiter aus und beschreiben es als ein Modell, das verschiedene Forschungsansätze zulässt und damit die Aspekte des horizontalen und vertikalen Kontinuums in den Blick genommen werden können (Abb. 2.6). Die Aspekte werden zum einen als die Untersuchung von Personeneigenschaften verstanden, die ein erfolgreiches Agieren in diagnostischen Situationen ermöglichen und zum anderen als die Untersuchung kognitiver Prozesse aufgefasst, die die Genese diagnostischer Urteile erklären. Ebenfalls werden sie als die Untersuchung von diagnostischen Urteilen und Tätigkeiten von Lehrkräften dargestellt, bei denen das Lernen von Schülerinnen und Schülern im Vordergrund steht (Leuders et al. 2018). Auch im Modell von Leuders et al. (2018) kann die dritte Dimension des Gestaltens im beschriebenen Wahrnehmungsprozess von van Es und Sherin (2021) nicht zum Aspekt des Wahrnehmens – „Perceive" (Leuders et al., 2018, S. 9) – gezählt werden. Sie fällt ebenfalls in den Bereich der Performanz – des beobachtbaren Verhaltens einer Lehrkraft, weil der Aspekt des Wahrnehmens von Leuders et al. (2018) als diagnostisches Denken, als von außen nicht sichtbarer Vorgang, verstanden wird.

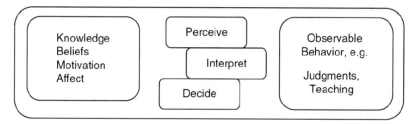

Abb. 2.6 Darstellung von diagnostischer Kompetenz als Kontinuum (Leuders et al., 2018, S. 9)

Aufgrund der durch die beiden Kompetenzmodelle von Blömeke et al. (2015a) und von Leuders et al. (2018) ersichtlich gewordenen Aspekte der Transformation von diagnostischer Kompetenz in Performanz lässt sich anhand der zahlreichen und unterschiedlichen Komponenten abschätzen, dass sich eine Messung derselben als theoretische und methodische Herausforderung gestaltet, da eine Kombination von Wissen und Können erfasst werden muss (Baumert & Kunter, 2006; Schapper, 2014). Ein wissenschaftlich fundiertes Kompetenzmessinstrument (oder auch Testinstrument) muss sogenannte Testgütekriterien erfüllen, wie z. B. die „Nützlichkeit", die „Zumutbarkeit," die „Unverfälschbarkeit" oder die „Fairness" (Moosbrugger & Kelava, 2012, S. 8), die empirisch geprüft und entsprechend als Instrument zur Qualitätsbeurteilung eingesetzt werden (Moosbrugger & Kelava, 2012). Ein Testinstrument kann als umso wissenschaftlicher verstanden werden, je mehr Gütekriterien bei seiner Konstruktion erfüllt werden. Traditionell werden drei Gütekriterien als „Hauptgütekriterien" (Moosbrugger & Kelava, 2020, S. 17) bezeichnet. Die *Objektivität* eines Testinstruments ist dann gegeben, wenn verschiedene Urteilerinnen und Urteiler zum gleichen Ergebnis kommen. Dies kann z. B. durch präzise formulierte Durchführungsinstruktionen in einem Testmanual für die test-durchführenden Personen erreicht werden

(Döring & Bortz, 2016). Die *Reliabilität* ist dann erfüllt, wenn sich ein Urteil bei wiederholten Beurteilungen nicht ändert. Dieses Gütekriterium kann z. B. mittels der „Intercoder-Reliabilität" (Kuckartz, 2016, S. 44) überprüft werden. Dabei beurteilen zwei Urteilende unabhängig voneinander die gleichen Daten, um das Ausmaß der Übereinstimmung zu bestimmen (Chi, 1997). Bei der *Validität* handelt es sich in Bezug auf Merkmalszusammenhänge zwischen Tests und theoretischen Diskussionen um das „wichtigste Gütekriterium" (Moosbrugger & Kelava, 2020, S. 30) überhaupt. Die Objektivität und Reliabilität können zwar eine hohe Messgenauigkeit ermöglichen, bereiten aber eigentlich nur den Weg für das Erreichen einer hohen Validität vor. Weil die Reliabilität und die Validität zusammenhängen, kann ein Testinstrument mit einer niedrigen Reliabilität keine hohe Validität aufweisen (Moosbrugger & Kelava, 2012). Grundsätzlich wird mit der Validität die inhaltliche Übereinstimmung zwischen dem entwickelten Test und dem zu messenden Merkmal oder Konstrukt überprüft.

In den letzten Jahren hat sich das Verständnis von Validität weiterentwickelt (Zumbo, 2007). Wurde sie früher hauptsächlich als Eigenschaft eines Tests betrachtet, so hat sich heute deren Fokus verbreitert und bezieht sich auf die Interpretation von Testwerten und den daraus abgeleiteten Handlungen (Moosbrugger & Kelava, 2020).

Der Blickpunkt der Validität verschob sich dadurch zu einem konstrukt-basierten Modell (Zumbo, 2007). Mit der Konstruktvalidität wird bei einem entwickelten Testinstrument der Zusammenhang zwischen den Items und dem interessierenden Merkmal gemessen. Damit wird festgestellt, ob ein Testinstrument, z. B. zu diagnostischer Kompetenz, auch tatsächlich diagnostische Kompetenz und nicht etwa Konzentration misst (Moosbrugger & Kelava, 2020). Die Überprüfung der Validität soll sich dabei nicht ausschließlich auf statistisch zugängliche Kriterien beziehen, wie z. B. einer explorativen Faktorenanalyse, sondern auch theoretische Überlegungen berücksichtigen. Dem Konzept der Konstruktvalidität wird in der vorliegenden Arbeit gefolgt und an Messicks (1995) Verständnis von Konstruktvalidität ausgerichtet. Er versteht Validität als eine Gesamtbeurteilung, inwieweit empirische Belege und theoretische Begründungen die Angemessenheit von Interpretationen und Handlungen auf der Grundlage von Testergebnissen unterstützen. Eine Validierung verbindet somit wissenschaftliche Untersuchungen mit rationalen Argumenten, um die Interpretation und Verwendung der Ergebnisse zu rechtfertigen. Validität ist keine Eigenschaft des Tests oder der Bewertung an sich, sondern bezieht sich vielmehr auf die Nutzung und Interpretation der Testergebnisse. Die Ergebnisse hängen demnach nicht nur von der Funktion der Items ab, sondern auch von den antwortenden Personen und dem Kontext der Bewertung. Aus diesem Grund misst Messick (1995) der

Bedeutung oder Interpretation der Testergebnisse sowie allen daraus resultierenden Handlungen einen großen Stellenwert bei. So verstanden ist Validität eine
sich entwickelnde Eigenschaft und die Validierung ein fortlaufender Prozess.
Gerade wegen potenzieller Konsequenzen, die aus einer Validierung erfolgen,
ist die systematische Überprüfung der Validität unabdingbar. Ebenso betont Messick (1995) die Wichtigkeit der Fairness. Damit verbunden sind Fragen nach
der Gerechtigkeit, die sich z. B. auf die der Entscheidungsfindung zugrunde
liegenden Regeln beziehen. Gerade Fragen zur Fairness sind für die Leistungs-
bewertungen von entscheidender Bedeutung. Validität, Reliabilität, Objektivität
sowie Fairness stellen nicht nur Messprinzipien dar, sondern stehen für Messick (1995) für gesellschaftliche Werte. Diese Werte haben auch außerhalb der
Messung Bedeutung und Kraft, wann immer evaluative Urteile und Entscheidungen getroffen werden (müssen). Die Validität betrachtet Messick (1995) als
hervorstechenden sozialen Wert, der sowohl eine wissenschaftliche als auch eine
politische Rolle einnimmt und sich keinesfalls nur mit einem einfachen Kor-
relationskoeffizienten zwischen Testergebnis und einem angeblichen Kriterium
darstellen lässt. Messick (1995) versteht Validität im weitesten Sinne als eine
bewertende Zusammenfassung, in der empirische und theoretische Evidenz für
die Angemessenheit von Interpretation und Handlung vorhanden sind (Schaper,
2014) und betrachtet die Konstruktvalidität als beweiskräftige Grundlage für die
Interpretation von Ergebnissen. Der Idee von Messick (1995), die Validität eines
Messinstruments nicht ausschließlich als einen numerischen Koeffizienten, sondern als theoretisch fundiertes und empirisch belegbares Argument anzusehen,
um die Gültigkeit von Testwertinterpretationen zu betrachten, folgen etliche Ver-
einigungen der pädagogisch-psychologischen Forschung wie z. B. die American
Educational Research Association oder die American Psychological Association
(Schaper, 2014).

Messick (1995) unterscheidet sechs Aspekte der Konstruktvalidität, die er
als inhaltlich, substanziell, strukturell, verallgemeinerbar, extern und konsequent
beschreibt. Die Aspekte fungieren als allgemeine Validitätskriterien oder Standards, die sich gemäß Leuders (2014) gegenseitig bedingen. Ebenso drückt sich
die Validität „nicht im additiven Vorliegen einzelner Eigenschaften [aus]" (ebd.,
S. 3), sondern dadurch, dass die verschiedenen Ebenen im Prozess miteinander agieren. Der Aspekt der *inhaltlichen Validität* („content aspect", Messick,
1995, S. 745) gilt als eine Schlüsselfrage für den inhaltlichen Aspekt der Konstruktvalidität. Hierbei werden die Grenzen des Konstruktbereichs, hier im Fall
der diagnostischen Kompetenz, festgelegt. Dies geschieht durch eine „curriculare und theoretische Absicherung des modellierten Bereichs" (Schapper, 2009,
S. 26). In der vorliegenden Arbeit bezieht sich dieser Bereich auf diagnostische

Kompetenz im Gebiet der Mathematik und wird durch verschiedene theoretisch hergeleitete Kompetenzmodelle, wie z. B. dem Kompetenzmodell zu diagnostischer Kompetenz als Kontinuum von Leuders et al. (2018), dargestellt. Mit der inhaltlichen Validität wird nach Messick (1995) eine Brücke zwischen den (theoretisch) beschriebenen Kompetenzmodellen zu den entwickelten Testaufgaben geschlagen, um (in diesem Fall) diagnostische Kompetenz zu operationalisieren. Mit der *kognitiven Validität* („substantive aspect", Messick, 1995, S. 745) wird die Annäherung der kognitiven Prozesse bei der Erfassung der diagnostischen Kompetenz zum theoretischen Kompetenzmodell von Blömeke et al. (2015a) in den Blick genommen. Für das Vorgehen, den (diagnostischen) Prozess durch eine diagnostische Handlung sichtbar zu machen, wurde die Stärke-Schwäche-Diagnose entwickelt. Die *strukturelle Validität* („structural aspect", Messick, 1995, S. 745) beinhaltet die Passung eines theoretischen Kompetenzmodells, wie es z. B. umgesetzt wurde im Arbeitsmodell zu diagnostischer Kompetenz von Herppich et al. (2017), auf das in Abschnitt 2.3.1 näher eingegangen wird. Der Aspekt der *Verallgemeinerbarkeit* („generalizability aspect", Messick, 1995, S. 745) hebt die Gewährleistung der Repräsentativität des entwickelten Testinstruments hervor, dass sich die Interpretation des Testergebnisses nicht nur auf die im Test vorkommenden Aufgaben bezieht, sondern auf das Konstrukt der diagnostischen Kompetenz allgemein (Schaper, 2014). In dem das Konstrukt der diagnostischen Kompetenz in eine systematische theoretische Beziehung „mit bestehenden Theorien und anderen Konstrukten gestellt wird" (Leuders, 2014, S. 7), wird die *externe Validität* („external aspect", Messick, 1995, S. 745) sichergestellt. Mit dem *konsequenten Aspekt* („consequential aspect" (ebd., S. 745) wird auf die potenziellen Konsequenzen des Testergebnisses fokussiert. Konkret werden mögliche Implikationen aus dieser Arbeit für die fachdidaktische Forschung oder die Lehre abgeleitet und dargestellt. Die Aspekte der Konstruktvalidität nach Messick (1995), sowie die Gütekriterien der Objektivität und der Reliabilität dienen als wissenschaftliche und empirisch überprüfbare Grundlage für das entwickelte Testinstrument.

Zusammenfassend muss diagnostische Kompetenz in konkretes Verhalten übersetzt werden, damit es gemessen werden kann (Blömeke et al., 2015a; Leuders et al., 2018; Breitenbach, 2020). Damit diese Übersetzung gelingt, werden auf Basis von Kompetenzmodellen Kompetenzmessinstrumente dafür entwickelt (Schapper, 2009). In der Bildungsforschung wurden bislang verschiedene Messverfahren zur Kompetenzmessung eingesetzt. Der Entwicklungsstand dieser Verfahren wird allgemein als heterogen charakterisiert (Schapper, 2009).

Aus diesem Grund wird im nächsten Abschnitt ein Überblick darüber gegeben, welche Herangehensweisen, bezüglich der Einschätzung oder Messung von diagnostischer Kompetenz, aktuell bestehen.

2.3.1 Kompetenzmessung

Wir haben gesehen, dass das hypothetische Konstrukt der diagnostischen Kompetenz operationalisiert und in konkretes Verhalten übersetzt werden muss, damit es messbar gemacht werden kann. Aus diesem Grund stellt sich die Frage, wie diese „Übersetzung" diagnostischer Kompetenz in messbares Verhalten in bisherigen Studien von statten ging, bzw., wie diagnostische Kompetenz bislang operationalisiert wurde. Im Folgenden wird der Fokus deshalb auf den Aufbau, beziehungsweise auf die Erfassung von diagnostischer Kompetenz bei Lehrkräften, gelegt.

Kompetenzmessungen wurden in den letzten Jahren immer wieder durchgeführt und aus Sicht der empirischen Bildungsforschung können die Jahre zwischen 1998 – 2008 sogar als „Jahrzehnt der erfolgreichen Kompetenzmessung bei Schülerinnen und Schülern angesehen werden" (Blömeke, 2008, Einleitung). Mit groß angelegten Studien (z. B. TIMSS und PISA) konnten die Erkenntnisse über das Wissen der Schülerinnen und Schüler enorm verbessert werden. Eine groß angelegte und internationale Studie *Mathematics Teaching in the 21st Century (MT21)* zu den Kompetenzen angehender Mathematiklehrkräfte der Sekundarstufe I, wurde im Jahr 2008 durchgeführt. Erstmals wurden dabei neben dem mathematischen Fachwissen auch die professionelle Kompetenz angehender Lehrkräfte untersucht. Seither wurden verschiedene Untersuchungen zur diagnostischen Kompetenz bei Lehrkräften durchgeführt. Schrader (2017) bezeichnet die Forschung zu diagnostischer Kompetenz als „lebendiges Forschungsfeld" (ebd., S. 255), das bislang in Teilbereichen erschlossen ist und dessen weitere Entwicklung erst allmählich in Umrissen zu erkennen ist. Er betont die Wichtigkeit der Ausarbeitung von Vorschlägen in der Forschung für die sich abzeichnende Entwicklung, um diagnostische Kompetenz zu erfassen.

Um diagnostische Kompetenz zu erfassen, ist es gemäß Karst (2012) grundsätzlich sinnvoll, Untersuchungen aus der deutschsprachigen Bildungsforschung heranzuziehen und nicht solche aus dem angloamerikanischen Raum. Oft erfolgt im angloamerikanischen Raum keine differenzierte Auseinandersetzung mit dem Konstrukt der diagnostischen Kompetenz – wie es sich z. B. zusammensetzt oder ob unterschiedliche Teilkompetenzen feststellbar sind. Die Frage nach

der Relevanz der Genauigkeit eines Urteils einer Lehrkraft wird zwar theoretisch begründet, es wird dabei jedoch oft vernachlässigt, dass diagnostische
Kompetenz sich zwischen verschiedenen Unterrichtssituationen anders gestalten
könnte. Karst und Förster (2017) haben einen Überblick über Modelle geschaf-
fen, welche unter dem Oberbegriff der diagnostischen Kompetenz den Fokus
auf Einschätzungen und Urteilsprozesse von Lehrkräften gelegt und diese erfasst
haben. Bezüglich des Umgangs mit dem Konstrukt der diagnostischen Kompetenz
destillieren Karst und Förster (2017) vier Herangehensweisen.

Als häufigster gewählter Ansatz wird die Urteilsakkuratheit als mögliche
Herangehensweise zur Einschätzung, bzw. Erfassung oder Messung von diagnostischer Kompetenz genannt.

Bevor sich das weite Feld der Forschung zu diagnostischem Denken und
Handeln auf internationaler Ebene zusammengefunden hat, erfolgte in der Forschung oft „eine Vereinfachung, indem die diagnostische Kompetenz mit der
Urteilsakkuratheit gleichgesetzt [wurde]" (Karing & Seidel, 2017, S. 201). Mit
Urteilsakkuratheit ist die Übereinstimmung der von einer Lehrkraft eingeschätzten mit der tatsächlichen Lösungshäufigkeit ihrer Schülerinnen und Schüler
gemeint. Die Genauigkeit eines akkuraten Urteils kann somit als Indikator angesehen werden für die diagnostische Kompetenz einer Lehrkraft (Ostermann
et al., 2019). Die Urteilsakkuratheit spiegelt sich in bisherigen Förderungen diagnostischer Kompetenz wie folgt wider: Lehrkräfte bekommen Rückmeldungen
darüber, wie hoch die Übereinstimmung ihrer eingeschätzten mit der tatsächlichen
Lösungshäufigkeit ihrer Klasse ausgefallen ist. Bei diesem Vorgehen bestehen
allerdings berechtigte Zweifel, ob damit tatsächlich eine Förderung diagnostischer
Kompetenz auf Seiten der Lehrkraft stattfindet. Aufgrund der bloßen Information, ob sie ihre Klasse richtig eingeschätzt hat oder nicht, kann eine Lehrkraft
nicht automatisch Umsetzungsmöglichkeiten ableiten und ihre (diagnostische)
Fähigkeit weiterentwickeln, um ihren Unterricht an die Lernprozesse ihrer Schülerinnen und Schüler adaptieren zu können (Helmke et al., 2004). Ebenso wird
mit der Fokussierung auf die Urteilsakkuratheit ein Aspekt des Diagnostizie-
rens übersehen, der große Bedeutung für eine kognitiv herausfordernde und an
das Vorwissen der Schülerinnen und Schüler anknüpfende Unterrichtsgestaltung
nach sich zieht: Der Aspekt der Bereitschaft und der Fähigkeit einer Lehrkraft,
das Verständnis von Schülerinnen und Schülern gezielt im Lernprozess selbst
und nicht erst in Klassenarbeiten oder Tests zu überprüfen (Baumert & Kunter, 2006). Aus diesem Grund ist das Erfassen von diagnostischer Kompetenz
einer Lehrkraft ausschließlich über die Urteilsakkuratheit zu einseitig und birgt
die Gefahr, dass sich die Lehrkraft zu wenig damit befasst, *wie* sie einen kognitiv aktivierenden Unterricht umsetzen und an das Vorwissen ihrer Schülerinnen

und Schüler anknüpfen kann. Die diagnostische Kompetenz einer Lehrkraft steht auch für die Fähigkeit, sich mit den eigenen Fähigkeiten und Bereitschaften auseinanderzusetzen und sich stets zu hinterfragen, wo die einzelnen Schülerinnen und Schüler in ihrem Lernprozess stehen und was sie benötigen, damit sie in die Zone der nächsten Entwicklung (Wygotski, 1980) gelangen können (Weinert, 2000). Untersuchungen zur Urteilsakkuratheit basieren häufig auf der Darstellung von Schrader (1989), der im Rahmen seiner Dissertation erstmals das Konstrukt der diagnostischen Kompetenz von Lehrkräften untersuchte (Karst, 2017a). Schrader (2010) stellt diagnostische Kompetenz als „die Grundlage für die Genauigkeit diagnostischer Urteile oder Diagnosen" dar und definiert Urteilsakkuratheit als die Fähigkeit, Personen, Aufgaben und Maßnahmen mit dazu geeigneten diagnostischen Methoden zutreffend zu beurteilen (Schrader, 2008). In der Konzeptualisierung von Urteilsakkuratheit unterscheidet Schrader (1989) drei Formen von Leistungseinschätzungen und bezeichnet sie als Dimensionen diagnostischer Urteile, die aktuell immer noch Gültigkeit haben (Karst, 2017a). Die Dimensionen werden als das aufgaben- und das personenbezogene-, sowie das aufgabenspezifische diagnostische Urteil bezeichnet. Beim aufgabenbezogenen Urteil werden die Schwierigkeiten einer Aufgabe, beim personenbezogenen Urteil werden Merkmale von Schülerinnen und Schülern in Bezug auf deren Leistung und beim aufgabenspezifischen Urteil wird darüber befunden, ob eine Schülerin oder ein Schüler eine Aufgabe richtig oder fehlerhaft gelöst hat. Mit dem Konzept der Urteilsakkuratheit wird demnach bei Schrader (1989) die Vorstellung vertreten, bestimmte Merkmale von Schülerinnen und Schülern einerseits und Lern- und Aufgabenanforderungen andererseits zutreffend einschätzen zu können (Helmke, 2012; Karing & Artelt, 2013; Leuders, 2017). Drei Arten von quantitativ messbaren Einschätzungen der Urteilsakkuratheit werden von Schrader (1989) folgendermaßen differenziert: Die *Niveaukomponente* gibt an, wie eine Lehrkraft ihre Klasse oder vereinzelte Schülerinnen und Schüler im Mittel beurteilt. Durch den Vergleich zwischen dem Urteil der Lehrkraft und der tatsächlich erbrachten Leistung der Klasse kann die Einschätzungsgüte als Differenz berechnet werden. Der Optimalwert liegt bei 0. Werte, die kleiner als 0 ausfallen zeigen auf eine Unterschätzung des Niveaus hin, Werte größer als 0 zeigen auf eine Überschätzung von Seiten der Lehrkraft hin (z. B. Karst, 2017a; Ostermann et al., 2019). Die *Differenzierungskomponente* gibt an, wie eine Lehrkraft die Streuung, bzw. die Heterogenität, eines Merkmals ihrer Klasse einschätzt. Die Differenzierungskomponente wird durch Streuungsmaße erfasst, mit denen durch das Verhältnis zwischen eingeschätzter und tatsächlicher Streuung ausgesagt werden kann, ob eine Über- oder Unterschätzung der Streuung auf Seiten der Lehrkraft vorliegt.

Der Optimalwert liegt hierbei bei 1 (Karst, 2017a). Die *Rangordnungskomponente* gibt an, wie hoch die Korrelation der Rangfolge zwischen der tatsächlich erbrachten Leistung der Schülerin oder des Schülers mit der Einschätzung der Lehrkraft ausfällt. Je höher die Korrelation, desto besser kann die Lehrkraft die leistungsbezogene Rangfolge ihrer Schülerinnen und Schülern bestimmen. Die Rangordnungskomponente wird unter den drei Komponenten als „das eigentliche Maß für die diagnostische Kompetenz" (Schrader, 2013, S. 157) verstanden und als die am häufigsten verwendete Komponente (Mudiappa & Artelt, 2014), weil sie frei ist von Urteilstendenzen wie der Milde- oder Strengetendenz (Schrader, 2013).

Die Urteilsakkuratheit wird somit als Indikator für eine mögliche Herangehensweise zur Erfassung von diagnostischer Kompetenz verstanden. Das Ziel dieser Form der Erfassung ist es, Informationen zu Lernergebnissen, Lernvoraussetzungen und Lernvorgängen von Schülerinnen und Schülern zu gewinnen, die für verschiedene pädagogische Entscheidungen genutzt werden können. Pädagogische Entscheidungen können z. B. die Notengebung, eine etwaige Versetzung, Übergangsempfehlungen, die Unterrichtsplanung und -gestaltung oder die Schul- und Unterrichtsentwicklung sein (Schrader, 2013). Herppich et al. (2017) verstehen unter pädagogischen Entscheidungen auch das Einsetzen eines passenden didaktischen Materials.

Schrader (2013) betont, dass die Beurteilung und Bewertung von Lernergebnissen früher stärker im Vordergrund standen. Dies brachte er im Jahr 2010 mit seiner Definition zum Ausdruck, indem er die diagnostische Kompetenz als „die Grundlage für die Genauigkeit diagnostischer Urteile oder Diagnosen" darstellt (Schrader, 2010, S. 102). Schrader (2013) selbst weist auf die Mängel dieser Definition hin, da über die Prozesse, die zwischen den diagnostischen Urteilen der Lehrkraft und den Lernergebnissen der Schülerinnen und Schülern ablaufen, kaum empirisch gesichertes Wissen existiert. Aus diesem Grund betont Schrader (2013), dass der Aspekt der bloßen Diagnosegenauigkeit nicht ausreicht, um diagnostische Kompetenz zu beschreiben. Viel eher sollte von einem breiteren Verständnis diagnostischer Kompetenz ausgegangen werden. Schrader (2013), sowie Bartel und Roth (2017) weisen auf den Teilaspekt der „lernprozessbezogenen Diagnosen" (Bartel & Roth, 2017, S. 44) hin, der auf Weinerts Definition (2000) basiert, diagnostische Kompetenzen als ein Bündel von Fähigkeiten zu verstehen. Dazu betont Schrader (2013), dass der Blick stärker auf der Nutzung der Diagnostik für die Unterrichtsgestaltung, der Steuerung des Lehr-Lern-Prozesses und der Unterrichtsentwicklung liegen sollte und nicht ausschließlich auf der Akkuratheit des Zusammenhangs zwischen den erwarteten und tatsächlich erbrachten Leistungen der Schülerinnen und Schüler. Auch Ostermann et al. (2019) betonen, dass eine Lehrkraft über verschiedene Facetten von diagnostischer Kompetenz verfügen muss, damit sie Lehr-Lern-Prozesse anstoßen und unterstützen kann. Diese Facetten sind z. B. das schulbezogene, spezielle Fachwissen (SCK) oder das Wissen über Fehlvorstellungen (KCS) (Ostermann et al., 2019). Ophuysen und Behrmann (2015) empfehlen ebenfalls aufgrund „der Komplexität der zu treffenden Urteile" (ebd., S. 84) den Forschungsstrang der Urteilsakkuratheit mit anderen Untersuchungsstrategien zu ergänzen. Das kaum diskutierte Problem des Urteilsgenauigkeitsparadigmas liege darin begründet, „dass im schulischen Kontext in der Regel komplexe Urteile über Schülerinnen und Schüler gefällt werden müssen, für die es kein eindeutiges Validitätskriterium gibt" (ebd., S. 83). Fragen nach Schulnoten oder nach einer richtigen Übertrittsempfehlung lassen sich demnach kaum mit der Urteilsakkuratheit beantworten. Verschiedene Autorinnen und Autoren betonen, dass von der oft in Untersuchungen gewählten, bisherigen Herangehensweise, diagnostische Kompetenz ausschließlich über die Urteilsakkuratheit zu definieren, ein Stück weit Abstand genommen wurde (Schrader, 2013; Bartel & Roth, 2017; Ophuysen & Behrmann, 2015) und andere Ansätze in den Vordergrund getreten sind, auf die als nächstes eingegangen wird.

Modelle, die den Interessenschwerpunkt auf das explizite Einschließen des bildungswissenschaftlichen Kompetenzbegriffs miteinbeziehen, können als weitere Form von Modellen zur Messung diagnostischer Kompetenz bezeichnet werden (Karst & Förster, 2017) Dabei werden, ausgehend vom Kompetenzbegriff nach Klieme und Leutner (2006), unterrichtliche Situationen abgeleitet, die eine diagnostische Anforderung an die Lehrkraft stellen und dabei die didaktische Wichtigkeit diagnostischer Kompetenz hervorheben. Mit ihrem Schwerpunktprogramm erarbeiten Klieme und Leutner (2006) Kompetenzstruktur- und Kompetenzentwicklungsmodelle, um valide Messinstrumente auf zwei Ebenen zu konstruieren. Einerseits auf der Ebene der Förderung individueller Lernprozesse und andererseits auf der Ebene von Untersuchungen zur Überwachung von Bildungsinstitutionen und Bildungssystemen. In diesem Rahmen definieren Klieme und Leutner (2006) Kompetenzen als „kontextspezifische kognitive Leistungsdispositionen, die sich funktional auf Situationen und Anforderungen in bestimmten Domänen beziehen" (ebd., S. 879). Mit kontextspezifischen, kognitiven Leistungsdispositionen sind Kenntnisse, Fertigkeiten, Strategien und Routinen oder auch bereichsspezifische Fähigkeiten gemeint (Klieme, 2006). Klieme und Leutner (2006) betonen mit ihrem Verständnis von Kompetenz das wesentliche Charakteristikum der Kontextabhängigkeit, dass sich eine Kompetenz also immer darauf bezieht, Anforderungen in einer bestimmen Situation erfüllen zu können. Aus diesem Grund stehen in den Modellen, die den bildungswissenschaftlichen

Kompetenzbegriff miteinschließen, die diagnostischen Anforderungen von Lehrkräften im Fokus, die direkt aus dem Unterrichtsalltag entstehen. Eine solche (direkte) Anforderung ist z. B. die Einschätzung der kognitiven Lernvoraussetzungen der Schülerinnen und Schüler (Karst, 2017b). Karst (2012) beschreibt drei idealtypische Situationen aus dem Unterrichtsalltag, wofür eine Lehrkraft spezifische Arten diagnostischer Kompetenz benötigt, um sie zu bewältigen.

Die erste Situation wird als „klassenbezogene Situation" (Karst, 2017b, S. 26) beschrieben, in der die Lehrkraft Entscheidungen trifft, wie sie ein Thema einführen oder ihre Schülerinnen und Schüler auf einen Unterrichtsinhalt einstimmen kann. Dabei ist die ganze Klasse im Fokus und die Lehrkraft sollte das Vorwissen aller Schülerinnen und Schüler berücksichtigen. Hierbei liegt der Fokus auf der Auswahl der Aufgaben, die für alle Lernenden geeignet sind. Das diagnostische Urteil wird demnach über die Klasse und die Aufgabe als Merkmalsträger gefällt. Die zweite Situation beschreibt Karst (2012) als „schülerglobale Situation" (Karst, 2017b, S. 26), in der einzelne Schülerinnen und Schüler im Blick der Lehrkraft und deren Urteil stehen. Dabei greift sie z. B. in einer Übungsphase auf binnendifferenzierende Maßnahmen zurück, indem sie auf der Grundlage ihres Wissens leistungsbezogen über die relative Position der Schülerin oder des Schülers bestimmt und verschiedene Aufgaben, die sich in der Quantität oder im Schwierigkeitsgrad unterscheiden, zuteilt. Die Lehrkraft nimmt hierbei sowohl eine globale Sicht auf die Schülerin oder den Schüler ein als auch eine fachdidaktische Einschätzung der Aufgabe. Die Schülerin oder der Schüler und die Aufgabe sind hierbei die Merkmalsträger, über die geurteilt wird. Die dritte Situation wird als „schülerspezifische Situation" (Karst, 2012, S. 27) beschrieben, in der eine Lehrkraft ihre Schülerinnen und Schüler individuell fördert. Dabei geht es um spezifische Urteile bei einzelnen Lernenden. Hierbei weist die Lehrkraft z. B. geeignete Aufgaben gewissen Schülerinnen und Schülern zu, bietet Hilfe an, gibt zusätzliche individuelle Erläuterungen oder setzt gezielt Veranschaulichungsmittel ein. Dazu braucht die Lehrkraft Wissen über Stärken und Schwächen ihrer Schülerinnen und Schüler. Dieses Wissen bezeichnet Karst (2012) als „schülerprofilbezogene diagnostische Kompetenz" (ebd., S. 27). Im Gegensatz zur schülerglobalen Situation berücksichtigt die Lehrkraft hierbei auch die Lernvoraussetzungen der einzelnen Schülerin oder des einzelnen Schülers (Karst, 2017b). Durch die beschriebenen idealtypischen Situationen wird dem Anspruch einer didaktischen Einbettung des diagnostischen Urteils in den Unterrichtsalltag der Lehrkraft und damit den Modellen, die den bildungswissenschaftlichen Kompetenzbegriff miteinschließen, Rechnung getragen.

Eine weitere Erfassung diagnostischer Kompetenz zeigt sich bei Modellen, die aus einer pädagogisch-psychologischen Perspektive heraus ihren Interessenschwerpunkt auf weitere Merkmale legen und miteinbeziehen. Die Urteilsakkuratheit der Lehrkraft in Bezug auf die Leistungen ihrer Schülerinnen und Schüler bildet auch hier das Zentrum dieser Herangehensweise. Allerdings werden weitere Merkmale miteinbezogen, wie z. B. „Lehrer-, Schüler-, Urteils- und Testmerkmale" (Karst & Förster, 2017, S. 19, 20). „Lehrermerkmale" (ebd.) können diagnostische Dispositionen ausdrücken, die als personenbezogene Voraussetzungen verstanden werden (Enenkiel, 2022). Merkmale der Lehrkraft (wie z. B. die Berufserfahrung) und Merkmale des Tests (wie z. B. die Anzahl Stufen auf einer Ratingskala) beeinflussen das abzugebende Urteil (Südkamp et al., 2017). Die Leistungen der Schülerinnen und Schüler hängen sowohl von individuellen Merkmalen, wie z. B. der Motivation, als auch von Testmerkmalen, wie z. B. der Länge des Tests, ab. Sämtliche Merkmalsbereiche stehen dadurch für Moderatoren des Zusammenhangs zwischen Urteilen von Lehrkräften und Leistungen von Schülerinnen und Schülern. Mit dieser Form der Erfassung diagnostischer Kompetenz wird versucht, mögliche Moderatoren der Urteilsakkuratheit zu systematisieren, die sie beeinflussen. Eine Untersuchung, die diagnostische Dispositionen wie das Interesse und die Motivation der Lehrkraft miteinbezieht und deren möglicher Einfluss auf die Urteilsgenauigkeit beleuchtet, wurde von Kron et al. (2022) durchgeführt. In den eingesetzten rollenbasierten simulierten Interviews wird von den Teilnehmenden die Rolle der Lehrkraft eingenommen, die das Verständnis der Schülerin oder des Schülers für Dezimalbrüche diagnostiziert. Die Rolle der Schülerin oder des Schülers übernehmen Forschungsassistenten, die darin geschult sind, verschiedene Fallprofile darzustellen, die als Szenarien in den Simulationen verwendet werden. Vor den beiden Interviews hatten die Teilnehmenden Zeit, sich mit dem computergestützten System vertraut zu machen. Unmittelbar vor dem ersten Interview wurde das Interesse der Teilnehmenden an Diagnose und am Mathematikunterricht gemessen mit Skalen von Rotgans und Schmidt (2011). Diese beinhalten zwei Interessensgegenstände. Einerseits das Interesse an der Diagnose („I want to learn more about diagnosis") (Kron et al., 2022, S. 147) und andererseits das Interesse an der mathematischen Bildung („I want to learn more about mathematics education") (ebd.). Jede der beiden Interessenskalen mussten die Teilnehmenden mit einer fünfstufigen Likert-Skala beantworten (von „0 = not true at all" bis „4 = very true for me") (ebd.). Mit dieser Herangehensweise werden weitere Merkmale – im konkreten Beispiel das Merkmal „Interesse" – in das diagnostische Urteil miteinbezogen. Die Ergebnisse dieser Untersuchung deuten darauf hin, dass Interesse allein nur zu wenig

Unterschiede in der individuellen Leistung führt. Allerdings kann das individuelle Interesse die Aktivierung von relevanten Wissenskomponenten, wie z. B. von fachdidaktischem Wissen, auslösen. Kron et al. (2022) merken an, dass im Rahmen ihrer Analyse zu berücksichtigen sei, dass entsprechende Effekte nur dann zu erwarten seien, wenn einerseits die Teilnehmenden über Professionswissen verfügen und andererseits daran interessiert sind, die jeweiligen Wissenskomponenten zu aktivieren.

Bei der vierten Gruppe von Modellen, mit denen diagnostische Kompetenz gemessen wird, wird derInteressenschwerpunktt auf den diagnostischen Prozess gelegt. Hierbei wird das diagnostische Denken der Lehrkraft nicht als Black Box betrachtet, sondern gezielt nach dem Mechanismus der Urteilsbildung, bzw. der Wissensaktivierung, geforscht (Kron et al., 2022). Klug et al. (2013) beschreiben für diese vierte Gruppe ein Modell des Diagnoseprozesses von Lehrkräften aus der Sicht der pädagogischen Psychologie. Dabei liegt der Fokus auf dem diagnostischen Prozess, den Lehrkräfte bei der Diagnostik und der Förderung von selbstreguliertem Lernen der Schülerinnen und Schüler durchlaufen. Das selbstregulierte Lernen steht dabei im Fokus. Es beinhaltet Komponenten wie metakognitive Strategien zur Planung, Überwachung und Regulation sowie kognitive Strategien zum Lernen, Verstehen und Erinnern. Ebenso zeichnet sich selbstreguliertes Lernen durch ressourcenorientierte Strategien wie Kontrolle und Management von Anstrengungen beim Lösen von Aufgaben aus (Klug, 2017). Bei dieser Form des Messens von diagnostischer Kompetenz geht es darum, dass Lehrkräfte das selbstregulierte Lernen ihrer Schülerinnen und Schüler diagnostizieren und fördern. Eine weitere Besonderheit dieser Form liegt darin, dass die pädagogische Anschlusshandlung als eine eigene Phase in den Diagnoseprozess miteingeschlossen wird. In diesem Modell werden drei zyklische Phasen (präaktionale, aktionale und postaktionale) des Diagnoseprozesses beschrieben. Die präaktionale Phase (1) beinhaltet die Vorbereitung von diagnostischen Handlungen. Die Lehrkraft setzt sich in dieser Phase ein Ziel für die Diagnostik. Dies kann z. B. bedeuten, den Lernprozess einer Schülerin oder eines Schülers zu beobachten, um sie oder ihn auf Basis der Diagnostik, zu fördern. Das Wissen über Methoden zur Informationsgewinnung gehört hier ebenso zum diagnostischen Wissen dazu. Es wird dann in der aktionalen Phase (2) genutzt. Die aktionale Phase umfasst diagnostische Handlungen, um zu einer Diagnose zu gelangen. Aufgrund des Einsatzes von verschiedenen Methoden, sollen Informationen gesammelt, ausgewählt und gewichtet werden. Die Lehrkraft interpretiert diese Informationen und formuliert so ihre Diagnose. Die postaktionale Phase (3) beinhaltet die pädagogische Anschlusshandlung, die sich auf die in der aktionalen Phase formulierten Diagnose, stützt. Eine solche Anschlusshandlung kann z. B.

darin bestehen, dass die Lehrkraft der Schülerin oder dem Schüler ein Feedback gibt, eine Elternberatung durchführt, eine Förderung plant oder ihren Unterricht adaptiert. Ein Beispiel einer Untersuchung, bei der eine Lehrkraft das selbst-regulierte Lernen ihrer Schülerinnen und Schüler diagnostizieren und fördern soll, ist die Untersuchung von Klug et al. (2013). Lehrkräfte lasen schriftli-che oder betrachteten videobasierte Vignetten und beantworteten unterschiedliche Fragen dazu, die für die Phasen des Diagnoseprozesses stehen. Für die präaktio-nale Phase, als Vorbereitung für eine diagnostische Handlung, lautet die Frage: „You already know something about Marco's working behavior in class because you systematically observed Marco during phases of group work and phases of quiet work. Do you need further information? If yes, what kind of information? From where do you get this information?" (Klug et al., 2013, S. 42). Bei die-ser Frage geht es um das Verhalten des Schülers mit dem Namen „Marco" und ob mehr und welche Art von Informationen von der Lehrkraft benötigt werden. Für die aktionale Phase, in der eine diagnostische Handlung ausgeführt und eine Diagnose erstellt wird, lautet die Frage: „To come to a final judgement about Marco's learning difficulties, you have to detect the cause of his problems. How do you proceed while diagnosing? Which kind of information do you include in your diagnosis?" (ebd.). Hier liegt der Fokus auf einem endgültigen Urteil über Marcos Lernschwierigkeiten. Um zu einem Urteil zu gelangen, muss eine Ursachendiagnose von Seiten der Lehrkraft durchgeführt werden. Die Frage der postaktionalen Phase, die den Fokus auf eine pädagogische Anschlusshandlung legt, lautet: „You would like to prevent such learning difficulties as much as pos-sible. What do you do in class for this purpose?" (ebd.). Bei dieser Frage werden Möglichkeiten zur Vorbeugung solcher Schwierigkeiten von der Lehrkraft in den Blick genommen und nach konkreten Handlungsmöglichkeiten für den Unterricht gefragt. Mit der Untersuchung von Klug et al. (2013) wird derjenigen Herange-hensweise Rechnung getragen, die den Fokus auf den diagnostischen Prozess der Lehrkraft legt, um zu einem diagnostischen Urteil zu gelangen. Klug et al. (2013) stellen fest, dass sich das von ihnen entwickelte und in der Studie verwen-dete Fallszenario („Marco") als geeignet herausstellte. Es komme der Messung des realen Verhaltens einer Lehrkraft sehr nahe. Allerdings könne mit dem einge-setzten Fallszenario nicht das tatsächliche Handeln gemessen werden, wohl aber verschiedene Möglichkeiten, wie gehandelt werden könnte (Klug et al., 2013).

Ebenfalls zu dieser Herangehensweise, die den diagnostischen Prozess in den Fokus nimmt, zählt das Modell zu diagnostischen Prozessen von Mathematik-lehrkräften von Philipp (2018). Philipp (2018) entwickelte ein Modell, das die Prozesse umfasst, die eine (Mathematik-) Lehrkraft durchläuft, um zu einem Urteil zu gelangen. Die Autorin entwickelte das Modell auf der Basis einer

(qualitativen) Untersuchung in informellen Situationen zwischen Mathematiklehrkräften und Schülerinnen und Schülern und identifizierte mehrere Schritte,
die als diagnostische Prozesse bezeichnet werden. Als Ausgangspunkt wird von
den Mathematiklehrkräften oft ein persönlicher Lösungsansatz gewählt, aus dem
etwaige Hürden beschrieben werden. Der erwähnte Ausgangspunkt von Philipp
(2018) lässt sich mit der präaktionalen Phase von Klug et al. (2013) vergleichen,
in der die Vorbereitung für eine diagnostische Handlung stattfindet. Anschließend
werden – beim Nachvollziehen der Lösungen der Schülerinnen und Schüler –
Stärken und Defizite identifiziert. Dabei zeigt sich in der Untersuchung von
Philipp (2018), dass durch das Formulieren von Fehlerhypothesen nach möglichen Ursachen für die Defizite gesucht wird und dazu führt, dass konkrete
Maßnahmen zur Überprüfung derselben genannt werden. Hierbei lassen sich die
beiden Phasen der aktionalen (nach Ursachen suchen und Hypothesen aufstellen)
und der postaktionalen Phase (konkrete Maßnahmen zur Überprüfung des diagnostischen Urteils) verorten. Anhand des Modells von Philipp (2018) können
die beschriebenen Prozessschritte – *Stärken und Defizite* (Schwächen) identifizieren (Philipp, 2018, S. 123) und *Hypothesen dazu bilden* (mögliche Ursachen
interpretieren) – wie sie auch in der der vorliegenden Arbeit zum Tragen kommen,
veranschaulicht werden.

   Durch den Überblick über die verschiedenen Herangehensweisen zur Erfassung dagnostischer Kompetenz wird ersichtlich, dass in den letzten Jahrzehnten
diverse Modelle entstanden sind, die losgelöst nebeneinanderstehen und mit
denen aus unterschiedlichen Perspektiven heraus versucht wurde, diagnostische
Prozesse und diagnostische Kompetenz zu messen (Herppich et al., 2017.;
Leuders et al., 2022).

   Aus diesem Grund entwickelten Herppich et al. (2017) ein Arbeitsmodell,
welches vorhandene theoretische und empirische Ansätze aufgreift und eine
strukturierte Grundlage für weitere Modelle bietet. Mit dem entwickelten kon-
zeptuellen Arbeitsmodell wird diagnostische Kompetenz als ein Bündel von
verschiedenen Konstrukten, die stabiles Wissen, Fähigkeiten, Motivationen und
Überzeugungen beinhaltet, dargestellt, das mit einer diagnostischen Praxis verknüpft ist (Leuders et al., 2022). Ebenso entwickelten Herppich et al. (2017) ein
Prozessmodell, mit dem der Fokus auf das diagnostische Denken einer Lehrkraft
gelegt wird. Das Arbeits- und Prozessmodell von Herppich et al. (2017) betonen
die Rolle des Professionswissens von Lehrkräften und gehen von einem Einfluss
des Professionswissens auf die Diagnose aus, der durch die Merkmale des Diagnoseprozesses vermittelt wird (Leuders et al., 2017a). Da im Arbeitsmodell von
Herppich et al. (2017) sowohl „kognitive Leistungsdispositionen" (ebd., S. 81),

wie z. B. fachdidaktisches und mathematisches Wissen, als auch „sonstige Leistungsdispositionen" (ebd. S, 81), wie z. B. Überzeugungen, als Voraussetzung, bzw. als Beeinflussung auf das diagnostische Denken und Handeln dargestellt werden, werden in dieser Studie das mathematische Fachwissen und die Überzeugungen ebenfalls gemessen und der mögliche Einfluss auf das Erkennen von Stärken und Schwächen untersucht.

Herppich et al. (2017) formulieren zwei Ansatzpunkte zur Entwicklung für ihr Modell. Als ersten Ansatzpunkt beschreiben Herppich et al. (2017) die pädagogische Diagnostik als einen Prozess, Lernende im Hinblick auf lernrelevante Merkmale einzuschätzen, um daraus pädagogische Entscheidungen abzuleiten. Mit lernrelevanten Merkmalen, die die Leistung einer Schülerin oder eines Schülers beeinflussen, beschreiben Hosenfeld et al. (2002) individuelle Merkmale der Schülerin oder des Schülers wie Interesse, Aufmerksamkeit, Verständnis sowie Intelligenz oder Lernmotivation. Neben den individuellen Merkmalen spielt der soziokulturelle Rahmen ebenfalls eine Rolle, ob und wie sich die Leistung ausdrückt. Er beinhaltet den Schul-, Klassen- und den familiären Kontext, in dem sich eine Schülerin oder ein Schüler bewegt. Im Gegensatz zur Qualität des Unterrichts, die sich durch Strukturiertheit und Verständlichkeit von Seiten der Lehrkraft ausdrückt und ebenfalls die Leistung der Schülerin oder des Schülers bestimmt, haben Lehrkräfte keine Möglichkeit, die soziokulturellen Rahmenbedingen zu beeinflussen. Mit dem ersten Ansatzpunkt von pädagogischer Diagnostik bringen Herppich et al. (2017) zum Ausdruck, dass sich mit ihr der Fokus in erster Linie auf die Lernenden konzentriert. Herppich et al. (2017) machen deutlich, dass das Ziel stets auf eine pädagogische Entscheidung ausgerichtet ist, die dem pädagogischen Handeln vor- sowie untergeordnet ist. Pädagogische Diagnostik verstehen Herppich et al. (2017) dadurch als wichtige Informationsbasis für das Fällen von tragfähigen, pädagogischen Entscheidungen.

Beim zweiten Ansatzpunkt für die Entwicklung ihres Modells orientieren sich Herppich et al. (2017) an der bildungswissenschaftlichen Kompetenzdefinition von Klieme und Leutner (2006), die den Kontextbezug und die Veränderbarkeit von Kompetenz hervorgehoben haben. Unter Berücksichtigung der beiden Ansatzpunkte verstehen Herppich et al. (2017) Kompetenzen wie folgt.

Wir verstehen Kompetenzen als kognitive Leistungsdispositionen, die in verschiedenen Situationen bestimmter Domänen *wirksam werden* und es erlauben, die Anforderungen der jeweiligen Situationen *relativ*[2] *konsistent* und *relativ stabil* sowie *quantifizierbar* zu meistern. (Herppich et al., 2017, S. 80)

Mit dem Begriff *relativ* soll gemäß Herppich et al. (2017) die Veränderbarkeit von Kompetenz signalisiert und dabei verdeutlicht werden, dass das Wirken von Kompetenz in verschiedenen Situationen durch andere Faktoren unterschiedlich beeinflusst werden kann. In der Definition wird der Begriff „kognitive[n] Leistungsdispositionen" (ebd.) verwendet. Herppich et al. (2017) bezeichnen sie als spezifisches Wissen von diagnostischer Kompetenz, um über lernrelevante Merkmale, die aus den individuellen Merkmalen und dem soziokulturellen Rahmen bestehen, Bescheid zu wissen. Ebenfalls dazu zählt das Wissen über diagnostische Methoden, wie z. B. die verschiedenen Bezugsnormen, die für die Interpretation von diagnostischen Informationen verwendet werden können (Herppich et al., 2017; Lazarides & Ittel, 2012). Weitere Merkmale der Person, wie z. B. ihre epistemologischen Überzeugungen bezüglich der Mathematik, werden von Herppich et al. (2017) als „sonstige Leistungsdispositionen" (Herppich et al., 2017, S. 83) verstanden, die die kognitiven Leistungsdispositionen beeinflussen.

Mit ihrem Verständnis von Kompetenz streichen Herppich et al. (2017) einerseits den Kontextbezug heraus, in dem die pädagogische Handlungssituation einer Lehrkraft in spezifischen Domänen beschrieben werden und andererseits betonen Herppich et al. (2017) damit die Veränderbarkeit diagnostischer Kompetenz. Die Autorinnen und Autoren machen deutlich, dass weder kontextunspezifische Leistungsdispositionen wie Intelligenz oder grundsätzliche Fähigkeiten zur Informationsverarbeitung unter ihre Definition von Kompetenz fallen noch motivationale oder affektive Leistungsvoraussetzungen. Weil Herppich et al. (2017) mit ihrem Modell jedoch ein möglichst umfassendes und detailliertes Verständnis von diagnostischer Kompetenz vertreten möchten, werden zwei weitere Merkmale von Kompetenzen in das Modell aufgenommen, um eine erweiterte Kompetenzdefinition zu erhalten. Diese beiden Ergänzungen beschreiben Herppich et al. (2017) folgendermaßen. Wenn Kompetenzen als persönliche Dispositionen im Sinne von kognitiven und motivationalen Personeneigenschaften aufgefasst werden, so werden diese Merkmale in der Forschung als konsistent und stabil beschrieben. Das würde bedeuten, dass sich die Disposition einer Lehrkraft innerhalb einer Domäne, wie z. B. der Mathematik, als relativ konsistent und stabil zeigen würde. Mit dem Modell zur Kompetenz als Kontinuum von Blömeke et al. (2015a) wird allerdings aufgezeigt, dass die Transformation von diagnostischer Kompetenz in Performanz sowohl von den kognitiven als auch anderen Dispositionen, wie z. B. der Motivation einer Lehrkraft, beeinflusst wird. Aus diesem Grund gehen Herppich et al. (2017) nicht von einer absoluten Konsistenz und Stabilität im Sinne von völlig übereinstimmenden Leistungen in verschiedenen Situationen zu verschiedenen Zeitpunkten bei einer Lehrkraft aus

(Herppich et al. 2017) und betonen trotzdem die Merkmale konsistent und stabil, um das Wirken von diagnostischer Kompetenz von anderen Kompetenzen in wenig vergleichbaren Situationen abzugrenzen.

Eine weitere Ergänzung betrachten Herppich et al. (2017) in der personenabhängigen diagnostischen Kompetenz einer Lehrkraft und dass diese Unterschiedlichkeit valide messbar sein muss. Erst, wenn diese Unterschiedlichkeit quantifizierbar ist, wird es möglich, die Entwicklung einer Kompetenz, z. B. durch eine Kompetenzförderung wie einer Intervention, zu verfolgen und zu messen. Gemeinsam mit der ursprünglichen Definition und den beiden Merkmalen, die in der erweiterten Kompetenzdefinition zum Ausdruck kommen, verstehen Herppich et al. (2017) die Kompetenzen einer Lehrkraft als kognitive Leistungsdispositionen, die es ihr ermöglichen, „relativ konsistent und relativ stabil sowie quantifizierbar pädagogisch-diagnostische Anforderungen in verschiedenen pädagogischen Handlungssituationen zu meistern" (ebd., S. 80).

Die beschriebenen Merkmale diagnostischer Kompetenz von Herppich et al. (2017) (Abb. 2.7) können wie folgt auf den Alltag einer Lehrkraft übertragen werden: Eine Lehrkraft führt mit ihrer kognitiven Leistungsdisposition eine Diagnose in einer pädagogischen Situation durch, die z. B. das Analysieren von Lösungen von Schülerinnen und Schülern beinhaltet. Dabei wird sie durch ihre sonstigen Leistungsdispositionen, wie z. B. den epistemologischen Überzeugungen bezüglich der Mathematik, beeinflusst (Abb. 2.7, gestrichelt dargestellt).

Der eigentliche Diagnoseprozess, der in der Grafik mit „Diagnostik" bezeichnet wird (Abb. 2.7), beinhaltet gemäß Herppich et al. (2017) verschiedene Schritte auf mehreren Ebenen und Stufen, die erfüllt sein können, um eine Diagnose zu stellen (Herppich et al., 2017) auf den jedoch – wie erwähnt – nicht näher eingegangen wird. Im Arbeitsmodell zur diagnostischen Kompetenz folgt auf die so gewonnene Diagnose eine pädagogische Entscheidung, die gemäß Herppich et al. (2017) nicht mehr Bestandteil der eigentlichen Diagnose ist. Dies liegt darin begründet, weil auf Basis von pädagogischen Entscheidungen keine Rückschlüsse auf die diagnostische Kompetenz gezogen werden können, da eine Lehrkraft sehr wohl eine zutreffende Diagnose fällen, daraus jedoch eine unpassende pädagogische Entscheidung ableiten kann (Herppich et al., 2017). Weil auch in der vorliegenden Arbeit ausschließlich diagnostische und nicht pädagogische Handlungen untersucht wurden, kann das Arbeitsmodell zur diagnostischen Kompetenz von Herppich et al. (2017) als theoretische Grundlage für die aktuelle Untersuchung verstanden werden.

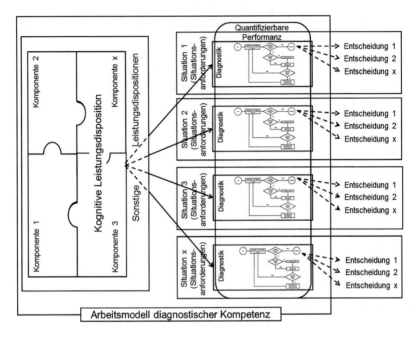

Abb. 2.7 Schematische Darstellung des Arbeitsmodells zu diagnostischer Kompetenz (Herppich et al., 2017, S. 81)

Aus dem Arbeitsmodell zur diagnostischen Kompetenz von Herppich et al. (2017) kristallisieren sich drei zentrale Herausforderungen heraus, die es bei der Erfassung von diagnostischer Kompetenz zu berücksichtigen gilt (Praetorius et al., 2017). Als erste Herausforderung wird die Wichtigkeit der Repräsentativität von ausgewählten diagnostisch relevanten Situationen beschrieben (Praetorius et al., 2017). Damit soll die Sicherstellung der inhaltlichen Validität in den Blick genommen werden. Eine weitere zentrale Herausforderung ist die konzeptuelle und empirische Unterscheidung und Trennung von diagnostischem und pädagogischem Handeln (Praetorius et al., 2017). Die dritte zentrale Herausforderung stellt die Auswahl geeigneter Qualitätsindikatoren in den Vordergrund, die das kompetente Erfassen diagnostischer Entscheidungen von Lehrkräften beinhalten (Praetorius et al., 2017).

Den beschriebenen Herausforderungen wurde in der Vergangenheit mit den dargestellten vier Herangehensweisen, die den Fokus auf die Urteilsakkuratheit

(1), auf die Urteilsakkuratheit unter Einbezug weiterer Merkmale (2), auf den Einbezug des bildungswissenschaftlichen Kompetenzbegriffs (3) oder auf den diagnostischen Prozess legen (4), begegnet. So entstanden innerhalb dieser Herangehensweisen eine Vielzahl an Studien nebeneinander, die unterschiedliche Ansätze umgesetzt und diagnostische Kompetenz gemessen haben (z. B. von Spinath, 2005; Altmann et al., 2016; Kaendler et al., 2016; Enenkiel et al., 2022; Blömeke et al., 2008; Heinrichs, 2015; Baumert & Kunter, 2011), ohne dass diese weder auf ihre Nähe zur Arbeitsrealität einer Lehrkraft noch auf ihr diagnostisches oder pädagogisches Handlungsziel überprüft worden wären. Aufgrund der erkannten Notwendigkeit, sich den aus dem Arbeitsmodell von Herppich et al. (2017) abgeleiteten zentralen Herausforderungen bei der Erfassung diagnostischer Kompetenz zu stellen, entwickelten Kaiser et al. (2017) ein Arbeitsmodell zum theoretischen Optimalbereich für die Erfassung diagnostischer Kompetenz. Damit können bisherige Untersuchungen beurteilt werden (Abb. 2.8).

Mit der Festlegung eines „Optimalbereich[s]" (Kaiser et al., 2017, S. 117) – in der Grafik (Abb. 2.8) mit einer gestrichelten Linie dargestellt – haben Kaiser et al. (2017) einen Raum festgelegt, in dem die sogenannte ökologische Validität des gewählten Ansatzes einer Studie als hoch gilt und ein diagnostisches Handlungsziel verfolgt wird. Ökologisch valide ist der Ansatz einer Studie nach dem Verständnis von Kaiser et al. (2017) dann, wenn die entsprechende Untersuchungssituation sehr nahe an der Arbeitsrealität einer Lehrkraft liegt. Die ökologische Validität wird als horizontale Achse abgebildet. Ob mit dem Ansatz einer Untersuchung eher nach pädagogischen oder eher nach diagnostischen Handlungen gefragt wird, ist als „Handlungsziel" (ebd.) definiert und auf der vertikalen Achse abgebildet. Je ökologisch valider und je stärker diagnostisch motiviert der gewählte Ansatz und die entsprechende Methode sind, desto näher kann die Untersuchung in den Optimalbereich gerückt werden.

Weil eine Lehrkraft durch diagnostische und pädagogische Handlungen Erkenntnisse über den Lernprozess ihrer Schülerinnen und Schüler gewinnt, nehmen diese Handlungen auch einen zentralen Platz im Modell ein (Kaiser et al., 2017). Als diagnostische Handlung werden Urteile oder Entscheidungen bezeichnet, die aufgrund von Beobachtungen, Vermutungen und Wissen gefällt werden (Kaiser et al., 2017; Klug et al., 2013). Bei einer diagnostischen Handlung wird der spezifische Lernprozess einer Schülerin oder eines Schülers in den Blick genommen und es kann z. B. danach gefragt werden, mit welchem didaktischen Material dieser aktiviert werden könnte (Klug et al., 2013). Auf Basis der diagnostischen können pädagogische Handlungen folgen, indem z. B. Rahmenbedingungen angepasst werden. Ob eine Lehrkraft in ihrem Arbeitsalltag eine diagnostische oder pädagogische Handlung durchführt, ist nicht immer klar unterscheidbar, da beide Handlungen miteinander verwoben sind und es sich entsprechend schwierig gestaltet, diese klar voneinander zu trennen.

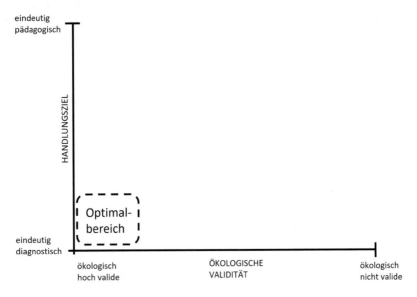

Abb. 2.8   Theoretischer Optimalbereich für die Erfassung diagnostischer Kompetenz (Kaiser et al., 2017, S. 117)

In einem nächsten Schritt werden Ansätze und Methoden verschiedener Studien mit dem Modell zur Erfassung diagnostischer Kompetenz von Kaiser et al. (2017) analysiert und beurteilt.

2.3.2   Ansätze und Methoden zur Erfassung diagnostischer Kompetenz

Weinert (2000) beschreibt diagnostische Kompetenz als ein „Bündel von Fähigkeiten" (Weinert, 2000, S. 16) und stellt damit symbolisch dar, dass diagnostische Kompetenz aus verschiedenen Facetten besteht. Je nachdem, ob eine Lehrkraft den Kenntnisstand, die Lernfortschritte, mögliche Leistungsprobleme bei der Schülerin oder beim Schüler beurteilt oder auf mögliche Hürden in Aufgaben achtet, wird eine andere Facette des diagnostischen „Kompetenz-Bündels" von

Weinert (2000) betont. Diese Vielfalt an Facetten wird durch bisherige Untersuchungen zur Erfassung von diagnostischer Kompetenz widergespiegelt, indem unterschiedliche Ansätze verfolgt und dazu passende Methoden zur Erfassung gewählt wurden. Als Beispiel zur Veranschaulichung dieser Vielfalt dienen die beiden Untersuchungen von Heinrichs (2015) und das Projekt von Baumert und Kunter (2011): Obwohl in beiden Studien diagnostische Kompetenz erfasst wird, folgen sie unterschiedlichen Ansätzen und setzen diese methodisch vielfältig um. Heinrichs (2015) z. B. verwendet den Ansatz einer *Analyse von Produkten von Schülerinnen und Schülern* und setzt schriftliche *Vignetten* von Schülerinnen und Schülern ein, die Lehramtsstudierende bearbeiten. Baumert und Kunter (2011) verfolgen mit COACTIV den Ansatz der *Überprüfung von diagnostischem Wissen* und setzen *Wissenstests* ein, um auf die diagnostische Kompetenz zu schließen. In beiden Untersuchungen wird diagnostische Kompetenz gemessen. Während Heinrichs (2015) den Fokus auf die Facette der Fehlerkompetenz legt, richten Baumert und Kunter (2011) ihren Blick auf das diagnostische Wissen.

Um einen Einblick in das von Weinert (2000) beschriebene „Kompetenz-Bündel" zu erhalten, werden in einem ersten Schritt Untersuchungen vorgestellt, die verschiedene Ansätze und Methoden zur Messung von diagnostischer Kompetenz umgesetzt haben. Diese werden in einem zweiten Schritt anhand ihrer ökologischen Validität und ihrem Handlungsziel beurteilt. Die Auswahl der vorgestellten Studien folgt dem Kriterium *verschiedene Ansätze und Umsetzungen zur Messung von diagnostischer Kompetenz einer Lehrkraft*. Anzumerken ist hierzu, dass die Untersuchung von Altmann et al. (2016), mit der der Interessenschwerpunkt auf die Interaktion zwischen Lehrkraft und Schülerin oder Schüler methodisch mittels Tutoring gelegt wird, nicht in erster Linie der Messung, sondern der Förderung diagnostischer Kompetenz dient. Trotzdem wird sie aufgeführt, um ein möglichst breites Spektrum an möglichen Umsetzungen aufzuzeigen, wie diagnostische Kompetenz aufgefasst werden kann.

Bei den nachfolgend dargestellten Studien steht somit der Ansatz der Studie selbst und deren methodische Umsetzung im Vordergrund. Es soll eine möglichst große Vielfalt an methodischen Umsetzungen dargelegt werden, wie diagnostische Kompetenz bisher erfasst wurde. Aus diesem Grund sind die Ergebnisse der Untersuchungen, ob diagnostische Kompetenz erfolgreich gemessen werden konnte oder nicht, zweitrangig, und werden nur am Rande dargelegt.

Anschließend findet sich eine Übersicht einiger Studien mit unterschiedlichen Ansätzen und Methoden, die diagnostische Kompetenz erfasst haben (Tab. 2.1). In der Spalte *Ansatz* wird beschrieben, welchen Schwerpunkt die betreffende Studie oder die Untersuchung setzt und in der Spalte *Spezifikation* wird der gewählte

Schwerpunkt konkretisiert. In der Spalte *Methode* wird die zum gewählten Ansatz verwendete Umsetzung dargelegt.

Genau genommen könnte auch der Aspekt des *Ansatzes* dem Oberbegriff der *Methode* als zugehörig betrachtet werden, da eine Methode sowohl als eine „Arbeitsweise", eine „Handhabung" (Eikhoff et al., 2014, S. 632) aber auch als ein „Untersuchungsverfahren" oder als ein „planmäßiges Vorgehen" (Drosdowski, 2020, S. 550) verstanden werden kann. Weil es jedoch das Ziel der vorliegenden Arbeit ist, ein Testinstrument zur Erfassung von diagnostischer Kompetenz zu entwickeln, ist es ein Anliegen, diese beiden Facetten des Ansatzes und der methodischen Umsetzung voneinander zu entflechten. Der Begriff *Ansatz* wird im Sinne von *Interessenschwerpunkt der Untersuchung* und der Begriff *Methode* wird im Sinne einer *konkreten Umsetzung mittels spezifischem Vorgehen und/oder Material* verwendet.

Da selbst zwischen Studien, die den gleichen Ansatz verfolgen, Unterschiede in Bezug auf die ökologische Validität festzustellen sind, wird für jeden Ansatz mehr als nur eine Studie vorgestellt. Nach der detaillierten Vorstellung der einzelnen Untersuchungen folgt ein zusammenfassender Vergleich in Abschnitt 2.3.7.

Tab. 2.1 Übersicht verschiedener Ansätze bisheriger Studien zur Erfassung diagnostischer Kompetenz

Ansatz (Interessenschwerpunkt)	*Spezifikation* (Konkretisierung des Ansatzes)	*Methode* (konkrete Umsetzung mittels spezifischem Vorgehen und/ oder Material)	*Autoren und/oder Autorinnen der Studie*
Urteilsakkuratheit	aufgabenbezogen, personen- und aufgaben-spezifisch	Einschätzen von Merkmalen (schriftliche Aufgaben oder Computer-Simulationen)	• Spinath (2005) • Südkamp et al. (2008)

(Fortsetzung)

Tab. 2.1 (Fortsetzung)

Analyse von Schlüsselinter-aktionen	zwischen Lehrkraft und Schülerin oder Schülerin	Tutoring	• Altmann et al. (2016)
	zwischen Schülerinnen und Schülern	Videovignetten	• Kaendler et al. (2016) • Rösike & Schnell (2017) • Enenkiel et al. (2022)
Analyse von Produkten von Schülerinnen und Schülern	Offene Analyse	Schriftliche Vignetten	• Blömeke (2008) • Blömeke et al. (2008)
	Fokussierte Analyse (auf z. B. Stärken oder Schwächen)		• Heinrichs (2015)
Überprüfung von diagnostischem Wissen	Geeignete Diagnoseaufgaben destillieren	Wissenstest	• Blömeke et al. (2008)
	Fehlertyp einschätzen		• Hill et al. (2008)

2.3.3 Urteilsakkuratheit

Zahlreiche bisherige Forschungsarbeiten zur Erfassung diagnostischer Kompetenz folgen dem Ansatz der Urteilsakkuratheit (Hoge & Coadarci, 1989; Südkamp et al., 2012; Kaiser et al., 2017).

Ein Beispiel, bei dem der Ansatz der Urteilsakkuratheit umgesetzt wird, ist die Untersuchung von Spinath (2005). Sie geht in ihrer Studie der Frage nach, wie akkurat Lehrkräfte lern- und leistungsrelevante Merkmale von Schülerinnen und Schülern einschätzen. Dafür werden die Rangordnungs-, Niveau- und die Differenzierungskomponente für jedes der vier untersuchten Merkmale wie der Intelligenz, der schulischen Fähigkeitsselbstwahrnehmungen, der schulischen Lernmotivation und der Leistungsängstlichkeit ermittelt. Alle Merkmale (mit Ausnahme des IQ) werden durch einen Fragebogen mit einer fünfstufigen Antwortskala von den Lehrkräften eingeschätzt. Spinath (2005) bemerkte bei der Auswertung, dass die Einschätzungen der Lehrkräfte für einige Merkmale im

Durchschnitt nur eine geringe Akkuratheit aufweisen und dass sich die Leistungs-
beurteilungen der schwachen, mittleren und starken Schülerinnen und Schüler
deutlich unterscheiden: Das Niveau wird über- und die Streuung unterschätzt.
Das bedeutet, dass schwache Schülerinnen und Schüler in der Regel besser und
starke Schülerinnen und Schüler schlechter eingeschätzt werden. Deshalb stellt
Spinath (2005) zur Diskussion, ob die herangezogenen Messungen genannter
Merkmale wirklich ein angemessenes Kriterium zur Bestimmung der Akkuratheit
ausmachen, und zieht den Schluss, den Begriff der diagnostischen Kompetenz
zu vermeiden sofern damit die Fähigkeit einer treffenden Personenbeurteilung
gemeint sei. Spinath (2005) legte mit ihrer Untersuchung den Boden für die kritische Auseinandersetzung mit dem Ansatz der Urteilsakkuratheit (Schrader, 2013;
Bartel & Roth, 2017; Ophuysen & Behrmann, 2015).

Wird der Ansatz der Urteilsakkuratheit der Untersuchung von Spinath (2005)
im Modell zum Optimalbereich für die Erfassung diagnostischer Kompetenz von
Kaiser et al. (2017) verortet, so lässt sich feststellen, dass es keine Überschnei-
dungen mit pädagogischen Handlungen gibt. Es werden keine Fragen nach dem
Anpassen der Rahmenbedingungen oder dem gezielten Einsetzen von didakti-
schem Material gestellt. Das Handlungsziel der Untersuchung von Spinath (2005)
kann somit eindeutig als diagnostisch motiviert angesehen werden. Die Kritik,
dass eine solche Untersuchung wenig mit der Arbeitsrealität einer Lehrkraft zu
tun hat, kann als berechtigt angesehen werden. Ophuysen und Behrmann (2015)
argumentieren hierzu, dass es für eine Lehrkraft für ihre Arbeit nicht relevant
ist, Testergebnisse ihrer Schülerinnen und Schüler vorhersagen zu können. Aus
diesem Grund kann die Umsetzung selbst grundsätzlich als ökologisch wenig
valide eingeordnet werden (Abb. 2.9). Insgesamt befindet sich diese Untersuchung mit dem gewählten Ansatz somit weit weg vom definierten Optimalbereich
von Kaiser et al. (2017).

Den gleichen Ansatz aber mit einer anderen Methode verfolgen Südkamp
et al. (2008) mit ihrer Untersuchung. Die verwendete Computersimulation stellt
ein simuliertes Klassenzimmer dar, in dem die Probandin oder der Proband
die Rolle einer Lehrkraft einnimmt und mit zehn virtuellen Schülerinnen und
Schülern agiert, indem sie die experimentell gesteuerten Leistungen von ihnen
beurteilt. Aus einem Menü wählt die Probandin oder der Proband Fragen zum

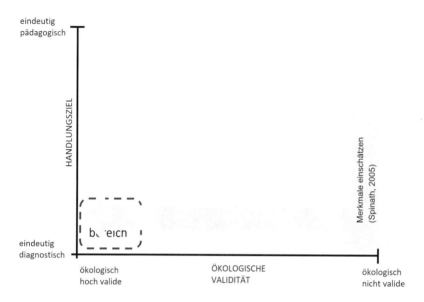

Abb. 2.9 Beurteilung des Ansatzes der Urteilsakkuratheit und der Methode des Einschätzens von Personenmerkmalen anhand schriftlicher Aufgaben

Unterrichtsfach aus und stellt sie den Schülerinnen und Schülern auf dem Computerbildschirm (Abb. 2.10). Die Fragen stammen aus einem standardisierten Schulleistungstest zur Erfassung von Mathematikleistungen der dritten Klassenstufe. Es sind Aufgabentypen, die den Zahlenstrahl, die Addition, die Subtraktion, die Multiplikation, die Division und Textaufgaben enthalten. Die Probandin oder der Proband wählt in einem ersten Schritt einen Aufgabentyp aus und greift danach eine Schülerin oder einen Schüler heraus, die oder der entsprechend ihrem oder seinem voreingestellten Fähigkeitsparameter eine richtige oder falsche Antwort gibt. Die Antwort erscheint grün eingefärbt, wenn sie richtig gelöst und rot, wenn sie falsch gelöst wurde. Die Antworten der Schülerinnen und Schüler stellen das Maß für ihre Fähigkeiten dar, die Aufgaben korrekt zu lösen, die experimentell variiert wird. Am Ende eines Durchgangs müssen die Probanden eine Einschätzung des Anteils der korrekten Antworten einer jeden Schülerin und eines jeden Schülers vornehmen. Diese Einschätzung erfolgt mittels Ratingskala. Mit diesem Vorgehen kann die Übereinstimmung der Leistungen der Schülerinnen und Schüler mit dem Urteil der Probanden eruiert werden.

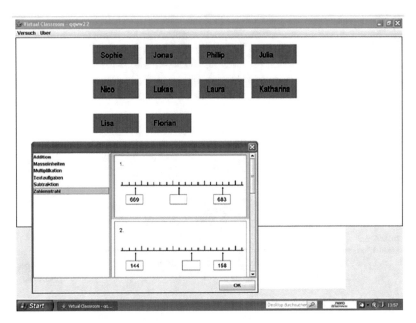

Abb. 2.10 Simulierter Klassenraum als Möglichkeit, den Ansatz der Urteilsakkuratheit methodisch umzusetzen (Südkamp et al., 2008, S. 264)

Weil die Einflussfaktoren eines simulierten Klassenraums, wie z. B. die Klassengröße, beliebig variiert werden können (oft haben die Klassen zwischen 9 bis 16 Schülerinnen und Schüler) und die Vielzahl an informellen Beobachtungen, die eine Lehrkraft während ihres Unterrichts macht, experimentell kontrolliert werden können, entspricht die Methode der Computersimulation nur sehr eingeschränkt der Arbeitsrealität einer Lehrkraft und kann daher als wenig ökologisch valide betrachtet werden (Abb. 2.11). Das Handlungsziel kann als diagnostisch motiviert im Arbeitsmodell eingeordnet werden. Insgesamt befindet sich diese Untersuchung mit dem gewählten Ansatz der Urteilsakkuratheit weit weg vom definierten Optimalbereich von Kaiser et al. (2017).

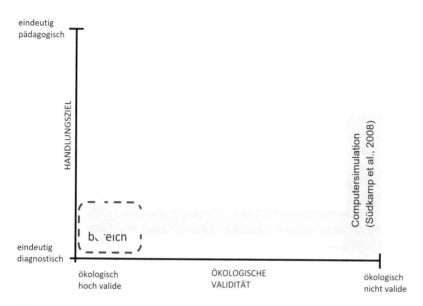

Abb. 2.11 Beurteilung des Ansatzes der Urteilsakkuratheit und der Methode der Computersimulation

2.3.4   Analyse von Schlüsselinteraktionen

Weil die Interpretation des zugrundeliegenden mathematischen Verständnis einer richtigen oder falschen Überlegung von Schülerinnen und Schülern von Lehrkräften oftmals noch ungenau und allgemein sind (Pott, 2019) und angehende Lehrkräfte oft Schwierigkeiten haben, lernrelevante Merkmale wahrzunehmen und zu interpretieren (Enenkiel et al., 2022), werden nachfolgend Studien vorgestellt, die den Fokus auf das Erkennen und das Analysieren von Schlüsselinteraktionen zwischen Lehrkraft und Schülerin oder Schüler oder zwischen Schülerinnen und Schülern legen. Der Begriff *Schlüsselinteraktion* wird in diesem Zusammenhang vom Begriff *Schlüsselmoment* von van Es und Sherin (2021) abgeleitet. Dieser wird von den beiden Autorinnen als prägendes Ereignis oder Wendepunkt im Lernprozess einer Schülerin oder eines Schülers angesehen und beinhaltet das Beobachten und Identifizieren zentraler Momente im Unterrichtsgeschehen sowie das gleichzeitige Ignorieren bestimmter anderer Situationen. Analog werden Schlüsselinteraktionen als prägendes Ereignis oder Wendepunkt im Lernprozess einer Schülerin oder eines Schülers in der vorliegenden Arbeit verstanden. Aufgrund der erkannten Schlüsselinteraktionen durch die Lehrkraft wird auf deren diagnostische Kompetenz geschlossen. Schlüsselinteraktionen zwischen Lehrkraft und Schülerin oder Schüler finden oft informell und daher wenig formalisiert statt (Altmann & Kaendler, 2019) und Lehrkräfte müssen in der Lage sein, in solchen Interaktionen zu erkennen, wo sich die oder der einzelne Lernende in ihrem oder seinem Lernprozess befindet und welche Unterstützung und Rückmeldung die Schülerin oder der Schüler benötigt, um die nächste Zone der Entwicklung erreichen zu können (Praetorius et al., 2012). Mit dem Wahrnehmen und dem Beachten von Schlüsselinteraktionen werden lernprozessbezogenen Diagnosen in den Blick genommen (Preatorius et al., 2012). Interaktionen zwischen Lehrkraft und Schülerin oder Schüler, bei denen diese dazu aufgefordert werden, ihr eigenes Wissen zu verbalisieren, führt einerseits zu einer Anregung bei der Schülerin oder beim Schüler, das eigene Wissen kundzutun und andererseits bildet dieses Vorgehen eine Diagnosemöglichkeit von Seiten der Lehrkraft, dieses Wissen zu analysieren (Altmann & Kaendler, 2019). Eine Methode, die die Interaktion zwischen Lehrkraft und Schülerin oder Schüler ermöglicht, ist das Tutoring, das Altmann et al. (2016) in ihrer Untersuchung mit Biologielehrkräften und Studierenden des Lehramts Biologie durchführten. Dabei wird einer Person, dem Tutee, von der Lehrkraft, dem Tutor oder der Tutorin, ein Sachverhalt vermittelt:

Lehrkraft: Ein Nährstoff ist z. B. Zucker. Und man sagt ja immer, dass man Zucker braucht, um das Gehirn zu versorgen. Solche Energie brauchen wir auch jetzt zum Denken. Hast du das verstanden mit den Nährstoffen?

Schüler: Ja.

Lehrkraft: Magst du bitte noch einmal die wichtigsten Punkte aus dem Text nennen? Das war ja schon einiges jetzt.

Schüler: Okay, also.... (Altmann et al., 2016. In: Altmann & Kändler, 2019, S. 40)

Mit der dargestellten Interaktion zwischen Tutorin und Tutee erklärt die Lehrkraft zuerst einen Sachverhalt und überprüft anschließend durch eine Frage an die Schülerin oder den Schüler, ob ihre Erklärung verstanden wurde. Diese Form des Tutorings wird als „formative Diagnose" (Altmann & Kändler, 2019, S. 40) verstanden.

Um diesen Ansatz mit dem Arbeitsmodell zum theoretischen Optimalbereich von Kaiser et al. (2017) beurteilen zu können, stellt sich die Frage, inwieweit die Lehrkraft Wissenslücken oder Fehlkonzepte von Schülerinnen und Schülern tatsächlich auf diese Weise beurteilen kann, da mit dem Tutoring die Schülerin oder der Schüler zwar angeregt wird, ihr oder sein Verständnis zu einem Sachverhalt darzulegen, es jedoch unklar bleibt, was die Schülerin oder der Schüler tatsächlich verstanden haben und was nicht (Kaiser et al., 2017).

Die gewählte Erfassungsmethode in der Studie von Altmann et al. (2016) – das Tutoring – kann als ökologisch valide angesehen werden, da in der Arbeitsrealität eine Lehrkraft oft mit einer Schülerin oder einem Schüler in diesem Setting interagiert. Die Handlungen des verfolgten Ansatzes der Analyse von Schlüsselinteraktionen, wie z. B. das direkte Feedback oder das Nennen der richtigen Antwort, können nicht als eindeutig diagnostisch motiviert angesehen werden. Dies liegt darin begründet, weil sich das mit den Äußerungen der Tutorin oder des Tutors verbundene Ziel nicht immer eindeutig nachvollziehen lässt und somit bereits als pädagogische Handlungen verstanden werden können. Insgesamt kann diese Untersuchung nicht im definierten Optimalbereich von Kaiser et al. (2017) untergebracht werden (Abb. 2.12).

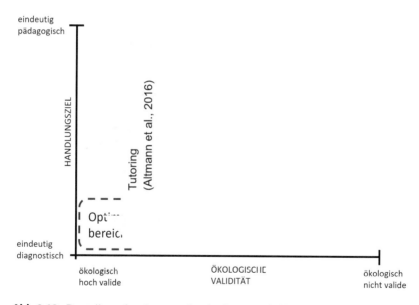

Abb. 2.12 Beurteilung des Ansatzes der Analyse von Schlüsselinteraktionen zwischen Lehrkraft und Schülerin oder Schüler und der Methode des Tutorings

Eine weitere Untersuchung, die dem Ansatz der Analyse von Schlüsselinteraktionen folgt und den Fokus auf die Interaktion zwischen Schülerinnen und

Schüler legt, ist die von Kaendler et al. (2016). Für den gleichen Ansatz wird in ihrer Studie eine andere Methode als das Tutoring gewählt.

Als entscheidende Interaktionen, die durch aussagekräftige Indikatoren für kollaborative, kognitive oder metakognitive Aktivitäten ausgedrückt werden (van Es & Sherin, 2002) beschreiben Kaendler et al. (2016) Schlüsselinteraktionen zwischen Schülerinnen und Schülern. Kollaborative Aktivitäten bezeichnen die Zusammenarbeit von Schülerinnen und Schülern in Kleingruppen, um Aufgaben gemeinsam zu bewältigen (Renkl, 2020) und können aus dem Bilden einer gemeinsamen Basis, dem Teilen von Informationen und Ideen, dem Stellen gezielter Fragen, dem Geben ausführlicher Erklärungen und dem Überprüfen von Fehlern bestehen. Durch die kollaborative Form werden metakognitive Lernaktivitäten ausgelöst, da die soziale Situation eine aktive Auseinandersetzung mit dem Lerngegenstand anregt und es dadurch gewissermaßen erzwungen wird, die eigene Sichtweise zu erklären und zu rechtfertigen. Solche Indikatoren werden anhand von Äußerungen der Schülerinnen und Schüler durch die Lehrkraft bemerkt, die diese Beobachtungen mit ihrem professionellen Wissen verknüpft und daraus Schlussfolgerungen für weiterführende diagnostische oder pädagogische Handlungen zieht (van Es & Sherin, 2021). In der quasi-experimentellen Studie von Kaendler et al. (2016) werden angehende Lehrkräfte mittels Videovignetten darin geschult, gewisse Aktivitäten von Schülerinnen und Schülern im Fach Mathematik zu erkennen und zu analysieren. Die Aktivitäten der Schülerinnen und Schüler beinhalten das Lösen von Aufgaben im Bereich Brüche oder Gleichungen. Als Lerngelegenheiten für die Studierenden werden Videoclips von Interaktionen zwischen Schülerinnen und Schülern in kollaborativen Lernsituationen verwendet. Dafür erhalten die Studierenden eine Checkliste mit Verhaltensindikatoren, um den Blick auf die Interaktionen zwischen den Schülerinnen und Schülern zu lenken. Nach dem absolvierten Trainingsprogramm wird die Beobachtungskompetenz der Studierenden mittels Bewertungsinstrument vor und nach dem Trainingsprogramm erfasst. Die Studierenden betrachten zweimal drei Videos und bewerten anhand von 23 Items – einmal vor dem Training und einmal unmittelbar danach (Abb. 2.13). Die Items beinhalten Aussagen zu drei Dimensionen von Schülerin- oder Schüler-Aktivitäten (kollaborativ, kognitiv und metakognitive Aktivität), die die Studierenden in den Videos bemerken und anhand der drei Dimensionen voneinander differenzieren sollen. Verglichen werden die Antworten der Studierenden mit der Bewertung einer Expertin oder eines Experten, damit ein durchschnittlicher Übereinstimmungswert ermittelt werden kann.

Please rate whether or not the behavioral indicator for cognitive activity is present in the student interaction.		
	Present	**Not present**
The group members give reasons for their statements.		

Abb. 2.13 Beispielitem, mit dem in Erfahrung gebracht wird, ob Schlüsselinteraktionen zwischen Lernenden wahrgenommen werden (Kaendler et al., 2016, S. 57)

Die gewählte Umsetzung der Studie von Kaendler et al. (2016) – Videovignetten – kann als ökologisch valide eingeordnet werden, da eine Lehrkraft in ihrer Arbeitsrealität immer wieder durch selektive Wahrnehmung entscheidet, welche diagnostischen oder pädagogischen Handlungen sie aufgrund bestimmter Schlüsselsituationen durchführen kann. Die durchgeführten Handlungen des verfolgten Ansatzes der Analyse von Schlüsselinteraktionen von Kaendler et al. (2016), wie z. B. das Beurteilen von Aktivitäten von Schülerinnen und Schülern durch das Ausfüllen eines Assessment-Tools, bei dem Aussagen wie z. B. „die Gruppenmitglieder begründen ihre Antwort – erkennbar / nicht erkennbar", beurteilt werden müssen (Abb. 2.13) entspricht jedoch nicht der Arbeitsrealität einer Lehrkraft und kann ökologisch als nicht valide eingeordnet werden. Weil mit dem Assessment-Tool die Wahrnehmung von bestimmten Verhaltensindikatoren von Schülerinnen und Schüler geschult wird und dadurch diagnostische Prozesse, wie z. B. demjenigen der „Schülerperspektive einnehmen" (Philipp, 2018, S. 123), sichtbar gemacht werden können, kann die gewählte Umsetzung des Ausfüllens eines Assessment-Tools jedoch durchaus als ökologisch valide eingeordnet werden. Die Handlungen, die durch das Assessment-Tool ausgeführt werden, sind diagnostisch motiviert, da mit ihnen der Fokus ausschließlich auf das Erkennen der drei Dimensionen der Aktivitäten von Schülerinnen und Schülern (kollaborativ, kognitiv und metakognitiv) gelegt und nicht ein pädagogisches Handlungsziel berücksichtigt wird. So betrachtet kann die Untersuchung nahe am definierten Optimalbereich von Kaiser et al. (2017) angeordnet werden (Abb. 2.14).

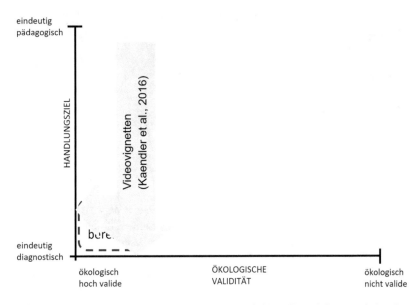

Abb. 2.14 Beurteilung des Ansatzes der Analyse von Schlüsselinteraktionen zwischen Lernenden und der Methode des Einsatzes von Videovignetten

Die Untersuchung von Enenkiel et al. (2022) kann ebenfalls zum Ansatz des Analysierens von Schlüsselinteraktionen gezählt werden. Enenkiel et al. (2022) haben zur Förderung von diagnostischer Kompetenz das Videotool ViviAn[3] (Abb. 2.15) entwickelt. Mit dem Videotool müssen Studierende lernrelevante Merkmale, sogenannte Schlüsselinteraktionen, wie z. B. geführte Diskussionen zwischen den Schülerinnen und Schülern, beschreiben, deuten, Ursachen dafür finden und Konsequenzen ableiten. Mit ViviAn werden nicht nur Interaktionen zwischen den Schülerinnen und Schülern berücksichtigt, sondern auch Interaktionen zwischen den Schülerinnen und Schülern und dem Inhalt und/oder dem Material. Im Videotool stehen zwei- bis vierminütige Videovignetten zur Verfügung, die authentische Gruppenarbeitsprozesse von Schülerinnen und Schülern in einem Mathematik-Labor zeigen. Mit einer entsprechenden Videoeinstellung werden alle Handlungen der Schülerinnen und Schüler am Material sichtbar. Die Studierenden können während des Betrachtens der Vignette auf weitere Informationen, wie z. B. auf das Thema und die Ziele der Lernumgebung, auf das

---

[3] ViviAn ist ein Akronym für **Vi**deo**vi**gnetten zur **An**alyse von Unterrichtsprozessen.

Material, auf den Arbeitsauftrag oder auf die Dokumente der Schülerinnen und Schüler und ihren schriftlichen Ergebnissen zugreifen, die in normalen Unterrichtssituationen ebenfalls zugänglich wären. Ein durch einen Button anwählbarer Diagnoseauftrag nimmt einen spezifischen Aspekt des Mathematiklernens, wie z. B. das Begriffslernen, der Schülerinnen und Schüler in den Blick. Die diagnostischen Fähigkeiten werden durch die Teilkomponenten „Beschreiben, Deuten, Ursachen finden und Konsequenzen ableiten" (ebd., S. 67) operationalisiert. Die Antworten können die Studierenden mit Musterlösungen von Expertinnen und Experten vergleichen. Zur Prüfung der Wirksamkeit von ViviAn wird ein Testinstrument eingesetzt, das aus zwei Videovignetten besteht, die die Bildung von eindeutigen Diagnosen anbieten. Die Aufträge für die Studierenden werden auf Basis des Modells von Beretz et al. (2017) erstellt (Beobachtungen beschreiben – Beobachtungen differenziert deuten – mögliche Ursachen ergründen – Konsequenzen für eine Förderung ableiten). Die Ergebnisse der Lerneffektanalyse zeigen, dass die Studierenden, die mit ViviAn ihre Diagnosefähigkeit in Bezug auf das Erkennen von Fähigkeiten und Schwierigkeiten hinsichtlich der Bestimmung von Raum-, Flächen und Längeninhalten trainiert haben, sich signifikant und mit einem großen Effekt in allen drei getesteten Bereichen wie dem Beschreiben, dem Deuten, dem Ursachenfinden und Konsequenzen ableiten, verbessert haben. In der Kontrollgruppe ist kein Lerneffekt ersichtlich. Auffällig ist allerdings, dass die Studierenden, die mit ViviAn gearbeitet hatten, im Durchschnitt weniger als die Hälfte der zu erreichenden Punkte erreicht haben. Zurückgeführt wird diese Feststellung darauf, dass die Diagnoseaufträge offen formuliert sind und die Formulierung eine gewisse Motivation und die Fähigkeit voraussetzt, Antworten nachvollziehbar zu formulieren. Ein weiterer Grund könnte sein, dass der maximale Summenscore so hoch lag, weil die Antworten von Mathematikdidaktikerinnen und Mathematikdidaktikerinnen als Basis herangezogen wurden, die die Videosequenzen mehrmals betrachten und ihre Antworten schärfen konnten.

Die gewählte Methode der Studie von Enenkiel et al. (2022) – Videovignetten – kann als ökologisch valide eingeordnet werden, da eine Lehrkraft in ihrer Arbeitsrealität immer wieder mit Situationen konfrontiert wird, in denen sie adäquat auf richtige oder fehlerhafte Überlegungen ihrer Schülerinnen und Schüler eingehen muss. Die durchgeführten Handlungen des verfolgten Ansatzes „Beschreiben, Deuten, Ursachen finden" sind einerseits diagnostisch und die Handlung „Konsequenzen ableiten" ist andererseits pädagogisch motiviert. So betrachtet kann die Untersuchung von Enenkiel et al. (2022) insgesamt nicht im Optimalbereich angeordnet werden (Abb. 2.16).

Abb. 2.15 Videovignette als Möglichkeit, den Ansatz der Analyse von Schlüsselinteraktionen zwischen Lernenden methodisch umzusetzen (Enenkiel et al., 2022)

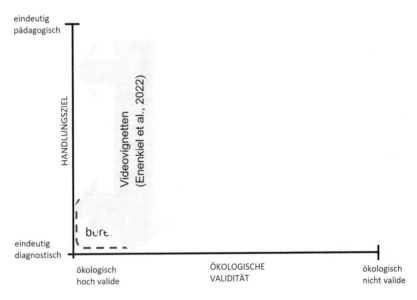

Abb. 2.16 Beurteilung des Ansatzes der Analyse von Schlüsselinteraktionen zwischen Lernenden und der Methode des Einsatzes von Videovignetten

Da in der vorliegenden Untersuchung der Blick auch auf das Erkennen von Stärken gelegt wird, soll im Folgenden eine Untersuchung gezeigt werden, die den Ansatz der Analyse von Schlüsselinteraktionen zwischen Schülerinnen und Schülern umsetzt und dabei den Fokus auf das Erkennen von Stärken bei Schülerinnen und Schülern legt. Der gewählte Ansatz kann eher als Förderinstrument diagnostischer Kompetenz und weniger zur Erfassung derselben angesehen werden. Weil sie aber, wie die vorliegende Untersuchung, den Fokus auf das Erkennen von Stärken legt, wird sie ebenfalls im Modell zum Optimalbereich von Kaiser et al. (2017) verortet.

Für die Untersuchung *Do math! – Lehrkräfte professionalisieren für das Erkennen und Fördern von Potenzialen* von Rösike und Schnell (2017) werden neben schriftlichen Vignetten auch Videovignetten verwendet. Mit den Videovignetten sollen die Lehrkräfte mathematische Überlegungen der Schülerinnen und Schüler verstehen und deren kognitiven Aktivitäten „durchdringen" (ebd., S. 230) können. Die Aussagen von den Lehrkräften zu den in den Videovignetten erkannten Interaktionen zwischen den Schülerinnen und Schülern, in denen kognitive Aktivitäten sowie mathematische Überlegungen sichtbar sind, werden danach mit Expertinnen und Experten analysiert. Ziel der Untersuchung ist es, Gesprächsanlässe mit Lehrkräften durchzuführen, bei denen Expertinnen und Experten ein gezieltes Nachdenken über angemessene Handlungsmöglichkeiten ermöglichen, in dem sie anhand von prozessbezogenen Diagnosen auf Potenziale von Schülerinnen und Schülern im Video hinweisen. Rösike und Schnell (2017) stellen fest, dass Lehrkräfte durch die Analyse von Videovignetten dazu angeregt werden, ihr vorhandenes professionelles Wissen zu aktivieren und die ihnen in der Untersuchung angebotenen Kriterien von Expertinnen und Experten für ihre Diagnosen einsetzen lernen. Eine Videovignette aus dieser Förderung behandelt so genannte Treppenzahlen. Schülerinnen und Schüler der Jahrgangsstufe 8 hatten den Auftrag zu erkunden, welche Zahlen sich als Summe aufeinanderfolgender, natürlicher Zahlen darstellen lassen (Rösike & Schnell, 2017). Im Beispiel wird eine Lehrkraft dargestellt, wie sie die Situation der Äußerungen der Schülerinnen und Schüler in der Videovignette reflektiert (Abb. 2.17).

Die Lehrkraft mit Namen Sonja kommentiert, dass einer der Schüler „ne Übersicht bekommen hat über diese Aufgabe" (Rösike & Schnell, 2017, S. 231). Dadurch erfasst sie das planvolle und reflektierende Vorgehen beim Problemlösen und damit die gezeigten, metakognitiven Kompetenzen dieses Schülers. Ebenfalls gibt die Lehrkraft aufgrund ihrer Aussage „Das ist irgendwie so ein Blick von oben auf die Aufgabe" (Rösike & Schnell, 2017, S. 231) auf inhaltsbezogener Ebene zu erkennen, dass die Lösungen der Gruppe auf eine verallgemeinerbare Lösungsmöglichkeit hinweisen. Rösike und Schnell (2017) stellen fest, dass mit

Lehrerin Sonja: Was ich auch gut fand, diese Aussage „das ist ne endlose Aufgabe". Einfach das man sieht welche Dimension das so annimmt, oder wenn er sich dann überlegt wie weit geht das noch, (…) also ich finde das zeigt auch ein bisschen, dass der Schüler in dem Moment so ne Übersicht bekommen hat über diese Aufgabe. Also zumindest in dem Vorgehen, in dem die jetzt Vorgehen. Das ist auch irgendwie so ein Blick von oben auf die Aufgabe.

Abb. 2.17 Beispiel einer Aussage einer Lehrkraft, wie sie Schlüsselinteraktionen zwischen Lernenden analysiert (Rösike & Schnell, 2017, S. 231)

dem gezielten Training eine Tendenz hinsichtlich dessen festgestellt werden kann, was die Lehrkräfte beim Betrachten der Videovignetten unter Fokussierung der mathematischen Potenziale wahrgenommen haben. Die Lehrkräfte können sowohl mathematische Entdeckungen als auch die Denkhandlungen der Schülerinnen und Schüler kommentieren. Zudem nehmen sie auf die Kooperationsfähigkeit der Schülerinnen und Schüler Bezug, insbesondere auf das „gemeinsame inhaltliche Fortschreiten" (ebd., S. 232), indem gegenseitig auf die Aussagen unter den Lernenden eingegangen wird. Insgesamt werden also Potenziale der Schülerinnen und Schüler wahrgenommen.

Der gewählte Ansatz dieser Studie verlangt von den Lehrkräften die metakognitiven Kompetenzen der Schülerinnen und Schüler anhand von Videovignetten zu erfassen und zu benennen. Dabei führen die Lehrkräfte eindeutig diagnostische Handlungen durch. Die Frage nach der ökologischen Validität der Videovignetten von Rösike und Schnell (2017) ziehen folgende Überlegung nach sich: Eine Lehrkraft begegnet in ihrem alltäglichen Handlungskontext tatsächlich genau solchen Situationen, bei denen Schülerinnen und Schüler über ein bestimmtes mathematisches Problem diskutieren. Aus diesem Grund könnte die gewählte Erfassungsmethode der Videovignetten von Rösike und Schnell (2017) als ökologisch valide eingeordnet werden. Allerdings wird im Rahmen der Untersuchung von Rösike und Schnell (2017) durch das Führen von Gesprächen mit Expertinnen und Experten die Aufmerksamkeit bewusst auf bestimmte kognitive Aktivitäten der Schülerinnen und Schüler gelenkt, um den Diagnoseprozess bei den Lehrkräften zu unterstützen. Diese Umsetzung entspricht nicht der Arbeitsrealität einer Lehrkraft, da sie selten (direkt) dabei unterstützt wird, kognitive Potenziale bei ihren Schülerinnen und Schülern zu entdecken. Und nur das Betrachten von Videovignetten führt ohne gezielte Unterstützung von Expertinnen und Experten, die auf gewisse kognitive Aktivitäten der Schülerinnen und Schüler hinweisen, noch zu keiner verbesserten diagnostischen Kompetenz. Weil durch das Führen von Gesprächen mit Expertinnen und Experten die Aufmerksamkeit allerdings bewusst auf zentrale Aktivitäten der Schülerinnen und Schüler gelenkt wird und dadurch wiederum diagnostische Prozesse, wie z. B. demjenigen der „Schülerperspektive einnehmen" (Philipp, 2018, S. 123), sichtbar gemacht werden können, kann die gewählte Umsetzung durchaus als ökologisch valide eingeordnet werden (Abb. 2.18).

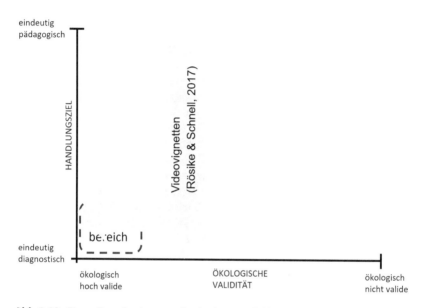

Abb. 2.18 Beurteilung des Ansatzes der Analyse von Schlüsselinteraktionen zwischen Lernenden und der Methode des Einsatzes von Videovignetten

2.3.5 Analyse von Produkten von Schülerinnen und Schülern

In anderen Forschungsarbeiten wird der Ansatz der Analyse von Produkten von Schülerinnen und Schülern in Form von schriftlichen Dokumenten vertreten. Die so gewonnenen Daten von schriftlichen Vignetten ermöglichen Rückschlüsse auf Einstellungen und Kompetenzen der Schülerinnen und Schüler (Benz, 2013). Brovelli et al. (2013) begründen den Einsatz schriftlicher – im Gegensatz zu videobasierten – Vignetten damit, dass schriftliche Vignetten „größere Unterrichtszusammenhänge" (ebd., S. 311) wiedergeben können und Fähigkeiten von grundlegenden fachdidaktischen Vorgehensweisen erfassen. Aufgrund schriftlicher Vignetten lässt sich somit ein noch tieferer Einblick in die fachdidaktische Vorgehensweise einer Lehrkraft gewinnen. Damit kann in einem nahezu authentischen Hintergrund auf ihre diagnostische Kompetenz geschlossen werden (Benz, 2013). Authentisch deshalb, weil schriftliche Produkte von Schülerinnen und Schülern häufig von der Lehrkraft zur Kontrolle oder zur Beurteilung verwendet werden. Findet die Analyse der Lehrkraft ebenfalls in schriftlicher Form statt, wird dadurch eine objektive Auswertung aufgrund von vorher festgelegten Indikatoren ermöglicht.

Der Ansatz der Analyse von Produkten von Schülerinnen und Schülern wird z. B. in der Untersuchung *Mathematics Teaching in the 21st Century (MT21)* von Blömeke (2008) umgesetzt. Hierbei wird – neben Untersuchungen mit anderen Schwerpunkten – eine qualitativ orientierte Analyse zur professionellen Kompetenz angehender Primarlehrkräfte durchgeführt. Mit den vorgestellten Items (Abb. 2.19 und Abb. 2.20) wird das Ziel verfolgt, Zusammenhänge zwischen den verschiedenen Komponenten der professionellen Kompetenz, wie mathematisches Fachwissen, mathematikdidaktisches Wissen – zu dem auch die „Diagnose von Schülerfehlern" (ebd., S. 392) gezählt wird – und erziehungswissenschaftliches Wissen, zu rekonstruieren und zu veranschaulichen. Der Schwerpunkt der Studie liegt auf der Frage, ob und wenn ja, in welcher Form, Studierende die verschiedenen Komponenten der professionellen Kompetenz, sowie individuelle epistemologische Überzeugungen, miteinander verknüpfen. Dabei werden Fragebögen mit Fragen zu transkribierten Interviews von angehenden Lehrkräften der Sekundarstufe I bearbeitet, indem sie diese offen analysieren müssen. „Offen" meint in diesem Zusammenhang, dass die Analyse ohne speziell vorher festgelegten Fokus – wie z. B. auf bestimmte Merkmale wie Stärken und Schwächen – durchgeführt wird.

Im folgenden Aufgabenbeispiel wird dargestellt, wie ein Schüler mit Namen Leo eine bestimmte Problemstellung löst, indem er die Anzahl Eiskugeln berechnet, die täglich verkauft werden (Abb. 2.19). In einem weiteren Schritt wird ein Interview dargestellt, bei dem eine Schülerin oder ein Schüler dazu befragt wird, wie sie oder er anstelle von Leo vorgegangen wäre (Abb. 2.20). Dieses Interview analysieren die Studierenden daraufhin, inwieweit die beschriebenen Modellierungen der Interviewerin oder des Interviewers angemessen gewesen sind und welche (treffenderen) Rückmeldungen der Schülerin oder dem Schüler hätten gegeben werden können (Abb. 2.20; Auftrag b und c (eingekreist)). Als Ausgangspunkt wird der Modellierungskreislauf zugrunde gelegt. Für die einzelnen Phasen des Modellierungsprozesses werden Teilkompetenzen benötigt, wie z. B. das Strukturieren einer realen Situation (Blömeke, 2008) oder das „Aufstellen eines mathematischen Modells" (ebd., S. 394) sowie die Kompetenz zur kritischen Reflexion über durchgeführte Modellierungen. Um eine Modellierung einer Schülerin oder eines Schülers beurteilen zu können, braucht es diagnostische Kompetenz.

Die Fragen und das Eingehen der Studierenden auf die Schülerin oder den Schüler im Interview werden auf die fachliche Angemessenheit hin analysiert und für die Auswertung auf die pädagogische Nützlichkeit hin überprüft. Der Maximalwert an Punkten wird erreicht, je individueller die Rückmeldung auf die Lösung der Schülerin oder des Schülers zugeschnitten ist und eine Verbesserung der Antwort der Schülerin oder des Schülers erwarten lässt (Blömeke, 2008). In dieser Studie lässt sich feststellen, dass Studierende in der Lage sind, die Modellierungsaufgaben „angemessen zu bearbeiten und die angebotenen Schülerlösungen angemessen zu bewerten" (ebd., S. 420). Allerdings gibt es auch „eine nicht zu vernachlässigende Anzahl" (ebd.) von Studierenden, deren erreichte Punkte in den Bereichen fachdidaktisches Wissen und Fachwissen deutliche Diskrepanzen aufweisen: Studierende, die sich reflektiert und eigenständig mit der Aufgabe auseinandergesetzt haben, „zeigen deutliche Schwächen im fachdidaktischen Wissen" (ebd.) und gehen nicht auf die individuellen Lösungsansätze der Schülerinnen und Schüler ein. Daraus lässt sich schlussfolgern, dass gutes fachliches Wissen keine hinreichende – jedoch notwendige – Bedingung darstellt für fachdidaktisches Wissen in der Mathematik.

Modellierung am Beispiel einer Eisdiele:

In Leos Wohnort Grübelfingen gibt es vier Eisdielen. Leo steht, wie so oft in diesem Sommer, mal wieder vor seiner Lieblingseisdiele, dem Eiscafé Sorrento. Eine Kugel Eis kostet 0,60 Euro. Er fragt sich, für wie viel Geld der Besitzer wohl an einem heißen Sommertag Eis verkauft. Leo geht zur Lösung des Problems wie folgt vor: Er fragt am nächsten Tag seine drei besten Freunde, wie viel Kugeln Eis sie am Sonntag gekauft haben und erhält folgende Antworten:

Markus: 3 Kugeln
Peter: 5 Kugeln
Uli: 4 Kugeln

Als Durchschnitt errechnet Leo (3+4+5):3= 4 Kugeln pro Tag. Er multipliziert das Ergebnis mit der Anzahl der Einwohner von Grübelfingen (30.000) und teilt, da es vier Eisdielen gibt, das Ergebnis durch 4.
Pro Tag werden in der Eisdiele Sorrento also 30.000 Kugeln verkauft.
Einnahmen: 30.000*0,60 Euro= 18.000 Euro.

Abb. 2.19 Überlegungen eines Schülers, die verwendet werden für den Ansatz der offenen Analyse von Produkten von Schülerinnen und Schülern (Blömeke, 2008, S. 400)

Interview 4:
I: *Würdest du jetzt genau so vorgehen, wie der Junge im Beispiel?*
S: *Ähm, eigentlich nicht weil, von drei Stück ist zu wenig.*
I: *Hhm.*
S: *Man braucht da schon mehr, würde ich sagen.*
I: *Wie würdest du jetzt vorgehen?*
S: *Also ich würde halt mehrere Personen befragen, also, die da gekauft haben, zum Beispiel.*
I: *Mhm.*
S: *So 100 oder so. Und dann halt genauso wie der da.*

b) Analysieren Sie die Äußerungen daraufhin, inwieweit die vorgeschlagenen Modellierungen angemessen sind! Nehmen Sie dabei Bezug auf Textstellen aus den Interviews.

c) Wie gehen Sie mit den Antworten der Schülerinnen und Schüler jeweils um? Welche Rückmeldung würden Sie den Schülerinnen und Schülern jeweils geben?

Abb. 2.20 Interview mit einem Kind zum Vorgehen sowie Fragen an die Probanden (Blömeke, 2008, S. 400) (farblich bearbeitet durch die Autorin)

Ob das Vorgehen des Anpassens eines Interviews als ökologisch valide betrachtet werden kann, lässt sich insofern beantworten, dass durch das Anpassen des Interviews Prozessschritte sichtbar gemacht werden, die eine Lehrkraft in ihrer Arbeitsrealität tatsächlich durchläuft. Es kommt oft vor, dass eine Lehrkraft mit einem Kind ein (diagnostisch motiviertes) Gespräch durchführt, um zu eruieren, wo das Kind in seinem Lernprozess steht (z. B. Bundschuh, 2007; Niedermann et al., 2010). Aus diesem Grund kann die Untersuchung von Blömeke (2008) durchaus als ökologisch valide eingeordnet werden, da sie nahe an der Arbeitsrealität einer Lehrkraft liegt. Das diagnostisch geführte Gespräch während der Untersuchung verfolgt eindeutig kein pädagogisch motiviertes Handlungsziel. Deshalb kann diese Studie insgesamt dicht beim Optimalbereich von Kaiser et al. (2017) verortet werden (Abb. 2.21).

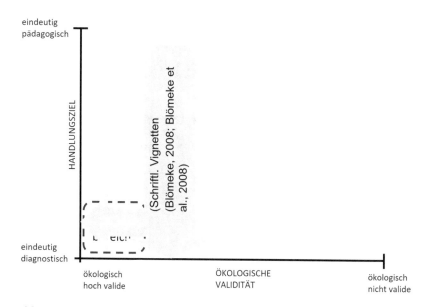

Abb. 2.21 Beurteilung des Ansatzes der offenen Analyse von Produkten von Schülerinnen und Schülern und der Methode des Einsatzes von schriftlichen Vignetten

Als eine eng mit MT21 (Blömeke, 2008) verwandte Studie zur Erfassung diagnostischer Kompetenz von Lehrkräften in der Mathematik, gilt die internationale Studie *Teacher Education and Development Study in Mathematik* (TEDS-M). Sie wurde im Jahr 2008 durchgeführt (Blömeke et al., 2008). Auf die Studie wird im Folgenden näher eingegangen, weil die diagnostische Kompetenz auch bei angehenden *Sekundar*lehrkräften – und nicht nur bei Lehrkräften der Primarstufe wie bei MT21 – untersucht wurde. Indem mögliche Antworten von Schülerinnen und Schülern analysiert oder Lösungen von Studierenden bewertet werden sollen (Abb. 2.22) (Oser et al., 2010), wird auf die diagnostische Kompetenz geschlossen.

Anhand des Items der TEDS-M Studie lässt sich zeigen, dass drei Begründungen von Schülern und Schülerinnen dahingehend analysiert werden sollen, ob damit die Aussage, dass drei aufeinanderfolgende natürliche Zahlen miteinander multipliziert, stets dem Ergebnis dem Vielfachen der Zahl sechs entspricht, bewiesen werden kann (Abb. 2.22).

Einige Schülerinnen und Schüler der Sekundarstufe I wurden aufgefordert, die folgende Aussage zu beweisen:
Wenn man drei aufeinander folgende natürliche Zahlen multipliziert, dann ist das Ergebnis ein Vielfaches von 6.

Nachfolgend drei Antworten.

Katjas Antwort	Leons Antwort	Marias Antwort
Ein Vielfaches von 6 muss die Teiler 3 und 2 besitzen. Wenn man 3 aufeinander folgende Zahlen hat, dann ist eine davon ein Vielfaches von 3. Ausserdem ist mindestens eine Zahl gerade, und alle geraden Zahlen sind Vielfache von 2. Wenn man die drei aufeinander folgenden Zahlen multipliziert, muss das Ergebnis mindestens einmal den Teiler 3 und einmal den Teiler 2 besitzen.	$1 \times 2 \times 3 = 6$ $2 \times 3 \times 4 = 24 = 6 \times 4$ $4 \times 5 \times 6 = 120 = 6 \times 20$ $6 \times 7 \times 8 = 336 = 6 \times 56$	n ist eine beliebige ganze Zahl $n \times (n+1) \times (n+2) =$ $(n^2 + n) \times (n+2) =$ $n^3 + n^2 + 2n^2 + 2n$ Kürzen der n's ergibt $1 + 1 + 2 + 2 = 6$

Abb. 2.22 Beispiel einer Aufgabenstellung für den Ansatz der offenen Analyse (Oser et al., 2010, S. 25)

Da es im Handlungskontext einer Lehrkraft (sehr) oft vorkommt, dass sie schriftliche Lösungen von Schülerinnen und Schülern analysiert, um damit sowohl den Grad des Verständnisses zu beurteilen als sie auch mit einer individuellen, sozialen oder sachlichen Bezugsnorm zu beurteilen, kann die gewählte Methode auch in diesem Beispiel als ökologisch valide eingeordnet werden. Das Handlungsziel ist bei dieser Untersuchung diagnostisch motiviert. Sowohl die Items der TEDS-M Studie als auch die von MT21 können insgesamt an der gleichen Stelle – dicht beim Optimalbereich – im Modell von Kaiser et al. (2017) eingeordnet werden (Abb. 2.21).

Einen Schritt weiter in der Analyse von Produkten von Schülerinnen und Schülern geht die fokussierte Analyse. Fokussiert bedeutet in diesem Fall, dass vorher festgelegte Merkmale, wie z. B. das Erkennen von *Fehl*konzepten oder das Erkennen von *Stärken*, in den Blick genommen werden. Die fokussierte Analyse von fehlerhaften Lösungen oder Fehlkonzepten von Schülerinnen und Schülern ist eine weit verbreitete Form für die Erfassung diagnostischer Kompetenz (Krolak-Schwerdt et al., 2013). Ein Beispiel einer Untersuchung, die dem Ansatz der fokussierten Analyse folgt, ist die Studie von Heinrichs (2015). Sie setzte sich im Rahmen ihrer Untersuchung mit der Förderung und Erfassung fehlerdiagnostischer Kompetenz von Lehramtsstudierenden auseinander und untersuchte, wie diese die (fehlerhaften) Lösungen der Schülerinnen und Schülern analysieren. Auf Basis der Studie von Heinrichs (2015) kann festgestellt werden, dass eine stärker konstruktivistische Überzeugung bezüglich des Lehrens und Lernens von Mathematik eine höhere Kompetenz zur Diagnose von Ursachen in Fehlersituationen nach sich zieht und demnach Studierende, die Lernen als aktiven Konstruktionsprozess verstehen, besser mögliche Ursachen von Fehlern diagnostizieren können. Im Zuge der fokussierten Analyse müssen die Studierenden in der Untersuchung von Heinrichs (2015) den Fehler in der Lösung einer Schülerin oder eines Schülers erkennen und anschließend selbst das Vorgehen der Schülerin oder des Schülers imitieren, indem sie die Fehlüberlegung selbst anwenden und z. B. die Zähler und die Nenner addieren (Abb. 2.23).

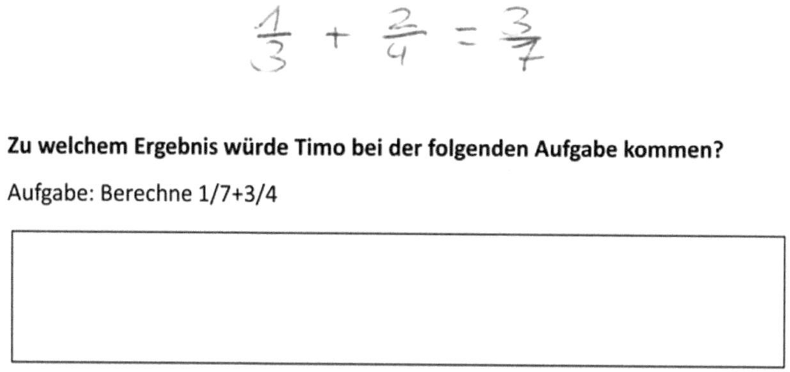

$$\frac{1}{3} + \frac{2}{4} = \frac{3}{7}$$

Zu welchem Ergebnis würde Timo bei der folgenden Aufgabe kommen?

Aufgabe: Berechne 1/7+3/4

Abb. 2.23 Beispiel einer Aufgabenstellung für den Ansatz der fokussierten Analyse, bei der die Fehlüberlegung der Schülerin oder des Schülers imitiert werden muss (Heinrichs, 2015, S. 135)

Weil die Untersuchung digital erfasst wird und kein Button zum Zurückkehren zur vorigen Aufgabenstellung eingerichtet ist, kann auf der nächsten Seite das Fehlermuster schriftlich aufgelöst, dargestellt und nach möglichen Ursachen gefragt werden (Abb. 2.24).

Verallgemeinert kann man sagen, dass Timo wie folgt gerechnet hat:

$$\frac{a}{b} + \frac{c}{d} = \frac{a+c}{b+d}$$

Nennen Sie stichwortartig drei Ursachen aus mathematikdidaktischer Perspektive, die diesem Fehler zugrunde liegen können.

Abb. 2.24 Beispiel einer Aufgabenstellung für den Ansatz der fokussierten Analyse, bei der mögliche Ursachen für die Fehlüberlegung der Schülerin oder des Schülers genannt werden müssen

In einem nächsten Schritt werden mögliche Ursachen aufgezählt, die die Studierenden mittels dreistufiger Likert-Skala beantworten (Abb. 2.25).

Zur Frage bezüglich diagnostischer oder pädagogischer Handlungen kann festgestellt werden, dass bei den Beispielitems von Heinrichs (2015) die Studierenden eindeutig diagnostische Handlungen durchführen. Die Frage nach der ökologischen Validität kann folgendermaßen diskutiert werden: Eine Primarlehrkraft wird im Handlungskontext ihrer Arbeitsrealität wohl nur dann Fehlkonzepte ihrer Schülerinnen und Schüler imitieren, wenn sie sie theoretisch nicht nachvollziehen kann – was wohl eher selten der Fall ist. Des Weiteren wird eine Lehrkraft in ihrer Arbeitsrealität keine vorgegebenen Ursachenmöglichkeiten einer fehlerhaften Überlegung oder eines Fehlkonzepts einer Schülerin oder eines Schülers zur Auswahl gestellt bekommen, aus denen sie dann die Zutreffendste auswählen kann. Aufgrund dieser Überlegungen zur fokussierten Analyse von schriftlichen Produkten von Schülerinnen und Schülern der Untersuchung von Heinrichs (2015) würde diese als ökologisch wenig valide eingeordnet werden. Allerdings werden durch die gewählte Vorgehensweise von Heinrichs (2015) Prozesse sichtbar gemacht, wie z. B. das „Einnehmen einer Schülerperspektive" (Philipp, 2018,

Im Folgenden werden einige mögliche Fehlerursachen genannt. Geben Sie jeweils an, ob Sie die in den Aussagen genannten Ursachen für möglich halten.

	Mögliche Ursache	Eher keine mögliche	Weiß nicht
Timo hat die Aufgabe nicht genau genug gelesen.			
Timo hat eine unzureichende Vorstellung des Anteilsbegriffs.			
Timo beherrscht die Addition natürlicher Zahlen nicht.			
Timo hat ein unzureichendes Operationsverständnis der Addition von Brüchen.			
Timo hat Vorgehensweisen der Multiplikation von Brüchen verallgemeinert.			
Timo sieht den Bruchstrich als Trennung zwischen zwei unabhängigen natürlichen Zahlen.			
Timo hat ein unzureichend ausgeprägtes Verständnis von Stellenwerten.			
Timo addiert Brüche nach der Bruchsubtraktionsregel.			
Timo hat die Addition von Brüchen mit der Addition von Verhältnissen verwechselt.			

Abb. 2.25 Beispiel einer Aufgabenstellung für den Ansatz der fokussierten Analyse, bei der mögliche Ursachen für die Fehlüberlegung angekreuzt werden können (Heinrichs, 2015, S. 137)

S. 123, die eine Lehrkraft in ihrer Arbeitsrealität tatsächlich durchläuft. Gerade um zu erfahren, auf welchem Grad des Verständnisses Ihre Schülerinnen und Schüler sich befinden, muss sie mögliche Ursachen zur Erklärung eines Fehlers nennen können und sich aufgrund der Analyse von fehlerhaften Lösungen von Schülerinnen und Schülern überlegen, welche Ursachen aus mathematikdidaktischer Perspektive vorliegen könnten (Philipp, 2018). So betrachtet kann die Studie von Heinrichs (2015) eindeutig als diagnostisch motiviert und als ökologisch valide eingeordnet werden – solange der Fokus dabei auf den diagnostischen Prozessen liegt und nicht in erster Linie auf dem Imitieren eines Fehlers der Schülerin oder des Schülers (Abb. 2.26).

Insgesamt liegt das gewählte Setting von Heinrichs (2015) nahe an der Arbeitsrealität einer Lehrkraft und kann daher als ökologisch valide eingeordnet werden. Heinrichs (2015) gewählter Ansatz kann mit der offenen Analyse von Produkten von Schülerinnen und Schülern aus der Studie von TEDS M oder MT21 (Abb. 2.21) auf die gleiche Stufe gestellt und somit (fast) in den Optimalbereich des Modells eingeordnet werden (Abb. 2.26).

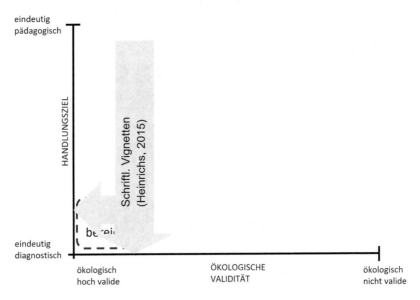

Abb. 2.26 Beurteilung der fokussierten Analyse von Produkten von Schülerinnen und Schülern und der Methode des Einsatzes von schriftlichen Vignetten

2.3.6   Überprüfung von diagnostischem Wissen

Eine andere Möglichkeit, diagnostische Kompetenz zu messen, ist die Überprüfung des diagnostischen Wissens in Form von Wissenstests.

Ein Beispiel einer solchen Untersuchung stammt von Hill et al. (2008). In dieser Untersuchung wird das Wissen über mathematische Fähigkeiten von Schülerinnen und Schülern mittels Multiple-Choice-Aufgaben getestet. Durch die Aufgaben werden neben dem Identifizieren typischer Fehler die Fähigkeit von Studierenden geprüft, geeignete Diagnoseaufgaben auszuwählen, um etwaige Fehlvorstellungen von Schülerinnen und Schülern sichtbar zu machen. Im dargestellten Beispielitem (Abb. 2.27) müssen die Studierenden entscheiden, welche der beschriebenen Zahlenreihen sich am besten dazu eignet, Dezimalzahlen richtig geordnet darzustellen. Das Item ist so aufgebaut, dass zuerst die Problemstellung beschrieben wird. Danach sollen die vorgegebenen Antwortmöglichkeiten analysiert und auf ihre Tauglichkeit hin überprüft werden. Das gezeigte Item (Abb. 2.27) wurde in der Untersuchung allerdings nicht verwendet, da es als nicht ausreichend mit dem Konstrukt verbunden gilt. Es dient somit einfach der Veranschaulichung der verwendeten Items von Hill et al. (2008).

Mr. Fitzgerald has been helping his students learn how to compare decimals. He is trying to devise an assignment that shows him whether his students know how to correctly put a series of decimals in order. Which of the following sets of numbers will best suit that purpose? (Mark ONE answer.)

a.	.5	7	.01	11.4
b.	.60	2.53	3.14	.45
c.	.6	4.25	.565	2.5
d.	Any of these would work well for this purpose. They all require the students to read and interpret decimals.			

Abb. 2.27 Beispiel einer Aufgabenstellung für den Ansatz der Überprüfung von diagnostischem Wissen mittels Wissenstests (Hill et al., 2008, S. 400)

Die Umsetzung durch die Verwendung von Wissenstests ist bei der Untersuchung von Hill et al. (2008) an diagnostische Handlungsziele geknüpft. Ebenso wird mit dem Test bestätigt, dass diagnostisches Wissen der Studierenden erfasst wurde, das relevant ist für ihr berufspraktisches Handeln. Allerdings entspricht die Methode, geeignete Diagnoseaufgaben mittels Multiple-Choice anzukreuzen, eher nicht der Arbeitsrealität einer Lehrkraft und kann – obwohl die Verwendung von geeigneten Aufgaben tatsächlich ein zentraler Punkt in der Ausübung des Berufsauftrags einer Lehrkraft darstellt (Baumert et al., 2011) – als ökologisch nicht valide betrachtet werden (Abb. 2.28).

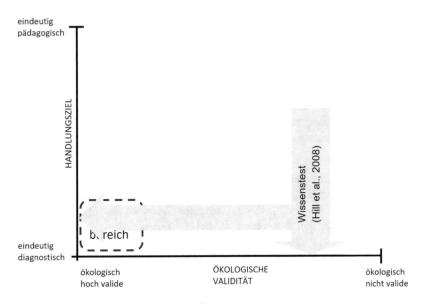

Abb. 2.28 Beurteilung des Ansatzes der Überprüfung von diagnostischem Wissen und der Methode des Einsatzes von Wissenstests, auf Grundlage der Studie von Hill et al. (2008)

Der Ansatz zur Überprüfung von diagnostischem Wissen mittels Wissenstest wird auch in TEDS-M (Blömeke et al., 2008) – zusätzlich zum Ansatz der Analyse von Produkten von Schülerinnen und Schülern – umgesetzt. Das Beispielitem (Abb. 2.29) veranschaulicht, wie Wissen über Fehlvorstellungen erhoben wird. Dies geschieht durch Überprüfung des diagnostischen Wissens hinsichtlich des Fehlertyps (falsches Kürzen, Fehlvorstellung, Übergeneralisierung).

Die gewählte Umsetzung von Blömeke et al. (2008) ist an diagnostische Handlungsziele geknüpft und die Items erfassen Wissen zur diagnostischen (Fehler-) Kompetenz, das relevant ist für das didaktische Handeln einer Lehrkraft. Der Vorgang, verschiedene Fehler nach ihrer Art zu analysieren, kann als nahe an der Arbeitsrealität einer Lehrkraft verstanden werden – gerade um Schwächen oder

		falsches Kürzen	Fehlvorstellung vom Gleichheitszeichen	Übergeneralisierung
A)	$a = \dfrac{x}{b+c} \Big\vert \cdot b$ $a \cdot b = \dfrac{x}{c} \Big\vert \cdot c$ $x = a \cdot b \cdot c$	☐	☐	☐
B)	Berechne die Fläche des Halbkreises mit dem Radius r = 2: $\pi 2 = 4\pi : 2 = \dfrac{4}{2}\pi = 2\pi$	☐	☐	☐
C)	$\log(a \cdot b) = \log a \cdot \log b$	☐	☐	☐

Welche Fehlerart (falsches Kürzen, Fehlvorstellung vom Gleichheitszeichen oder Übergeneralisierung) liegt den folgenden, nicht mathematisch korrekt durchgeführten Berechnungen jeweils zugrunde?

Kreuzen Sie ein Kästchen pro Zeile an.

Abb. 2.29 Beispiel einer Aufgabenstellung für den Ansatz der Überprüfung von diagnostischem Wissen durch Wissenstests, bei der die Art des Fehlers bestimmt werden muss (Blömeke et al., 2008)

Fehlkonzepte von oberflächlichen Flüchtigkeitsfehlern unterscheiden zu können. Es kann deshalb als ökologisch valide angesehen werden. Diese Form von Wissenstests aus der Studie TEDS-M (Blömeke et al., 2008) wird demnach näher beim Optimalbereich verordnet als der beschriebenen Wissenstests von Hill et al. (2008) (Abb. 2.30).

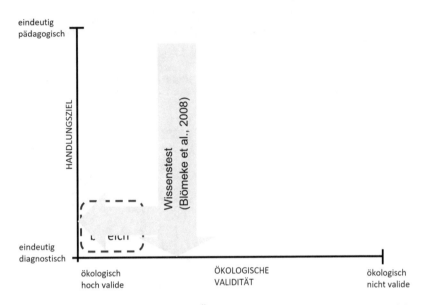

Abb. 2.30 Beurteilung des Ansatzes der Überprüfung von diagnostischem Wissen und der Methode des Einsatzes von Wissenstests, auf Grundlage der Studie von Blömeke et al. (2008)

2.3.7   Vergleich der Ansätze zur Erfassung diagnostischer Kompetenz

In diesem Abschnitt werden die mit dem Modell zum theoretischen Optimalbereich für die Erfassung von diagnostischer Kompetenz von Kaiser et al. (2017) beurteilten Ansätze bisheriger Untersuchungen zusammenfassend beschrieben und einander gegenübergestellt. Das Ziel dabei ist, herauszuarbeiten, ob ein Zusammenhang hinsichtlich des gewählten Ansatzes sowie der Methode und dem theoretischen Optimalbereich feststellbar ist. Also, ob Untersuchungen, die dem gleichen Ansatz folgen und/oder die gleiche Umsetzung anwenden, auch am gleichen Ort im Modell zum theoretischen Optimalbereich eingeordnet werden können.

Den Ansatz der *Urteilsakkuratheit* setzen die Untersuchungen von Spinath (2005) und Brunner et al. (2011) (Abb. 2.31) um.

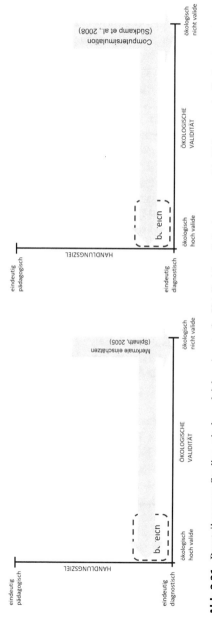

Abb. 2.31 Beurteilung von Studien mit dem gleichen Ansatz der Urteilsakkuratheit aber unterschiedlichem methodischen Vorgehen

Die Erfassung diagnostischer Kompetenz, wie es in der Untersuchung von Spinath (2005) gemacht wird und Lehrkräfte lern- und leistungsrelevante Merkmale von Schülerinnen und Schülern einschätzen, kann als ökologisch wenig valide angesehen werden. Es kommt in der Arbeitsrealität einer Lehrkraft selten vor, dass Merkmale, wie z. B. das Abschätzen einer Aufgabe, ob diese richtig oder falsch gelöst werden wird oder nicht, eingeschätzt werden müssen. Bei der Untersuchung von Brunner et al. (2011), bei der der gleiche Ansatz verfolgt und als Methode ein simulierter Klassenraum eingesetzt wird, kann ebenfalls festgehalten werden, dass dies nur sehr eingeschränkt der Arbeitsrealität einer Lehrkraft entspricht. Aus diesem Grund kann auch diese Untersuchung als ökologisch wenig valide verstanden werden. Beide Untersuchungen können in ihrem Handlungsziel jedoch als diagnostisch motiviert angesehen werden, da keine pädagogischen Fragestellungen damit verknüpft werden. Im Modell zum theoretischen Optimalbereich von Kaiser et al. (2017) lassen sich beide Untersuchungen – trotz unterschiedlich gewählten methodischen Vorgehensweisen – an ähnlicher, bzw. gleicher Stelle, verorten. Daraus könnte geschlussfolgert werden, dass bei Studien, die dem Ansatz der Urteilsakkuratheit folgen, sich hinsichtlich ökologischer Validität ein Zusammenhang feststellen lässt, der sich durch eine beträchtliche Distanz zum Optimalbereich ausdrückt, obwohl methodisch unterschiedlich vorgegangen wurde. Diese Schlussfolgerung wird durch die kritische Auseinandersetzung mit dem Ansatz der Urteilsakkuratheit in der Literatur (Schrader, 2013; Bartel & Roth, 2017; Ophuysen & Behrmann, 2015) untermauert.

Der Ansatz der *Analyse von Schlüsselinteraktionen zwischen Lehrkraft und Schülerin oder Schüler* wird in den Studien von Rösike und Schnell (2017), Altmann et al. (2016), Kaendler et al. (2016) und Enenkiel et al. (2022) umgesetzt (Abb. 2.32).

Bei der Untersuchung von Altmann et al. (2016) wird der Ansatz der Analyse von Schlüsselinteraktionen mittels Tutoring umgesetzt und kann als ökologisch valide betrachtet werden. Weil sich die Äußerungen der Tutorin oder des Tutors nicht immer eindeutig als diagnostisch oder pädagogisch motiviert einordnen lassen, bleiben sie im Handlungsziel oft unklar. Im Gegensatz zur Methode von Videovignetten, die Rösike und Schnell (2017) in ihrer Untersuchung einsetzen und die als diagnostisch motiviert verstanden werden können. Die Untersuchung von Kaendler et al. (2016) kann nahe beim oder sogar im Optimalbereich angeordnet werden, da mit dieser Untersuchung diagnostische Prozesse sichtbar gemacht werden, wie z. B. eine „Schülerperspektive einnehmen" (Philipp, 2018, S. 123), die in der Arbeitsrealität einer Lehrkraft eine große Rolle spielen. Ebenso können die Handlungen, die durch das Assessment-Tool ausgeführt, als diagnostisch motiviert verstanden werden. Auch die Untersuchung von Enenkiel et al.

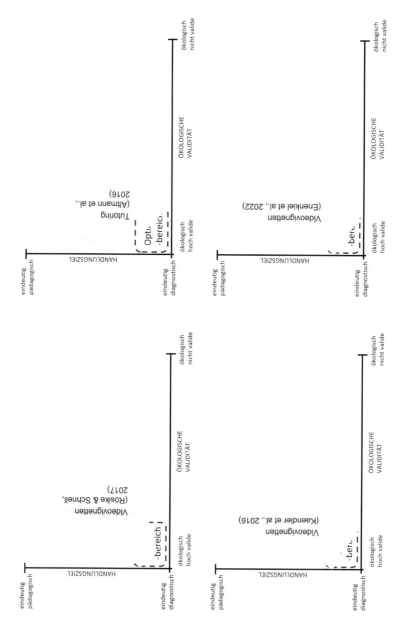

Abb. 2.32 Beurteilung von Studien mit dem gleichen Ansatz der Analyse von Schlüsselinteraktionen aber unterschiedlichem methodischen Vorgehen

(2022) kann nahe am Optimalbereich verortet werden. Obwohl auch bei dieser Untersuchung mit Expertinnen- und Expertenwissen in Form von Musterlösungen gearbeitet wird, ist sie insgesamt näher am Optimalbereich einzuordnen als die Untersuchung von Rösike und Schnell (2017), da dort gezielt auf konkrete diagnostisch reichhaltige Situationen hingewiesen wird und sie inhaltlich besprochen werden. Dies steht im Gegensatz zur Untersuchung von Enenkiel et al. (2022), in der Hilfestellungen mittels heuristischer Strategien (Beschreiben, Deuten, Ursachen finden) zum Zuge kommen und dadurch ein eigenständiges Finden von Antworten auf die diagnostischen Fragestellungen ermöglicht wird. Obwohl in allen vier Untersuchungen dem Ansatz der *Analyse von Schlüsselinteraktionen zwischen Lehrkraft und Schülerin oder Schüler* gefolgt wird, kann kein Zusammenhang in Bezug auf den theoretischen Optimalbereich festgestellt werden. Je nach gewählter Methode kann die Untersuchung näher am Optimalbereich eingeordnet werden oder weiter weg.

Der Ansatz der *offenen Analyse von schriftlichen Produkten von Schülerinnen und Schülern* wird in den Untersuchungen von TEDS-M (Blömeke et al., 2008) und MT21 (Blömeke, 2008) und die *fokussierte Analyse* bei Heinrichs (2015) umgesetzt (Abb. 2.33).

Die Umsetzungen der beiden Untersuchungen von TEDS-M und MT21 können als ökologisch valide verstanden werden, da es im Handlungskontext einer Lehrkraft (sehr) oft vorkommt, dass sie schriftliche Lösungen von Schülerinnen und Schülern analysieren muss. Mit der Analyse schriftlicher Vignetten von TEDS-M und MT21 führen die Lehrkräfte eindeutig diagnostische Handlungen durch. Somit können die Untersuchungen an gleicher Stelle – nahe beim Optimalbereich – im Modell eingeordnet werden. Die *fokussierte Analyse von Produkten von Schülerinnen und Schülern,* die in der Untersuchung von Heinrichs (2015) mittels schriftlicher Vignetten umgesetzt wird, lässt sich ebenfalls nahe beim Optimalbereich verorten. Alle drei Untersuchungen folgen dem Ansatz der *Analyse von Produkten von Schülerinnen und Schülern* und es lässt sich feststellen, dass sich die drei Untersuchungen an ähnlicher Stelle in Bezug auf die ökologische Validität und in Bezug auf das diagnostisch motivierte Handlungsziel befinden. Bei diesen Studien lässt sich demnach ein Zusammenhang in Bezug auf den theoretischen Optimalbereich feststellen, obwohl methodisch unterschiedlich vorgegangen wurde. Zu beachten ist, dass die Items von TEDS-M und die von Heinrichs (2015) als ökologisch valider eingeordnet werden können als die Items von MT21, da bei beiden Untersuchungen – im Gegensatz zur Untersuchung von MT21, bei der Interviews beurteilt werden müssen – Lösungen von Schülerinnen und Schülern analysiert werden müssen. Das Analysieren von Lösungen von

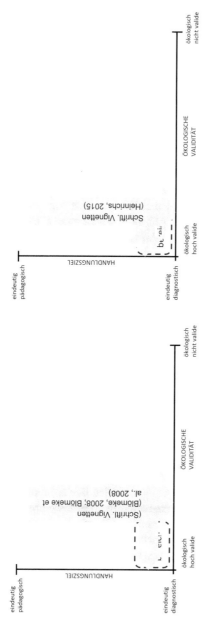

Abb. 2.33 Beurteilung von Studien mit dem Ansatz der offenen und fokussierten Analyse von schriftlichen Produkten von Schülerinnen und Schülern und dem gleichen methodischen Vorgehen

Schülerinnen und Schülern kann insgesamt als näher an der Arbeitsrealität einer Lehrkraft angesehen werden als das Anpassen eines Interviews.

Den Ansatz *Überprüfung von diagnostischem Wissen* setzten mit ihren Untersuchungen Blömeke et al. (2008) und Hill et al. (2008) um (Abb. 2.34).

Wichtig beim Ansatz zur Überprüfung von diagnostischem Wissen ist festzuhalten, dass, je nach Inhalt des eingesetzten Wissenstests, Aspekte des diagnostischen Prozesses sichtbar gemacht werden und entsprechend als ökologisch valide interpretiert werden können. Dies aus dem Grund, weil diagnostische Prozesse ein wichtiger Bestandteil der Arbeitsrealität einer Lehrkraft sind. So verstanden liegt die Untersuchung von Blömeke et al. (2008), bei der die Studierenden den Fehlertyp einer Schülerin oder eines Schülers bestimmen müssen, näher an der Arbeitsrealität, als wenn entschieden werden muss, welche Zahlenreihe sich am besten dazu eignet, Dezimalzahlen richtig geordnet darzustellen – wie dies bei Hill et al. (2008) gemacht wird. Anhand der gezeigten inhaltlichen Unterschiede der Wissenstests, mit denen der Ansatz der *Überprüfung von diagnostischem Wissen* umgesetzt wird, lässt sich ausmachen, dass, obwohl der gleiche Ansatz verfolgt wird, sich nicht automatisch ableiten lässt, wo sich eine Untersuchung im Arbeitsmodell zum theoretischen Optimalbereich einordnen lässt. Je nach Inhalt des Wissenstests fällt die ökologische Validität und damit das Einordnen in den Optimalbereich unterschiedlich aus.

Durch die Auseinandersetzung mit den vorgestellten Ansätzen und den gewählten Umsetzungen zur Erfassung diagnostischer Kompetenz bestehender Studien lässt sich insgesamt feststellen, dass entweder eine „realitätsnahe Erfassung" (Kaiser et al., 2017, S. 122) vorliegt, die oft einhergeht mit einer nicht klar zu definierenden diagnostisch oder pädagogisch motivierten Handlung, wie z. B. bei der Untersuchung von Altmann et al. (2016) mit dem Tutoring. Oder aber es liegt ein Ansatz einer Untersuchung vor, die zwar durch eine klar diagnostische Handlung motiviert ist, dafür aber an eine einigermaßen künstliche, der Arbeitsrealität entfernten Erfassungssituation gekoppelt ist, wie z. B. die Untersuchung von Spinath (2005) mit dem Einschätzen von Merkmalen von Schülerinnen und Schülern. Diese Feststellung deckt sich mit den Beobachtungen von Kaiser et al. (2017), die ebenfalls einige Studien zur Erfassung diagnostischer Kompetenz in ihrem Modell verortet haben. Eine mögliche Begründung hierfür könnte sein, dass bei Untersuchungen, die den Kompetenzbegriff nach Klieme und Leutner (2006) miteinschließen, die gewählten Ansätze und deren Methoden direkt aus unterrichtlichen Situationen abgeleitet und verwendet werden. So wird z. B. bei der Untersuchung von Enenkiel et al. (2022) die Analyse von Schlüsselinteraktionen und das Erkennen von zentralen Aussagen von Schülerinnen und Schülern in den

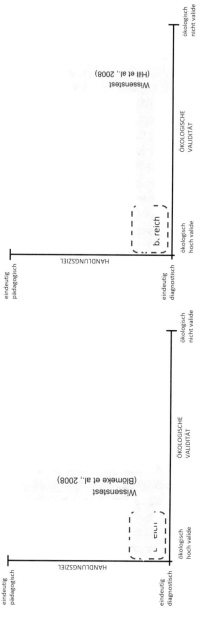

Abb. 2.34 Beurteilung von Studien mit dem gleichen Ansatz der Überprüfung von diagnostischem Wissen und dem gleichen methodischen Vorgehen

Blick genommen. Solche Untersuchungen, die explizit aus dem Unterrichtsalltag einer Lehrkraft stammen, werden demnach als ökologisch valider angesehen als Untersuchungen, die als relativ weit von der Arbeitsrealität einer Lehrkraft entfernt stehen. Allerdings ist eine klare Trennung von diagnostischen oder pädagogischen Handlungen in einem realitätsnahen Unterrichtssetting schwieriger, da pädagogische Handlungen oft unmittelbar erfolgen (Black & Wiliam, 2009). So gesehen in der Studie von Enenkiel et al. (2022), bei der nach dem Ableiten von Konsequenzen und somit nach pädagogischen Handlungen gefragt wurde.

Eine andere mögliche Erklärung für die ökologische Validität eines Ansatzes, der den bildungswissenschaftlichen Kompetenzbegriff nach Klieme und Leutner (2006) miteinschließt, bietet die Definition von Weinert (2000) zur diagnostischen Kompetenz. Weinert (2000) beschreibt sie als ein „Bündel von Fähigkeiten" (Weinert, 2000, S. 16) und drückt damit eine gewisse Vielfältigkeit aus. Entsprechend reichhaltig kann der Unterrichtsalltag einer Lehrkraft verstanden werden, der ebenso mit zahlreichen diagnostischen Situationen und Herausforderungen bestückt ist und die beschriebene Reichhaltigkeit diagnostischer Situationen offenbar besser widerspiegelt, als wenn die Reichhaltigkeit mittels Übereinstimmung durch die Rangordnungskomponente zum Ausdruck gebracht und ihr damit augenscheinlich weniger gerecht wird.

Durch die Verortung verschiedener Untersuchungen im Modell von Kaiser et al. (2017) lässt sich anmerken, dass es bei der beschriebenen ökologischen Validität darum geht, „wie sehr Bedingungen und Faktoren, die in der Untersuchungssituation vorliegen, mit jenen übereinstimmen, die in der Arbeitsrealität" (ebd., S. 116) einer Lehrkraft die psychischen Prozesse und ihr Verhalten beeinflussen. Kritisch betrachtet lässt diese Beschreibung einen großen Interpretationsspielraum zu. Je nach Auffassung kann z. B. die Untersuchung von Hill et al. (2008), in der eine richtig geordnete Zahlenreihe für Dezimalzahlen bestimmt werden muss, als ökologisch gleich valide verstanden werden, wie das Bestimmen eines Fehlertyps einer Schülerin oder eines Schülers (Blömeke et al., 2008), da beide Studien das Verhalten einer Lehrkraft beeinflussen können. Mit der einen Untersuchung wird eher die Wichtigkeit einer angemessenen Auswahl von Aufgaben in den Vordergrund gestellt, während mit der anderen Studie mögliche Fehler von Schülerinnen und Schüler anvisiert werden. Welche der beiden Studien nun näher an der Arbeitsrealität einer Lehrkraft liegt, scheint vor allem in der persönlichen Einschätzung des Betrachters oder der Betrachterin zu liegen. Aus diesem Grund soll an die Beurteilung einer Studie zur Erfassung von diagnostischer Kompetenz mit dem Modell von Kaiser et a. (2017) achtsam herangetreten werden. Dennoch darf das Modell als bedeutsame Chance gewertet werden, mit dem über die Tauglichkeit bisheriger Studien zur Diskussion eingeladen wird.

Losgelöst von der Tauglichkeit der Studie ist bei der Darstellung der Ansätze der verschiedenen Untersuchungen die augenfällig unterschiedliche Verwendung geschlossener, halboffener oder offener Items. Beispielsweise verwendet Heinrichs (2015) in ihrer Untersuchung neben offenen auch halboffene und geschlossene Items. Hierzu stellt sich die Frage, wie davon ausgegangen werden kann, dass die Beantwortung halboffener und geschlossener Items mit der Arbeitsrealität einer Lehrkraft übereinstimmt. Ebenso interessiert die Frage, ob solche Items, die von der Lehrkraft zutage gelegte Offenheit und Flexibilität auch tatsächlich abzubilden vermögen. Dies scheint mit geschlossenen oder halboffenen Items nur stark vereinfacht möglich zu sein (Leuders et al., 2019). Zudem stellen halboffene und geschlossene Items hohe Ansprüche an deren Konstruktion.

Aus den Erkenntnissen der vorgestellten Untersuchungen wurde die vorliegende Studie konzipiert. Einerseits soll ein Ansatz zur Erfassung diagnostischer Kompetenz gefunden werden, mit dem eine hohe ökologische Validität erreicht und mit dem trotzdem ein diagnostisch motiviertes Handlungsziel verfolgt werden kann. Andererseits sollen Items verwendet werden mit offenen Antwortmöglichkeiten, um die Offenheit und Flexibilität der Studierenden möglichst gut abzubilden.

Der Ansatz, der dem entwickelten Testinstrument zugrunde liegt und ob und wie er sich in das Arbeitsmodell zum Optimalbereich für die Erfassung diagnostischer Kompetenz von Kaiser et al. (2017) einordnen lässt, wird im nächsten Abschnitt dargelegt.

Einordnung der Studie und Forschungsfragen

3

Ein zentrales Anliegen der Arbeit ist es, mit der Entwicklung eines Kompetenzmessinstruments diagnostische Handlungen zu erfassen, um auf eine Facette diagnostischer Kompetenz – dem Erkennen von Stärken und Schwächen in schriftlichen Lösungen von Schülerinnen und Schülern – schließen zu können. Die Basis dieses Ansatzes bilden die theoretischen und empirischen Grundlagen im vorangegangenen Kapitel.

3.1   Einordung der Studie

Mit der vorliegenden Arbeit wird die Fähigkeit von Studierenden richtige und fehlerhafte Überlegungen in schriftlichen Lösungen von Schülerinnen und Schülern zu identifizieren und deren Ursachen zu interpretieren, untersucht.

Dadurch, dass die Studierenden richtige und fehlerhafte Überlegungen identifizierten und deren Ursachen interpretierten, soll deutlich werden, welche Kenntnisse sie über das Wissen der Schülerinnen und Schüler und somit über den Grad von deren Verständnis haben. Das Wissen über Vorstellungen von Schülerinnen und Schülern und das Wissen über ihr Denken (KCS) (Ball et al., 2008) sowie die Fähigkeit, das sich entwickelnde und noch unvollständige Denken der Schülerinnen und Schüler wahrzunehmen und zu analysieren (Leuders et al., 2017), dient in der vorliegenden Arbeit als Grundlage für das Verständnis diagnostischer Kompetenz.

© Der/die Autor(en), exklusiv lizenziert an Springer Fachmedien Wiesbaden GmbH, ein Teil von Springer Nature 2024
I. Gobeli-Egloff, *Erkennen von Stärken und Schwächen von Schülerinnen und Schülern*, Freiburger Empirische Forschung in der Mathematikdidaktik, https://doi.org/10.1007/978-3-658-44134-0_3

Ausgehend vom Kompetenzbegriff nach Klieme und Leutner (2006), bei dem die didaktische Wichtigkeit einer diagnostischen Anforderung an eine Lehrkraft aus einer unterrichtlichen Situation abgeleitet wird, braucht die Lehrkraft Wissen über Stärken und Schwächen ihrer Schülerinnen und Schüler (Helmke, 2021). Karst (2012) beschreibt diese Anforderung als „schülerspezifische Situation" (Karst, 2017b, S. 27), in der eine Lehrkraft ihre Schülerinnen und Schüler individuell fördert und es um spezifische Urteile bei einzelnen Lernenden geht. Die Lehrkraft nimmt dabei die Lernvoraussetzungen der einzelnen Schülerin oder des einzelnen Schülers in den Blick und versucht dort anzuknüpfen. Mit dem gewählten Ansatz des entwickelten Testinstruments wird an die von Karst (2012) beschriebene schülerprofilbezogene diagnostische Kompetenz angeknüpft und kann dem Ansatz der *Analyse von Produkten von Schülerinnen und Schülern* zugeordnet werden. Methodisch wird dieser Ansatz mit schriftlichen Vignetten umgesetzt, in Form von authentischen Dokumenten von Schülerinnen und Schülern aus dem Größenbereich Gewichte, die einerseits eine offene und andererseits eine fokussierte Analyse ermöglichen. Fokussiert deshalb, weil gezielt Stärken und Schwächen erkannt und offen, weil mögliche Ursachen dafür von den Studierenden (frei) formuliert werden sollen. Im Zuge der Aufarbeitung des aktuellen Forschungsstandes wurden unterschiedliche Ansätze von bestehenden Forschungsarbeiten untersucht, die diagnostische Kompetenz unterschiedlich operationalisiert haben (Tab. 2.1). In den tabellarischen Überblick wird das gewählte Untersuchungssetting der vorliegenden Arbeit wie folgt eingefügt (Tab. 3.1, fett hervorgehoben).

Das vorliegende Untersuchungssetting kann methodisch mit den Arbeiten von Blömeke (2008), Blömeke et al. (2008) und Heinrichs (2015) verglichen werden – die ebenfalls schriftliche Vignetten verwendet haben – und der verfolgte Ansatz kann zum Kreis der fokussierten Analyse gezählt werden, zu dem auch die Fehleranalyse von Heinrichs (2015) gehört.

Um die gewählten Fragen des entwickelten Testinstruments theoretisch einzuordnen, wird nachfolgend anhand eines Items veranschaulicht, wie die beschriebenen Prozessschritte von van Es und Sherin (2021) (vgl. Abschnitt 2.2.2) konkret umgesetzt wurden. Die Studierenden sollten aufgrund der Lösung der Schülerin oder des Schülers richtige und fehlerhafte Überlegungen identifizieren und deren Ursachen interpretieren (Abb. 3.1). Mit den grauen Markierungen im Beispielitem werden die beschriebenen Prozessschritte verdeutlicht.

Tab. 3.1 Übersicht verschiedener Ansätze bisheriger Studien zur Erfassung diagnostischer Kompetenz mit Einordnung des vorliegenden Untersuchungssettings (fett hervorgehoben)

Ansatz (Interessensschwerpunkt)	Spezifikation (Konkretisierung des Ansatzes)	Methode (konkrete Umsetzung mittels spezifischem Vorgehen und/oder Material)	Autoren und/oder Autorinnen der Studie
Urteilsakkuratheit	aufgabenbezogen, personen- und aufgaben-spezifisch	Einschätzen von Merkmalen (schriftliche Aufgaben oder Computer-Simulationen)	• Spinath (2005) • Südkamp et al. (2008)
Analyse von Schlüsselinteraktionen	zwischen Lehrkraft und Schülerin oder Schüler	Tutoring	• Altmann et al. (2016)
	zwischen Schülerinnen und Schülern	Videovignetten	• Kaendler et al. (2016) • Rösike & Schnell (2017) • Enenkiel et al. (2022)
Analyse von Produkten von Schülerinnen und Schülern	Offene Analyse	Schriftliche Vignetten	• Blömeke (2008) • Blömeke et al. (2008)
	Fokussierte Analyse (auf z. B. Stärken oder Schwächen)		• Heinrichs (2015) • **(vorliegendes Untersuchungssetting, 2023)**
Überprüfung von diagnostischem Wissen	Geeignete Diagnoseaufgaben destillieren	Wissenstest	• Blömeke et al. (2008)
	Fehlertyp einschätzen		• Hill et al. (2008)

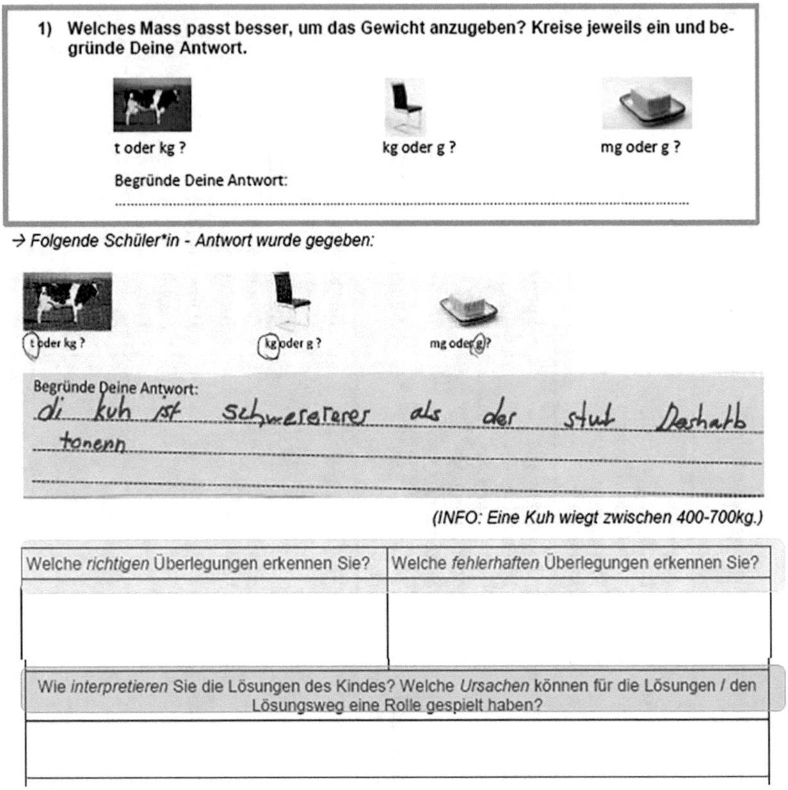

Abb. 3.1 Beispiel einer Aufgabenstellung aus der Erhebung der vorliegenden Arbeit für den Ansatz der fokussierten Analyse. Grau markiert: Verdeutlichung der Prozessschritte

Der von van Es und Sherin (2021) beschriebene Wahrnehmungsprozess zur Analysekompetenz (Beachten – Interpretieren – Gestalten) wird wie folgt im vorliegenden Untersuchungssetting auf den Diagnoseprozess übertragen: Die Studierenden sollen in den Lösungen der Schülerinnen und Schüler *Schlüsselstellen* – richtige und fehlerhafte Überlegungen (Abb. 3.1, grau markiert) – identifizieren und verknüpfen diese mit ihrem fachdidaktischen Wissen zu einer Interpretation (Abb. 3.1, grau markiert). Dadurch gelangen sie zu einem diagnostischen Urteil bezüglich einer Stärke oder einer Schwäche. Die dritte Dimension, die pädagogische Handlung, die ebenfalls zum beschriebenen Wahrnehmungsprozess von van

Es und Sherin (2021) gehört, wird nicht mehr untersucht, da die Studierenden nicht danach gefragt werden, welche pädagogischen Handlungsmöglichkeiten sie aufgrund ihres diagnostischen Urteils einsetzen oder welche Rahmenbedingungen sie anpassen würden.

Um feststellen zu können, ob mit dem Ansatz der Analyse von Produkten von Schülerinnen und Schülern und dem Einsatz von schriftlichen Vignetten eine hohe ökologische Validität erreicht und ob damit ein diagnostisches Handlungsziel verfolgt werden kann, wird das entwickelte Kompetenzmessinstrument nachfolgend im Modell zum theoretischen Optimalbereich für die Erfassung diagnostischer Kompetenz von Kaiser et al. (2017) verortet.

Das Handlungsziel kann als eindeutig diagnostisch motiviert eingeordnet werden, da mit den Items des Kompetenzmessinstruments keine Fragen zu einer pädagogischen Umsetzung gestellt werden (Abb. 3.1). Um den Ansatz der *Analyse von schriftlichen Vignetten von Schülerinnen und Schülern* auf die ökologische Validität hin zu überprüfen, muss berücksichtigt werden, dass sowohl die identifizierten richtigen und fehlerhaften Überlegungen als auch die Interpretation möglicher Ursachen in der vorliegenden Arbeit als je ein Aspekt der Stärke-Schwäche-Diagnose verstanden wird. Deshalb wird nachfolgend jeder Aspekt für sich auf dessen ökologische Validität hin überprüft.

Eine Lehrkraft beurteilt in ihrem Handlungskontext (sehr) oft schriftliche Produkte von Schülerinnen und Schülern und identifiziert richtige oder fehlerhafte Überlegungen. Aus diesem Grund kann der Aspekt der identifizierten richtigen und fehlerhaften Überlegungen im Modell zum Optimalbereich von Kaiser et al. (2017) als ökologisch valide eingeordnet werden.

Im Zuge einer formativen Beurteilung ist es für den Lernprozess der Schülerinnen und Schüler von großer Wichtigkeit in Erfahrung zu bringen, wo bereits bestehende Stärken liegen, um diese auszubauen. Entsprechend ist es für den Lernprozess ebenso lohnend zu erkennen, wo angesetzt werden muss, um etwaige Schwächen angehen zu können (Schmidt & Liebers, 2017; Steiner & Lassnigg, 2019). Infolgedessen ist es wichtig, dass eine Lehrkraft mögliche Ursachen für die richtigen oder fehlerhaften Überlegungen ihrer Schülerinnen und Schüler interpretiert und zurückmeldet. Erfolgt die formative Beurteilung der Lehrkraft in schriftlicher Form und wird sie durch eine identifizierte richtige und fehlerhafte Überlegung und deren mögliche Ursacheninterpretation festgehalten, so kann auch dieser Aspekt der Stärke-Schwäche-Diagnose als sehr nahe an der Arbeitsrealität einer Lehrkraft betrachtet und als ökologisch valide eingeordnet werden.

Ebenfalls für eine ökologische Validität sprechen die verwendeten Vignetten in Form von authentischen Produkten von Schülerinnen und Schülern.

Der gewählte Ansatz der *Analyse von schriftlichen Produkten von Schülerinnen und Schülern,* bei dem einerseits eine Stärke-Schwäche-Diagnose durchgeführt und andererseits offene Items verwendet werden, um die von der Lehrkraft zutage gelegte Offenheit und Flexibilität abzubilden, kann damit eindeutig als diagnostisch motiviert und als ökologisch valide verstanden werden. So gesehen kann der Ansatz und die Methode des vorliegenden Untersuchungssettings in den Optimalbereich des Modells zum Optimalbereich für die Erfassung diagnostischer Kompetenz von Kaiser et al. (2017) eingeordnet werden (Abb. 3.2).

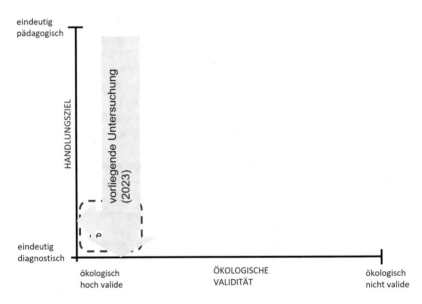

Abb. 3.2 Beurteilung des vorliegenden Untersuchungssettings mit dem Ansatz der fokussierten Analyse und der Methode des Einsatzes von schriftlichen Vignetten

Resümierend erfüllt das Testinstrument beide Komponenten (ökologische Validität *und* diagnostisch motiviertes Handlungsziel) des Modells von Kaiser et al. (2017). Dass beide Komponenten des Modells gemeinsam in einer Untersuchung erfasst und diese damit im Optimalbereich angesiedelt werden können, wird von Kaiser et al. (2017) in Frage gestellt. Ihre Annahme beruht darauf, dass wenn bei der Durchführung einer Untersuchung auf die Erfüllung der ökologischen Validität und damit auf die Nähe zur Arbeitsrealität einer Lehrkraft geachtet wird, die Handlung oftmals unklar, bzw. pädagogisch – und nicht diagnostisch – motiviert ist. Im Gegenzug geht eine diagnostisch motivierte Handlung sehr oft mit einer der Arbeitsrealität entfernten Erfassungssituation einher. Mit dem entwickelten Testinstrument kann mit der Erfüllung beider Komponenten bestätigt werden, dass es möglich ist, Untersuchungen zur Erfassung diagnostischer Kompetenz durchzuführen, die im Optimalbereich angesiedelt werden und somit als ökologisch valide und als diagnostisch motiviert verstanden werden können.

Werden die Items des entwickelten Testinstruments mit den Vignetten von TEDS-M verglichen, so lässt sich feststellen, dass beide Untersuchungen von den Studierenden verlangen, Überlegungen, respektive Lösungen von Schülerinnen und Schülern, zu analysieren (Oser et al., 2010). Der Unterschied der Vignetten lässt sich hauptsächlich im formulierten Auftrag an die Studierenden finden. Im vorliegenden Testinstrument werden die Studierenden explizit dazu aufgefordert, den Fokus bei der Analyse der Lösungen der Schülerinnen und Schüler auf Stärken *und* Schwächen *und* auf mögliche Ursachen zu legen. Dies stellt einen Unterschied zur TEDS-M Studie dar, bei der die Studierenden sehr offen zum Analysieren verschiedener Antworten von Schülerinnen und Schüler aufgefordert werden, ohne dabei darauf aufmerksam gemacht zu werden, worauf sie genau das Augenmerk richten sollen (Altmann et al., 2016) (Abb. 2.22).

Im Vergleich zur Untersuchung von Heinrichs (2015) wird der Fokus in der vorliegenden Studie auch auf die *richtigen* Überlegungen und auf *Stärken* und nicht nur auf fehlerhafte Lösungen und Schwächen gelegt. Ebenso wird ausschließlich mittels *offenem* Antwortformat nach möglichen Gründen für fehlerhafte oder richtige Überlegungen gefragt (Abb. 3.1). Heinrichs (2015) bittet die Studierenden bei ihrer Untersuchung, dass sie das Fehlermuster der Schülerin oder des Schülers suchen und selbst bei einer Aufgabe anwenden sollen (Abb. 2.23). Dieses Vorgehen des Anwendens des Fehlers wird im vorliegenden Untersuchungssetting nicht gewählt und es werden auch keine vorgegebenen Antwortmöglichkeiten für etwaige Ursachen von Fehlern oder Schwächen angeboten, wie dies Heinrichs (2015) macht (Abb. 2.25). Mit dem gewählten Vorgehen des offenen Antwortformats, soll das tatsächlich vorhandene diagnostische Wissen der Studierenden aktiviert und damit gleichzeitig vermieden werden, durch vorgegebene Antworten, die lediglich ein Ankreuzen verlangen, ein „bequemes" Antworten zu ermöglichen. Der Fokus der vorliegenden Untersuchung liegt somit auf der Aktivierung und Formulierung des eigenen diagnostischen Wissens.

Mit dem Modell zur Kompetenz als Kontinuum (Blömeke et al, 2015a) wird das gewählte Vorgehen der Stärke-Schwäche-Diagnose des entwickelten Testinstruments wie folgt fundiert: Durch die Strategie, richtige und fehlerhafte Überlegungen in Produkten von Schülerinnen und Schülern zu identifizieren und mögliche Ursachen zu interpretieren, werden bei den Studierenden diagnostische Handlungen ausgelöst und durch das Niederschreiben als Performanz sichtbar gemacht. Situationsspezifische Fähigkeiten wie das Identifizieren von richtigen und fehlerhaften Überlegungen und das Interpretieren möglicher Ursachen stehen somit als verbindende Faktoren zwischen der Performanz, die durch das Aufschreiben der erkannten Stärken und Schwächen zum Ausdruck kommt, und den kognitiven und motivationalen Personeneigenschaften der Studierenden. Die diagnostischen Prozesse wie das Identifizieren von richtigen und fehlerhaften Überlegungen und das Interpretieren möglicher Ursachen werden im Modell von Philipp (2018) als „Stärken und Defizite identifizieren" und als eine „Fehlerhypothese aufstellen" (Philipp, 2018, S. 123) bezeichnet. Da bewusst auch das Identifizieren von nicht nur fehlerhaften Überlegungen und das Interpretieren möglicher Ursachen erfasst werden, könnte das Modell von Philipp (2018) erweitert werden mit dem Schritt *Stärkehypothese aufstellen* – analog zu „Fehlerhypothese aufstellen" (ebd.).

Als Forschungsstrategie wird das Rahmenmodell *DiaCoM* (Abb. 3.3) verwendet, das zur Einordnung der Einflüsse, Struktur und Förderung diagnostischer Kompetenzen dient (Loibl et al., 2020).

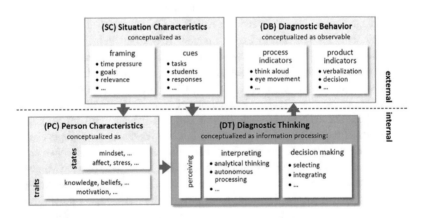

Abb. 3.3 DiaCoM-Rahmenmodell von Loibl et al. (2020, S. 3)

Bei der Untersuchung von diagnostischer Kompetenz wird im *DiaCoM* Rahmenmodell zwischen internen und externen Faktoren unterschieden. Diagnostische Kompetenz wird als diagnostisches Denken, als interner, nicht von außen beobachtbaren, Vorgang verstanden und kann deshalb mit einer Black Box verglichen werden. Die Komponente der Situationscharakteristika – als externe Faktoren, die im konkreten Fall das Analysieren von schriftlichen Lösungen von Schülerinnen und Schülern umfasst – löst wiederum diagnostisches Denken aus und wird von der Personencharakteristika – als interne Faktoren, die für das fachdidaktische Wissen und die Persönlichkeitsmerkmale einer Person stehen – beeinflusst. Das diagnostische Denken wird damit als Informationsverarbeitung konzeptualisiert. Das Modell vereint unterschiedliche kognitive Handlungen wie die Wahrnehmung, die Interpretation und die Entscheidungsfindung, die eine sichtbare Handlung nach sich zieht und als diagnostisches Verhalten, als externer Faktor, beschrieben wird. Um Komponenten der Personencharakteristika in Erfahrung zu bringen, sollen die Studierenden mit dem entwickelten Testinstrument einerseits mittels Fragebogen zu ihren epistemologischen Überzeugungen bezüglich der Mathematik befragt und andererseits soll mittels mathematischem Fachwissenstest ihr mathematisches Wissen erhoben werden.

Das entwickelte Testinstrument soll durch (authentische) Dokumente der Schülerinnen und Schüler und durch die Aufforderung richtige und fehlerhafte Überlegungen identifizieren und mögliche Ursachen interpretieren, Reize auslösen, die das diagnostische Denken bei den Studierenden aktivieren. Basierend auf den schriftlichen Analysen der Antworten der Studierenden wird auf ihre diagnostische Kompetenz geschlossen. Diesem gewählten Konzept liegen Forschungsfragen zugrunde, die im Folgenden ausgeführt werden.

3.2 Forschungsfragen

In diesem Abschnitt werden die Forschungsfragen hergeleitet. Damit die Genese der Forschungsfragen plausibel dargelegt werden kann, werden sie theoretisch eingebettet.

Diagnostische Kompetenz wird in der neueren Forschungsliteratur als zentrales Thema des Professionswissens einer Lehrkraft und als wichtige Voraussetzung sowohl für die Qualität von Unterrichtsprozessen als auch für die Leistungs- und Persönlichkeitsentwicklung von Schülerinnen und Schülern verstanden (z. B. Südkamp & Prateorius, 2017; Leuders et al., 2018; Philipp, 2018; Leuders et al., 2022). Aus diesem Grund nimmt in der Bildungsforschung die Entwicklung geeigneter Modelle zur Operationalisierung und Messung professioneller Kompetenz seit mehreren Jahrzehnten einen hohen Stellenwert ein (Leuders, 2014). Im Bestreben, das weite Feld der Forschung zu diagnostischem Denken und Handeln auf internationaler Ebene zusammenzufassen, haben Wissenschaftlerinnen und Wissenschaftler in den letzten Jahren mehrere Gemeinschaftsprojekte initiiert (Leuders et al, 2022). Die *NeDiKo*-Gruppe (Herppich et al., 2017) hat ein konzeptionelles Modell entwickelt, bei dem diagnostische Kompetenz ein Bündel von Konstrukten ausmacht, das Wissen und Fähigkeiten, Motivationen und Überzeugungen verbindet (vgl. Abschnitt 2.3.1, Abb. 2.7). Ebenso entwickelte diese Gruppe ein Prozessmodell, das diagnostisches Denken und die Praxis von Lehrkräften beschreibt. Das *Cosima-Rahmenwerk* (Heitzmann et al., 2019) konzentriert sich auf die Unterstützung des Erwerbs von Expertise in Bezug auf die diagnostische Praxis durch Simulationen während der Lehrerinnen- und Lehrerausbildung und das *DiaCoM-Rahmenmodell* (Loibl et al., 2020) nimmt die theoretische Beschreibung kognitiver Prozesse in den Blick, die diagnostischen Urteilen zugrunde liegen. Jedes dieser Rahmenwerke bietet für seinen spezifischen Fokus einen Überblick an. Mit den Gemeinschaftsprojekten *NeDiKo*, *Cosima* oder *DiaCoM* wird aufgezeigt, dass diagnostisches Denken und Handeln unterschiedlich konzeptualisiert und gemessen werden kann (Leuders et al, 2022). Die Vielfalt der Schwerpunkte in den beschriebenen Gemeinschaftsprojekten unterstreicht die Herausforderung, die sich bei der reliablen und validen Messung diagnostischer Kompetenz von Lehrkräften ergibt. Dies ist insbesondere deshalb schwierig, da Kombinationen von Wissen und Können gemessen werden sollen (Baumert & Kunter, 2006).

Aus diesem Grund ist eine wesentliche Zielsetzung dieser Arbeit, einen theoretisch fundierten und empirisch abgestützten Beitrag zur Messung einer Facette diagnostischer Kompetenz – dem Erkennen von Stärken und Schwächen in Lösungen von Schülerinnen und Schülern – zu leisten. Das Erkennen von Stärken und Schwächen ist ein zentraler, wenn auch nicht einziger Aspekt diagnostischer Kompetenz einer Lehrkraft (z. B. Karst, 2017b). Damit diese Kompetenz in Performanz transformiert und damit erfasst werden kann, werden mit den Items des entwickelten Testinstruments diagnostische Handlungen angeregt, die in der vorliegenden Arbeit als Stärke-Schwäche-Diagnose bezeichnet werden. Damit soll die tieferliegende Strategie, die hinter den fehlerhaften, bzw. richtigen Überlegungen der Schülerin oder des Schülers steckt, von den Studierenden erkannt werden. Mit diesem Vorgehen kann die oder der Studierende die gewählte Strategie der Schülerin oder des Schülers mathematikdidaktisch einordnen und beurteilen, ob sie als Ausgangspunkt zum Weiterlernen angesehen werden kann oder aber ob die Strategie in eine Sackgasse führen wird, weil sie auf ein tieferliegendes Verständnisproblem hinweist (Kaufmann & Wessolowski, 2015). Mit den durchgeführten diagnostischen Handlungen der Stärke-Schwäche-Diagnose soll das Datenmaterial in einem der Arbeitsrealität nahen Untersuchungssetting systematisch beschrieben und die Fähigkeit des Erkennens von Stärken und Schwächen der Studierenden sicht- und somit quantifizierbar gemacht werden.

Um eine Einschätzung zum entwickelten Testinstrument machen und die Gültigkeit der Testwertinterpretationen betrachten zu können, wird die Validität neben der Überprüfung numerischer Koeffizienten (hervorgehend aus einer Item- und Faktorenanalyse) auch mittels theoretischer Überlegungen untersucht und mit bestehenden Modellen, wie z. B. dem Kompetenzmodell von Herppich et al. (2017), fundiert. Folgende Frage steht dabei im Fokus:

1. Wie kann das Erkennen von Stärken und Schwächen, als Facette von diagnostischer Kompetenz, im Größenbereich Gewichte konzeptualisiert und messbar gemacht werden?

Um interindividuelle Leistungsunterschiede zwischen den Studierenden aufklären zu können, wird in einem quasi-experimentellen Design varianzanalytisch überprüft, ob mit dem entwickelten Testinstrument mögliche Unterschiede zwischen den teilnehmenden Gruppen (Experimental- und Kontrollgruppe) sichtbar gemacht werden können. Bei der zweiten Forschungsfrage steht somit die Sensitivität des Testinstruments im Fokus, ob dieses empfindlich genug ist, um auf unterschiedliche Wissensstände der beiden Gruppen zu reagieren:

2. Welche Unterschiede können zwischen den Gruppen mit dem entwickelten Testinstrument im Erkennen von Stärken und Schwächen, als Facette von diagnostischer Kompetenz, erfasst werden?

Dabei wird angenommen, dass sich die Experimentalgruppe nach einer gezielten Förderung im Rahmen einer Intervention hinsichtlich des Erkennens von Stärken und Schwächen deutlich von der Kontrollgruppe unterscheidet.

Mit der nächsten Forschungsfrage wird geklärt, ob mit dem entwickelten Testinstrument noch differenziertere Unterschiede innerhalb der Gruppen festgestellt werden können: Verbessert, bzw. verändert sich z. B. die Fähigkeit des Erkennens von Stärken und Schwächen der Experimentalgruppe auch inhaltlich und nicht nur summativ? Dabei sollen varianzanalytisch Entwicklungen diagnostischer Kompetenz innerhalb der beiden Gruppen aufgezeigt werden. Die Frage zieht eine kategoriale Analyse nach sich, bei der es um die Qualität der Antworten, beziehungsweise um eine Tiefenanalyse der Art der Urteile, geht. Operationalisiert wird die qualitative Analyse der Antworten durch die Anzahl unterschiedlich genannter Teilkompetenzen, sogenannter *thematischer Kategorien*

(Breite) und durch die Anzahl *schlüssiger Aussagen* (Tiefe). Folgende Frage gilt es hierfür zu beantworten:

> *3. Wie entwickelt sich die Facette von diagnostischer Kompetenz, das Erkennen von Stärken und Schwächen, in der Experimental- und Kontrollgruppe über die drei Messzeitpunkte hinweg?*

Es ist zu erwarten, dass sich die Antworten einerseits innerhalb der Experimentalgruppe in Bezug auf die Breite und die Tiefe nach der Intervention verbessern und dass sich andererseits der Gehalt der Antworten bei den Studierenden der Kontrollgruppe nicht verändert. Der Erkenntnisgewinn bei dieser Frage soll es sein, dass mit dem entwickelten Testinstrument die Veränderung der Qualität der Antworten aufgezeigt werden kann.

Bei der Untersuchung der Fähigkeit des Erkennens von Stärken und Schwächen stellt sich als letztes die Frage, wie diese mit anderen Fähigkeiten zusammenhängt. Hierfür werden mittels Regressionsanalysen verschiedene Einflussfaktoren untersucht, die auf diagnostische Kompetenz einwirken können. Untersucht werden die Einflussfaktoren *epistemologische Überzeugungen bezüglich der Mathematik, mathematisches Fachwissen, höchster Bildungsabschluss, pädagogische Erfahrung, Alter, Geschlec*ht und die *Intervention*. Folgende Frage steht dabei im Fokus:

> *4. Welche Faktoren beeinflussen das Erkennen von Stärken und Schwächen in schriftlichen Lösungen von Schülerinnen und Schülern im Größenbereich Gewichte?*

Dabei wird angenommen, dass ein höheres *mathematisches Fachwissen* zu präziseren Aussagen bezüglich richtiger und fehlerhafter Überlegungen in Lösungen von Schülerinnen und Schülern führt, während eine umfangreiche *pädagogische Erfahrung* einer oder eines Studierenden dazu beitragen, besser schlussfolgern zu können, warum eine Schülerin oder ein Schüler in einer Lösung richtige oder fehlerhafte Überlegungen angestellt hat. Des Weiteren wird davon ausgegangen, dass eine *konstruktivistische Überzeugung* im Gegensatz zu einer transmissiven Sichtweise einen Einfluss auf ein besseres Erkennen von Stärken und Schwächen hat. Studierende, die Mathematik also als einen kreativen Prozess betrachten und dadurch eine konstruktivistische Sichtweise innehaben, höhere Werte erzielen als Studierende, die Mathematik als klar vorgegebenes Regelwerk ansehen und damit eine transmissive Sichtweise einnehmen. Der mögliche Einfluss wird einerseits zum ersten Messzeitpunkt untersucht, um herauszufinden, welche Faktoren die diagnostische Kompetenz beeinflussen – *bevor* eine *Intervention* oder ein fachdidaktisches Seminar stattgefunden haben. Andererseits wird ein möglicher Einfluss auf den *Zuwachs* der diagnostischen Kompetenz untersucht – *nachdem* die *Intervention* und das fachdidaktische Seminar stattgefunden haben.

Um die durch die Forschungsfragen aufgestellten Hypothesen überprüfen zu können, wird in einem nächsten Schritt erläutert, welche methodischen Überlegungen den Forschungsprozess und das Untersuchungsdesign geprägt haben.

Methodische Überlegungen 4

4.1 Methodologie und Paradigma

Methodologien oder Forschungsstrategien prägen den Forschungsprozess und das Untersuchungsdesign und zeigen, in welcher Art verschiedene Methoden in den Untersuchungsplan integriert werden, um eine hohe wissenschaftliche Aussagekraft gewährleisten zu können. In der empirischen Sozialforschung wird unterschieden zwischen drei Forschungsparadigmen (quantitatives, qualitatives und Mixed-Methods-Paradigma), die für unterschiedliche Methodologien stehen (Döring & Bortz, 2016; Kuckartz, 2014). *Paradigma* wird in diesem Zusammenhang als *Leitbild* verstanden, um einen Forschungsprozess zu strukturieren (Eikhoff et al., 2014).

Bis in die 1980er Jahre hinein sprachen sich die Paradigmen der qualitativen und der quantitativen Forschung gegenseitig ihre Existenzberechtigung ab und stellten im Paradigmenstreit den jeweils anderen Ansatz entweder als „quantitative Erbsenzählerei" (Döring & Bortz, 2016, S. 16) oder als „qualitative Kaffeesatzleserei" dar (ebd.). Erst seit den 1990er-Jahren wandelte sich die gegenseitige ablehnende Haltung zunehmend zu einer Sichtweise, die beiden Paradigmen Vor- und Nachteile zusprach.

Dass die ablehnende Haltung zum jeweils anderen Paradigma einen Wechsel der Sichtweise erfuhr, war einerseits verschiedenen Forschungsprojekten zu verdanken, die sowohl qualitative als auch quantitative Methoden produktiv miteinander kombinierten und andererseits wurde der qualitative Ansatz immer öfter in einschlägigen sozialwissenschaftlichen Methodenlehrbüchern dem quantitativen Ansatz als gleichwertig angesehen dargestellt (Bryman, 2016; Newman, 1998). Die einstige „Gegnerschaft der Paradigmen" ist somit einer „friedlichen

Koexistenz" (Döring & Bortz, 2016, S. 17) gewichen. In den letzten Jahren wandelte sich die bloße Koexistenz zu einer Integration und Kooperation beider Ansätze zu einem neuen *Mixed-Methods-Ansatz*. Dieser stellt ein Forschungsproblem in den Fokus, welches sowohl mit qualitativen als auch quantitativen Methoden umfassend(er) bearbeitet werden kann, als wenn nur die eine oder die andere Methode allein dafür verwendet werden würde (ebd.).

Mit der vorhandenen Arbeit wird die Erfassung, bzw. das Messbarmachen, einer Facette von diagnostischer Kompetenz, das Erkennen von Stärken und Schwächen in Lösungen von Schülerinnen und Schülern, in den Blick genommen. Für die Auswertung werden die schriftlich festgehaltenen Antworten der Studierenden analysiert und kategorisiert. Hierfür wird die Methode der inhaltlich strukturierenden Inhaltsanalyse nach Kuckartz (2016) angewendet mit dem Ziel, die beschriebenen identifizierten richtigen und fehlerhaften Überlegungen und möglichen Ursacheninterpretationen, Teilkompetenzen zuzuordnen. Das gewählte, offene Antwortformat sowie die beschriebene Auswertungsmethode nach Kuckartz (2016), folgen einem qualitativen Paradigma.

Anhand von Forschungsfrage 2 wird der Vergleich der diagnostischen Kompetenz zwischen den Studierenden der Experimental- und der Kontrollgruppe zum ersten Messzeitpunkt untersucht, damit die Sensitivität des entwickelten Testinstruments überprüft werden kann. Des Weiteren wird die Entwicklung der diagnostischen Kompetenz, operationalisiert durch die Anzahl schlüssiger Antworten der Studierenden, über die drei Messzeitpunkte (Pre-, Post- und Follow-up), in den Blick genommen. Mit Forschungsfrage 3 wird zusätzlich eine kategoriale Analyse durchgeführt, bei der es um eine qualitative Veränderung der Antworten geht, um eine sogenannte Tiefenanalyse der Urteile der Studierenden. Die qualitative Analyse der Antworten wird durch die Anzahl unterschiedlich genannter Teilkompetenzen, sogenannter *thematischer Kategorien* (Breite) und durch die Anzahl *schlüssiger Aussagen* (Tiefe) umgesetzt. Damit wird wiederum die Sensitivität des Testinstruments untersucht, ob es auf inhaltliche Veränderungen der Antworten innerhalb einer Gruppe von Studierenden reagiert. Mit Forschungsfrage 4 werden mögliche Einflussfaktoren auf das Erkennen von Stärken und Schwächen zum ersten Messzeitpunkt und auf die Veränderung zwischen dem ersten und zweiten Messzeitpunkt beleuchtet. Um die persönlichen *epistemologischen Überzeugungen* bezüglich der Mathematik – als ein möglicher Einflussfaktor auf diagnostische Kompetenz – zu eruieren, werden zum ersten Messzeitpunkt ein Umfragebogen mit bestehenden Fragen aus dem Projekt von Baumert & Kunter (2011) mit vierstufiger Likert-Skala und für die Erhebung des mathematischen Fachwissens ein normierter Test (*M-PA*, Jasper & Wagener,

2013) eingesetzt. Sowohl der Umfragebogen als auch der Fachwissenstest werden quantitativ ausgewertet und damit wird einem quantitativen Paradigma gefolgt.

Für die Beantwortung der Forschungsfragen werden die aus der Inhaltsanalyse gewonnenen, qualitativen Daten in numerische Daten überführt und anschließend varianzanalytisch und mittels Regressionsanalyse ausgewertet. Durch dieses Vorgehen wird in einem experimentellen Design das quantitative Paradigma umgesetzt.

In dieser Arbeit werden Methoden sowohl aus der qualitativen als auch der quantitativen Forschung angewendet, mit denen erhobene Daten sowohl miteinander kombiniert als auch ineinander überführt werden. Diese Form der Verknüpfung und Verzahnung unterschiedlicher Methoden folgt dem Mixed-Methods-Paradigma, dessen Methodologie und Methode im Folgenden näher erläutert wird.

4.2   Mixed Methods

Durch die Verwendung von Methoden unterschiedlicher Paradigmen stellt sich die Frage, ob die vorliegende Arbeit wirklich dem Mixed-Methods-Paradigma oder eher einem üblichen, oft in der Forschung angewendeten Methoden-Mix entspricht, der in Form einer „Daten-Triangulation" (Döring & Bortz, 2016, S. 72) quantitative und qualitative Datenerhebungs- und Auswertungsmethoden und somit unterschiedliche Datentypen nutzt, um die Forschungsfragen zu beantworten.

Für das Mixed-Methods-Paradigma spricht, dass nicht innerhalb eines Paradigmas dem anderen Datentyp eine ergänzende Funktion zugeschrieben wird – wie dies in der „Daten-Triangulation" der Fall wäre (ebd., S. 73) – sondern dass ein *Mixing* der beiden Paradigmen in der Phase der Datenanalyse – qualitativ erhobene Daten werden in numerische umgewandelt – stattfindet (Kuckartz, 2014). Dieses Vorgehen erlaubt es, die Antworten, die mittels offenem Antwortformat erhoben werden, um ein möglichst authentisches diagnostisches Urteilen von Seiten der Studierenden zu ermöglichen, in einem ersten Schritt durch das Zuordnen zu Kategorien auszuwerten und diese in einem zweiten Schritt zu quantifizieren. Im Anschluss werden ausschließlich die quantitativen Daten für die Auswertung genutzt, um beispielsweise varianzanalytisch zu überprüfen, ob sich das Erkennen von Stärken und Schwächen bei den Studierenden über die drei Messzeitpunkte verändert.

Des Weiteren spricht für das Mixed-Methods-Paradigma, dass quantitative und qualitative Methoden kombiniert werden: Die qualitativen Methoden bei

der Erhebung und Auswertung der Antworten der Studierenden werden mit
quantitativen Methoden der Erhebung und Auswertung des Fragebogens zu
epistemologischen Überzeugungen bezüglich der Mathematik und dem Fachwissenstest kombiniert. Durch dieses Vorgehen werden sowohl quantitative als auch
qualitative Daten gesammelt und während der beiden Phasen der Datenanalyse
und der Datenauswertung miteinander gekoppelt.

Kuckartz (2014) beschreibt vier Zyklen, die im Rahmen einer wissenschaftli-
chen Arbeit für alle drei forschungsmethodischen Zugänge (qualitativ, quantitativ,
Mixed-Methods) durchlaufen werden. Diese Zyklen sind die Planungs-, die
Datenerhebungs-, die Datenanalyse- und die Interpretationsphase. Zusätzlich zu
den genannten Zyklen werden in der Mixed-Methods-Forschung weitere Dimensionen berücksichtigt: Die Dimension *Implementation* macht Aussagen über die
Reihenfolge der qualitativen oder quantitativen Erhebung. Als erstes werden
Daten mittels offenem Antwortformat qualitativ erhoben, um sie danach mittels qualitativer Datenanalyse auszuwerten. In einem nächsten Schritt werden
die qualitativen Daten in numerische Daten umgewandelt und quantitativ ausgewertet. Eine weitere Dimension bezeichnet Kuckartz (2014) als *Priorität*, die
nach dem Gewicht der gewählten Forschungsmethoden fragt. Die Priorität liegt
im vorliegenden Fall auf den Ergebnissen der quantitativen Auswertung: Die
(qualitativ) erhobenen Daten werden in der weiteren, ausschließlich quantitativen
Analyse, varianzanalytisch untersucht, damit Aussagen gemacht werden können,
wie sich das Erkennen von Stärken und Schwächen über die drei Messzeitpunkte
verändert. Außerdem wird mittels Regressionsanalyse – und somit ebenfalls quantitativ – untersucht, ob und wie mögliche Prädiktoren das Erkennen von Stärken
und Schwächen beeinflussen. Die Dimension der *Integration* umschreibt den
Zeitpunkt, wann die qualitativen in die quantitativen Daten überführt werden.
Dies findet zu jenem Zeitpunkt statt, bei dem anschließend an die qualitative
Datenanalyse der Transfer in numerische Daten erfolgt.

Kuckartz (2014) nennt insgesamt 72 mögliche Designtypen des Mixed-
Methods-Ansatz, die aufgrund verschiedener Kombinationen der erläuterten
Dimensionen (Implementation, Priorität, Integration) entstehen können. Das
methodische Vorgehen der vorliegenden Arbeit kann dem sogenannten „Transferdesign" (ebd., S. 87) zugeordnet werden, welches dadurch charakterisiert ist, dass
der eine Datentyp (im vorliegenden Fall die qualitativ erhobenen Daten) in den
anderen Datentyp (in numerische und dadurch quantitative Daten) überführt wird
und die Analyse anschließend ausschließlich mit dem (quantitativen) Datentyp
weitergeführt wird (Abb. 4.1). Weil die Ergebnisse der qualitativen Auswertung
in Zahlen umgewandelt bzw. quantifiziert werden, wird dieser Vorgang innerhalb des Transferdesigns als *Quantifizierung* bezeichnet. Dadurch ist ebenfalls

geklärt, dass der quantitativen Methode des Designs „die Priorität eingeräumt wird" (ebd., S. 90) da die weitere (varianzanalytische) Analyse ausschließlich damit fortgeführt wird.

Das (qualitative) Auswerten der Antworten der Studierenden mittels „inhaltlich strukturierender Inhaltsanalyse" nach Kuckartz (2016, S. 100) oder der „strukturierenden Inhaltsanalyse" gemäß Mayring (1991, S. 213) ermöglicht es, die Antworten der Studierenden den deduktiv gebildeten Kategorien zuzuordnen und diese Zuordnungen zu quantifizieren. Ziel dieser Vorgehensweise ist es, zentrale Aspekte zu identifizieren und das Datenmaterial anhand dieser Aspekte systematisch zu beschreiben. Das Verfahren ist gekennzeichnet durch interpretatives Vorgehen und durch das Merkmal der „Kategoriengeleitetheit" (Mayring & Fenzl, 2019, S. 544). Mit diesem Vorgehen kann z. B. zur Beantwortung von Forschungsfrage 3 untersucht werden, welchen und wie vielen Teilkompetenzen die Antworten der Studierenden an den drei Messzeitpunkten zugeordnet werden können. (Nähere Erläuterungen zum Kategoriensystem finden sich in Abschnitt 4.7.3).

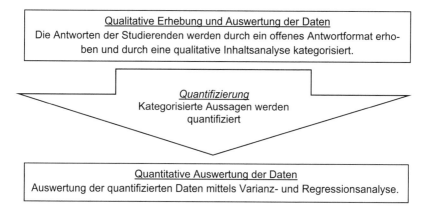

Abb. 4.1 Transferdesign als Ausdruck des Paradigmas der Mixed-Methods. (Eigene Darstellung; basierend auf Kuckartz, 2014)

Das verwendete Transferdesign erlaubt eine Häufigkeitszählung und führt auf ein metrisches Skalenniveau. Ein metrisches Skalenniveau wird als höchstes Skalenniveau definiert (Döring & Bortz, 2016) und bietet die Möglichkeit, die Merkmalsausprägungen der Studierenden mittels Varianz- und Regressionsanalyse zueinander ins Verhältnis zu setzen.

Weil in der Mixed-Methods-Forschung erhobene Daten sowohl quantitativ als auch qualitativ untersucht werden, kommen sowohl Gütekriterien der quantitativen als auch der qualitativen Sozialforschung zur Anwendung (Döring & Bortz, 2016). Gemäß Lincoln und Guba (1985) muss qualitative Forschung „das Ober-Kriterium der Glaubwürdigkeit („trustworthiness") erfüllen" (Döring & Bortz, 2016, S. 108), welche als das wichtigste Kriterium des qualitativen Paradigmas gilt. Es stellt das qualitative Pendant zur internen Validität des quantitativen Paradigmas dar und wird durch die Intercoder-Reliabilität (Kuckartz, 2016) sichergestellt. Die interne Validität des entwickelten Testinstruments, als Ausdruck des quantitativen Paradigmas, tritt durch den Alpha-Koeffizienten von Cronbach in Erscheinung.

4.3   Design

Die Arbeit gründet auf einer quasi-experimentellen Studie, bei der die Gruppen nicht zufällig, sondern – durch ihre Wahl der Lehrveranstaltungen vorgegeben – in Seminargruppen eingeteilt wurden (Döring & Bortz, 2016) (Abb. 4.2). Mittels Zwei-Gruppen Plan (Experimental- und Kontrollgruppe) wurden mit Messwiederholungen (Pre-, Post-, Follow-up) schriftlich vorliegende Lösungen von Schülerinnen und Schülern von den Studierenden analysiert und eine Stärke-Schwäche-Diagnose durchgeführt. Die erkannten Stärken und Schwächen der Studierenden wurden durch das dafür entwickelte Testinstrument sichtbar gemacht.

Um die beschriebene Untersuchung zu realisieren, wurde eine gezielte Förderung im Rahmen einer Intervention im Umfang von fünf Seminarsitzungen à 90 Minuten im Rahmen regulärer Lehrveranstaltungen in der Experimentalgruppe (n = 98) durchgeführt. Dabei wurde fachbezogenes Wissen, wie zum Beispiel typische Fehlkonzepte, die in den verschiedenen Größenbereichen auftreten, thematisiert, um Stärken und Schwächen in schriftlichen Lösungen von Schülerinnen und Schülern erkennen zu können. Eine Kontrollgruppe (n = 83) nahm in der gleichen Zeit an einer Lehrveranstaltung zum Thema *Diagnose, Förderung und Beurteilung* ohne inhaltlichen Bezug zum Thema Größen teil.

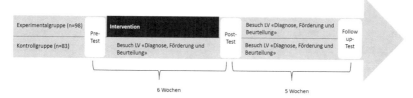

Abb. 4.2 Untersuchungsdesign

4.4 Analyse des Größenbereichs Gewichte

In der vorliegenden Arbeit werden Größenvorstellungen von Schülerinnen und Schülern im Größenbereich *Gewichte* in den Blick genommen. Das Wort *Gewicht* stammt vom Wort wiegen und bezeichnete ursprünglich die Wägestücke, die auf eine Waagschale (Tafel- oder Balkenwaage) gelegt werden (Weninger, 1973). Umgangssprachlich hat es sich durchgesetzt, dass man von Gewicht spricht und dabei die Masse meint. Dies ist aus wissenschaftlicher Sicht nicht korrekt, da der Name Gewicht als Fachwort der Physik von „Galilei bis in die Zeit von Gauß eine Kraft" (Weninger, 1973, S. 135) und keine Masse darstellt. Im physikalischen Teilgebiet der Mechanik spricht man von der Größe Masse, welche durch eine Maßzahl und eine Maßeinheit beschrieben wird (Kirsch, 1987) und überall – auch auf dem Mond – gleich schwer ist. Als Gewicht wird das Produkt aus der Maße eines Körpers und der auf ihn wirkenden Beschleunigung bezeichnet (Weninger, 1973). Die Gewichtskraft ist also eine Kraft, mit der die Masse eines Körpers auf eine Unterlage drückt und die auf dem Mond entsprechend anders ist als auf der Erde, da auf dem Mond eine sechsmal geringere Beschleunigung als auf der Erde vorkommt.

Entsprechend dem umgangssprachlichen Gebrauch wird im Lehrplan 21 (BKS, 2014b) der Schweiz und in den Bildungsstandards für den Primarbereich (2005) in Deutschland der Terminus Gewicht verwendet. Damit ist die Masse eines Körpers gemeint. Aus diesem Grund wird auch in der vorliegenden Arbeit die Bezeichnung Gewicht verwendet.

Die Aufgaben des Testinstruments für diesen Größenbereich wurden für Schülerinnen und Schüler aus einer 4. Klasse der Primarschule konzipiert und orientieren sich an den Teilkompetenzen eines Größenverständnisses, die Schülerinnen und Schüler in der Primarschule erreichen sollen (BKS, 2018). Die Teilkompetenzen sind (1) *Größen schätzen*, (2) *Größen vergleichen*, (3) *Größen messen*, (4) *Größen umwandeln* sowie (5) *Erkennen* von *Invarianz*. Radatz und Schipper (2007) formulieren diese Teilkompetenzen als Ziele, welche es beim Umgang mit einem Größenbereich zu erreichen gilt. In der Schweiz gehören die genannten Teilkompetenzen eines Größenbereichs in den Kompetenzbereich „Größen, Funktionen, Daten und Zufall" des Lehrplans 21 der Volksschule der Mathematik (BKS, 2018, S. 7).

Sowohl Grassmann und Rink (2018) als auch Reuter (2011) streichen mit ihren Arbeiten die Wichtigkeit der Behandlung von Größenbereichen im Unterricht für Schülerinnen und Schüler hervor. Hasemann und Gasteiger (2014) betonen, dass Kinder bereits zu Schulbeginn wissen, dass ihnen Zahlen überall begegnen. Allerdings begegnen ihnen diese Zahlen selten in reiner Form, sondern viel häufiger zusammen mit einer Maßbezeichnung, in Form von Größen. Schülerinnen und Schüler lernen, dass Größen es ermöglichen, quantitative Eigenschaften von Objekten zu messen und dass alle Eigenschaften von Gegenständen, die in Zahlen angegeben werden können, als Größen verstanden werden. Ebenso lernen Schülerinnen und Schüler, dass Größen eines Größenbereichs „miteinander verglichen, addiert, subtrahiert und vervielfacht werden können" (Grassmann & Rink, 2018, S. 26).

Der Größenbereich Gewichte eignet sich insbesondere deshalb für die Untersuchung diagnostischer Kompetenz, weil Schülerinnen und Schüler in diesem Größenbereich verschiedene Fehlkonzepte entwickeln können, da sie z. B. das Gewicht von Objekten nur in begrenztem Maß direkt durch Anheben wahrnehmen können (Franke & Ruwisch, 2010; Bräunling & Reuter, 2015). Oft passiert es auch, dass Repräsentanten (nur) visuell wahrgenommen und dadurch Gewichte falsch eingeschätzt werden, indem das (sichtbare) Volumen mit dem Gewicht gleichgesetzt wird. Eine weitere Herausforderung besteht im Wahrnehmen von gefühlten Gewichten (z. B. mit der Handwaage): Je nach Auflagefläche der Gegenstände führt dies zu einem unterschiedlichen Druckgefühl und kann zu einer Fehleinschätzung des Gewichts führen (Reuter, 2011). Ebenso ist die Umwandlungszahl für den Größenbereich Gewichte durchgängig 1'000. Deshalb können Umwandlungen erst ab einer bestimmten Klassenstufe sicher durchgeführt werden (Franke & Ruwisch, 2010).

Ein weiterer wichtiger Aspekt im Größenbereich Gewichte ist der Umgang mit konventionellen Maßeinheiten (Tonne (t), Kilogramm (kg), Gramm (g)), der ebenfalls zur Bildung von Fehlkonzepten führen kann, da die Schülerinnen und Schüler Repräsentanten benötigen, um sie als Stützpunktvorstellungen beim Vergleich mit anderen Repräsentanten nutzen zu können. Durch diesen Vorgang wird die mathematische Bedeutung, nämlich das Verbinden der Maßeinheit mit den dazugehörenden Stützpunktvorstellungen der Schülerinnen und Schüler, hervorgehoben (Krauthausen, 2018).

Ebenso wie etwaige Fehlkonzepte können im Größenbereich Gewichte auch mögliche Stärken sichtbar werden. Eine mögliche Stärke wird so verstanden, dass in der Antwort der Schülerin oder des Schülers mehrere Teilkompetenzen ersichtlich sind und damit ein vertieftes Verständnis zum Ausdruck gebracht wird. Ebenso kann es auf eine mögliche Stärke hindeuten, wenn die Schülerin oder der Schüler in ihrer oder seiner Lösung Informationen wiedergibt, die sie oder er irgendwo einmal aufgenommen hat und rekapitulieren kann, obwohl sie im Unterricht noch gar nicht thematisiert wurden (Bardy & Bardy, 2020).

Der Aufbau von Größenvorstellungen im Bereich Gewichte stellt durch die dargestellten Hürden eine besondere Herausforderung für Schülerinnen und Schüler dar. Aus diesem Grund wird dieser Größenbereich für die vorliegende Studie verwendet.

4.5   Stichprobe

Die Stichprobe bildeten 181 Studierende des Studiengangs Bachelor Primar an der Pädagogischen Hochschule Nordwestschweiz. Von den 181 Studierenden waren 142 weiblich und 39 männlich. Das durchschnittliche Alter der Studierenden betrug 24,3 Jahre (SD 4,40).

Die Lehrveranstaltungen konnten von Studierenden im Hauptstudium belegt werden, d. h. die Studierenden hatten das Grundstudium in Fachdidaktik Mathematik bereits erfolgreich abgeschlossen.

Alle Studierenden stimmten einer Teilnahme an einem Forschungsprojekt durch die Anmeldung im Rahmen der regulären Lehrveranstaltung zu (ohne Kenntnis über die Gruppenzuteilung). An der Intervention nahmen insgesamt 98 Studierende teil, in der Kontrollgruppe waren es 83 Studierende. Bei den Lehrveranstaltungen handelte es sich um Seminare mit maximal 30 zugelassenen Studierenden. Vier Lehrveranstaltungen waren der Experimentalgruppe zugeordnet, die von derselben Dozentin durchgeführt wurden, während die Kontrollgruppe auf vier weitere Seminare mit insgesamt drei verschiedenen Dozierenden verteilt war.

4.6   Intervention

Die Intervention beruht auf der Prämisse, dass das eigene fachbezogene Wissen in diagnostischen Situationen von entscheidender Bedeutung ist (Anders et al., 2010; Helmke et al., 2004). Aus diesem Grund war die Vermittlung und Förderung fachdidaktischen Wissens zum Aufbau von Größenvorstellungen ein essenzieller Aspekt der Intervention, da dieses Wissen als grundlegende Voraussetzung für die Durchführung einer Stärke-Schwäche-Diagnose gilt. Im Rahmen der Intervention setzten sich die Studierenden umfassend mit sämtlichen in der Schweiz vorkommenden Größenbereichen auseinander, wie etwa Geld, Zeit, Längen, Gewichte und Hohlmaße. Das Hauptaugenmerk lag auf dem Aufbau von Größenvorstellungen, der Integration dieser Themen in den Unterricht, den Herausforderungen in den verschiedenen Größenbereichen sowie den typischen Schwierigkeiten und Vorstellungen von Schülerinnen und Schülern. Durch die Analyse von Äußerungen und Lösungen von Schülerinnen und Schülern sowie die Durchführung eines diagnostischen Interviews mit einer Schülerin oder einem Schüler aus der Primarstufe wurde die Anwendung fachbezogenen Wissens in diagnostischen Situationen angeregt. Zentrale Gestaltungsprinzipien der Intervention beinhalteten die Analyse von Aufgabenanforderungen, das diagnostische Potenzial von Aufgabenstellungen sowie die Auswertung von Äußerungen und Lösungen von Schülerinnen und Schülern, sei es in Form von Videos oder schriftlichen Dokumenten. Diese Materialien ermöglichten eine wiederholte und eingehende Betrachtung. Die Zielsetzung des Interviews für die Studierenden bestand darin, Stärken und Schwächen des Kindes in Bezug auf seine Vorstellungen im Bereich Gewichte zu ermitteln und diese anhand von Äußerungen oder Lösungen des Kindes zu begründen. Die Studierenden konnten hierfür Aufgaben mit diagnostischem Potenzial nutzen, die während des Interviews verwendet wurden. Eine vorherige Analyse des diagnostischen Potenzials dieser Aufgaben ermöglichte eine gründliche Betrachtung der fachbezogenen Kriterien in Bezug auf Größenvorstellungen im Bereich Gewichte. Die schriftliche Dokumentation der Studierenden umfasste insgesamt vier Teile: Einen vorbereitenden Interviewleitfaden, eine detaillierte Analyse der Aussagen und Lösungen des Kindes, eine Rückmeldung an die unterrichtende Lehrkraft und eine Reflexion des eigenen Verhaltens während des Interviews (Philipp & Gobeli-Egloff, 2022).

4.7 Entwicklung des Testinstruments

Damit ein Testinstrument entwickelt werden kann, in dem die diagnostische Kompetenz durch das Erkennen von Stärken und Schwächen operationalisiert wird, müssen zuerst die beobachtbaren Indikatoren festgelegt werden, die erfasst werden sollen (Döring & Bortz, 2016). Im vorliegenden Fall entsprechen diese Indikatoren den Antworten der Studierenden, welche die richtigen und fehlerhaften Überlegungen identifizierten und mögliche Ursachen in den Lösungen der Schülerinnen und Schüler interpretierten. Die Antworten der Studierenden wurden theoretisch in zwei Teilbereiche, in (1) *richtige und fehlerhafte Überlegungen identifizieren* und (2) *mögliche Ursachen interpretieren* unterteilt. Ebenso gehört zur Entwicklung eines Testinstruments die Festlegung, dass den Ausprägungen der Antworten der Studierenden entsprechende numerische Werte zugeordnet und zu einem Gesamtmesswert für das Konstrukt der diagnostischen Kompetenz addiert werden (ebd.). Im Rahmen der vorliegenden Untersuchung wurde die Anzahl der korrekten Aussagen der Studierenden ermittelt und addiert. Diese Form des Messens erlaubt eine Häufigkeitszählung, welche auf ein metrisches Skalenniveau führt.

Blömeke et al. (2015a) beschreiben mit ihrem Modell Kompetenz als ein Kontinuum, das situationsspezifische Fähigkeiten wie das Wahrnehmen, das Interpretieren oder das Abschätzen von geeigneten Handlungsmöglichkeiten als verbindende, interne – weder direkt sicht- noch voneinander unterscheidbare – Faktoren zwischen der Performanz und den kognitiven und motivationalen Personeneigenschaften, darstellt (Blömeke et al., 2015a). Ebenso charakterisieren Loibl et al. (2020) im Modell von *DiaCoM* die kognitiven Handlungen wie das Wahrnehmen, Interpretieren und die Entscheidungsfindung als im diagnostischen Denken nicht klar voneinander trennbare Vorgänge. Trotzdem werden die Prozesse des Identifizierens und des Interpretierens in dieser Arbeit theoretisch voneinander unterschieden. Denn obwohl diese beiden Prozesse oder kognitiven Handlungen im Erkennen von Stärken und Schwächen dicht miteinander verwoben sind und voneinander abhängen (die Interpretation einer Ursache setzt eine identifizierte richtige oder fehlerhafte Überlegung voraus), wird mit der genannten Unterscheidung der unterschiedlichen Tiefe einer Antwort einer oder eines Studierenden Rechnung getragen: Der Bereich richtige und fehlerhafte Überlegungen identifizieren kann als ein erster wichtiger Schritt im Diagnoseprozess einer oder eines Studierenden verstanden werden. Der Bereich mögliche Ursachen interpretieren stellt einen zweiten wichtigen Schritt, eine vertieftere Erkenntnis zu einer Lösung einer Schülerin oder eines Schülers dar. Gerade weil angehende

Lehrkräfte im Diagnoseprozess für eine adäquate Förderung ihrer Schülerinnen und Schüler beide Schritte benötigen, werden sie auch in den Antworten der Studierenden inhaltlich getrennt voneinander betrachtet und entsprechend quantifiziert.

Das Identifizieren von richtigen und fehlerhaften Überlegungen kann mit der „Operation der Beobachtung" von Brinkmann et al. (2015, S. 47) verglichen werden, mit welcher quasi objektiv versucht wird, einen Gegenstand zu beschreiben, damit die Beobachtung anschließend der Interpretation zugeführt werden kann. An dieser Aussage von Brinkmann et al. (2015) wird der Bereich Interpretieren ausgerichtet, welcher als Ausdruck für das Benennen möglicher Ursachen für die identifizierten richtigen und fehlerhaften Überlegungen steht.

4.7.1 Operationalisierung

Diagnostische Kompetenz wird in der vorliegenden Arbeit durch das Erkennen von Stärken und Schwächen operationalisiert. Dem Erkennen von Stärken und Schwächen liegen das Identifizieren von richtigen und fehlerhaften Überlegungen von Schülerinnen und Schülern sowie deren Ursacheninterpretation zugrunde, die mit dem entwickelten Kompetenzmessinstrument erfasst werden.

Eine Anforderung, die an das entwickelte Testinstrument gestellt wird, ist, dass es möglichst sensitiv auf Veränderungen bezüglich der Fähigkeit, Stärken und Schwächen von Schülerinnen und Schülern zu erkennen, reagiert. Damit Aussagen zur Sensitivität gemacht werden können, wurden die beiden Prozesse des Identifizierens und Interpretierens getrennt voneinander erfasst. Ziel dabei ist es, Veränderungen der Fähigkeit des Identifizierens von richtigen und fehlerhaften Überlegungen und der Fähigkeit des Interpretierens möglicher Ursachen durch die Studierenden möglichst detailliert zu erfassen. Dabei geht es nicht nur darum, dass Studierende richtige und fehlerhafte Überlegungen der Schülerinnen und Schüler nennen, sondern auch mögliche Ursachen im Hinblick auf Größenvorstellungen dazu interpretieren können. Die Studierenden identifizierten anhand schriftlich vorliegender Aufgabenlösungen von Schülerinnen und Schülern der Primarschule (4. Klasse) bei zehn Aufgaben zu Größenvorstellungen von Gewichten richtige und fehlerhafte Überlegungen. Ebenso interpretierten sie die Ursachen der Überlegungen der Schülerinnen und Schüler. Die von den Studierenden beschriebenen identifizierten richtigen und fehlerhaften Überlegungen und deren Ursacheninterpretationen können sowohl getrennt voneinander erfasst als auch deren Summe gebildet werden. Mit diesem Vorgehen kann aus der Anzahl der Aussagen eine Facette diagnostischer Kompetenz – das Erkennen von Stärken und Schwächen – erfass- und messbar gemacht werden.

Die Aufgaben, die für das Testinstrument entwickelt wurden, orientieren sich an den Teilkompetenzen für das Größenverständnis im Bereich Gewichte, welche Schülerinnen und Schüler in der Primarschule erreichen sollen (Tab. 4.1) (Radatz & Schipper, 2007). Als Antwortformat für die Studierenden wurden offene Items gewählt, da diese Form ein authentisches diagnostisches Urteilen von Seiten der Studierenden ermöglicht (z. B. Busch et al., 2015).

Pro Teilkompetenz wurde (mindestens) eine Aufgabe erstellt, die auf zum Teil bereits bestehenden Aufgaben von zum Beispiel Grassmann (2001), Nührenbörger (2013), Moser Opitz et al. (2013), Reuter (2011, 2015), Franke und Ruwisch, (2010), Ruwisch (2010), Kaufmann und Röttger (2008) basieren und (leicht) abgeändert oder vom Größenbereich *Längen* adaptiert wurden.

Vor dem Einsatz des Testinstruments wurden 16 Aufgaben sowohl aus dem Größenbereich Gewichte als auch aus dem Größenbereich Längen, die sich an den erforderlichen Teilkompetenzen orientieren, entwickelt, und im Rahmen einer Pilotierung mit 40 Studierenden getestet. Für die Pilotierung wurden die Lösungen der Schülerinnen und Schülern analysiert und die für das Testinstrument ausgewählt, die möglichst viele erkennbare Stärken und Schwächen beinhalten. Beim Entwickeln der Aufgaben wurde darauf geachtet, dass etwaige Fehlkonzepte oder Stärken der Schülerinnen und Schüler sichtbar gemacht werden konnten (Bräunling & Reuter, 2015; Franke & Ruwisch, 2010; Reuter, 2011; Fritzlar, 2013). Für die Pilotierung gab es pro Aufgabe für die Studierenden drei verschiedene Lösungen von Schülerinnen und Schülern zu beurteilen und es wurde eine offene Fragestellung verwendet: *„Schreiben Sie bitte Ihre Gedanken zu folgendem Lösungsweg des Kindes auf."*

Für das Testinstrument der Hauptstudie wurde nur noch eine Lösung einer Schülerin oder eines Schülers pro Aufgabe verwendet und nicht mehr drei pro Aufgabe. Aufgrund der Pilotierung konnte beobachtet werden, dass oft nur das erste Beispiel der Lösung einer Schülerin oder eines Schülers bearbeitet worden war, während die anderen beiden Lösungen unkommentiert blieben.

Weil viele Studierende bei der Pilotierung mögliche Ursachen zu wenig ausführlich und oft zu pauschal beschrieben hatten, wurde das Antwortformat nach der Pilotierung klarer strukturiert, indem drei Bereiche vorgegeben wurden und eine Instruktion für die Studierenden erstellt, die zur Klärung beitragen sollte (Abb. 4.3).

Welche **richtigen** Überlegungen erkennen Sie?	Welche **fehlerhaften** Überlegungen erkennen Sie?
☞ Notieren Sie hier sämtliche (!) korrekten Überlegungen des Kindes.	☞ Notieren Sie hier sämtliche (!) fehlerhaften Überlegungen des Kindes.
Wie *interpretieren* Sie die Lösungen des Kindes? (Notieren Sie die Ursachen für **alle** Ihre genannten richtigen und fehlerhaften Überlegungen des Kindes)	
☞ Notieren Sie hier Ihre Vermutungen für sämtliche (!) richtigen und/oder fehlerhaften Überlegungen des Kindes. Wie ist es zu seinen Überlegungen gekommen? Was könnte das Kind sich gedacht haben?	

Abb. 4.3 Detaillierte Instruktion für die Studierenden zum gewünschten Vorgehen

In der Hauptstudie war zu beobachten, dass die Studierenden die erwünschte Dreiteilung befolgten. Allerdings wurden identifizierte richtige und fehlerhafte Überlegungen und deren Ursacheninterpretationen oft vermischt. Diese Vermischung wird nachfolgend anhand eines Beispiels einer Antwort einer oder eines Studierenden verdeutlicht (Abb. 4.4, eingekreist): Die oder der Studierende stellt im Feld für die zu identifizierenden richtigen Überlegungen die Überlegung an, dass „beim Backen oft 250 g. verwendet [wird]". Ebenso schreibt die oder der Studierende bei den identifizierten fehlerhaften Überlegungen, dass die Schülerin oder der Schüler auf die Größe der Kuh geachtet und deshalb angenommen habe, dass die Kuh „x-mal schwerer" sein müsse. Diese Aussagen der oder des Studierenden stimmen inhaltlich, können aber bereits als Ursacheninterpretation der richtigen und fehlerhaften Überlegungen des Kindes gedeutet werden. Deshalb gehören sie formal in das dritte Kästchen („Wie interpretieren Sie die Lösungen des Kindes?"). Bei der Auswertung der Antworten der Studierenden wurde nicht darauf geachtet, an welcher Stelle die identifizierten und interpretierten Aussagen notiert wurden.

Des Weiteren konnte aufgrund der Pilotierung festgestellt werden, dass viele Studierenden selbst Schwierigkeiten beim Schätzen von Gewichten zu haben schienen. Dadurch kam es vor, dass sie richtige Überlegungen von Schülerinnen und Schülern als fehlerhaft identifizierten und umgekehrt. Aus diesem Grund wurden für die Hauptstudie Aufgaben, die eine Schätzung verlangten, mit einer entsprechenden Information ergänzt (Abb. 4.6).

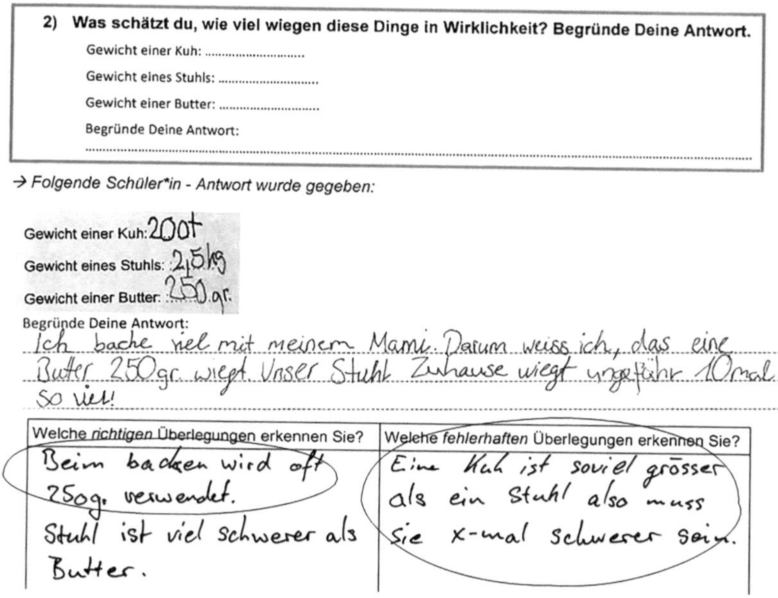

Abb. 4.4 Beispielantwort, bei der die identifizierten, richtigen und fehlerhaften Überlegungen und deren Ursacheninterpretationen vermischt werden

Von den anfänglich 16 Items der Pilotierung wurden 10 Items für die Hauptstudie ausgewählt, weil nach der Pilotierung einerseits ersichtlich wurde, dass die letzten 6 Items oft nicht mehr bearbeitet worden waren und es sich andererseits nach mündlichen und schriftlichen Rückmeldungen der Studierenden zeigte, dass offenbar zu viele Items in zu kurzer Zeit zu bearbeiten waren.

Nachfolgend werden alle Items dargelegt, die Verwendung im Testinstrument fanden. Ebenso werden die Antworten der Schülerinnen und Schüler abgebildet, anhand derer die Studierenden richtige und fehlerhafte Überlegungen identifizieren und mögliche Ursachen interpretieren sollten (Tab. 4.1). Da jede Antwort einer Schülerin oder eines Schülers mehr als nur eine Teilkompetenz beinhalten kann, werden bei jedem Item die entsprechenden Teilkompetenzen kenntlich gemacht, zu denen sich Hinweise in der betreffenden Antwort hätten finden lassen (Tab. 4.1).

Weil in der folgenden Tabelle der Fokus auf den genannten Items und nicht auf den identifizierten richtigen und fehlerhaften Überlegungen und deren Ursachen-interpretationen der Studierenden liegt, werden die entsprechenden Antwortfelder der Studierenden weggelassen.

Die Testgüte wurde anhand der Objektivität, der Reliabilität und der Konstruktvalidität überprüft. Die strukturelle Validität, als ein Aspekt der Konstruktvalidität, wurde mit der Passung des Konstrukts der diagnostischen Kompetenz und den Items des dafür entwickelten Testinstruments durch eine Item- und explorative Faktorenanalyse überprüft (vgl. Abschnitt 5.1).

4.7.2 Instruktion

Durch präzise formulierte Durchführungsinstruktionen im Testmanual (Abb. 4.5), welche von den Dozierenden wortgetreu wiedergegeben wurden, wird die Objektivität des Testinstruments sichergestellt (Bortz & Döring, 2016). Die Studierenden erhielten Informationen über das Forschungsprojekt und eine Einführung zur Bedeutung von diagnostischer Kompetenz. Dabei wurde die Wichtigkeit betont, als Lehrkraft Stärken und Schwächen in Dokumenten von Schülerinnen und Schülern erkennen zu können. Ein weiteres Augenmerk der Instruktion lag auf der Bitte an die Studierenden, ihre Erkenntnisse zu Stärken und Schwächen in den Lösungen der Schülerinnen und Schüler möglichst differenziert zu beschreiben und nach Möglichkeit Fachbegriffe aus der Fachdidaktik Mathematik zu verwenden.

Tab. 4.1 Testitems und mögliche Teilkompetenzen

Testitem	Teilkompetenzen
	Größen schätzen *Größen umwandeln* *Größen vergleichen*

1) Welches Mass passt besser, um das Gewicht anzugeben? Kreise jeweils ein und begründe Deine Antwort.

t oder kg ?

kg oder g ?

mg oder g ?

Begründe Deine Antwort:

→ Folgende Schüler*in - Antwort wurde gegeben:

kg oder g ?

mg oder g ?

t oder kg ?

Begründe Deine Antwort:
di Kuh ist Schweierers als der Stut Deshalb tonnen.

(INFO Eine Kuh wiegt zwischen 400-700kg.)

(Fortsetzung)

Tab. 4.1 (Fortsetzung)

Testitem	Teilkompetenzen
2) Was schätzt du, wie viel wiegen diese Dinge in Wirklichkeit? Begründe Deine Antwort. Gewicht einer Kuh: .... Gewicht eines Stuhls: .... Gewicht einer Butter: .... Begründe Deine Antwort: .... → *Folgende Schüler*in - Antwort wurde gegeben:* Gewicht einer Kuh: 200t Gewicht eines Stuhls: 25kg Gewicht einer Butter: 250 gr. Begründe Deine Antwort: *Ich backe vel mit meiner Mami. Darum weiss ich, das eine Butter 250 gr. wiegt. Unser Stuhl Zuhause wiegt ungefähr 10mal so viel.* *(INFO: Eine Kuh wiegt zwischen 400-700kg.)*	*Größen schätzen* *Größen umwandeln* *Größen vergleichen*
3) Kreuze die richtige Antwort an. Ein „Harry Potter"- Buch wiegt ungefähr ☐ 500g ☐ 5'000mg ☐ 50g Ein Hühner-Ei wiegt ungefähr ☐ 600mg ☐ 60g ☐ 600g → *Folgende Schüler*in - Antwort wurde gegeben:* ☒ 500g ☐ 5'000mg ☐ 50g ☐ 600mg ☒ 60g ☐ 600g *(INFO: «Harry Potter» ist ein Buch, das ca. 450g wiegt (SuS kennen es!).)*	*Größen umwandeln* *Größen vergleichen* *Größen schätzen* *Erkennen von Invarianz*

(Fortsetzung)

Tab. 4.1 (Fortsetzung)

Testitem	Teilkompetenzen
4) Nenne mindestens drei Dinge, die 1kg schwer sind. → *Folgende Schüler*in - Antwort wurde gegeben:* → *Beispiel einer S-Lösung:* Ein Zuckersick, ein Etui, 4 Butterpackungen	*Größen schätzen* *Größen umwandeln* *Größen vergleichen*
5) Ergänze die richtige Masseinheit (g, kg, t) Ein Apfel wiegt 230 .... Ein Elefant wiegt 7 .... ; Peters Mutter wiegt 65 .... Thomas kauft 5 ...... Kartoffeln. Annas Velo wiegt 15'000 .... Das schwerste Tier der Erde wiegt 130 .... Simons Vater wiegt 80'000 .... → *Folgende Schüler*in - Antwort wurde gegeben:* Ein Apfel wiegt 230 ..*g*........ Ein Elefant wiegt 7 ...*t*.... Peters Mutter wiegt 65 ...*kg*.... Thomas kauft 5 ..*kg*.... Kartoffeln. Annas Velo wiegt 15'000 ...*kg* *t*.... Das schwerste Tier der Erde wiegt 130 ...*000g*.... Simons Vater wiegt 80'000	*Größen umwandeln* *Größen vergleichen* *Größen schätzen*

(Fortsetzung)

Tab. 4.1 (Fortsetzung)

Testitem	Teilkompetenzen
6) Welcher Gegenstand ist schwerer? A oder B? Kreuze an und begründe Deine Antwort. 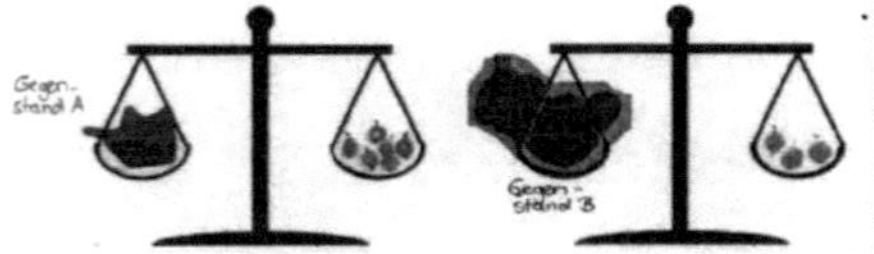 ☐ Gegenstand A ☐ Gegenstand B Begründe Deine Antwort: → *Folgende Schüler*in - Antwort wurde gegeben:* **Begründe Deine Antwort:**	*Größen messen* *Größen vergleichen* *Größen schätzen*
7) Was ist schwerer? Begründe Deine Antwort. ☐ Handvoll Watte ☐ Handvoll Kieselsteine 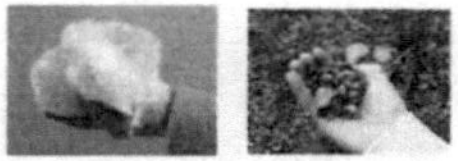 Begründe Deine Antwort: → *Folgende Schüler*in - Antwort wurde gegeben:* **Begründe Deine Antwort:**	*Größen schätzen* *Größen vergleichen* *Größen messen*

(Fortsetzung)

Tab.4.1 (Fortsetzung)

Testitem	Teilkompetenzen
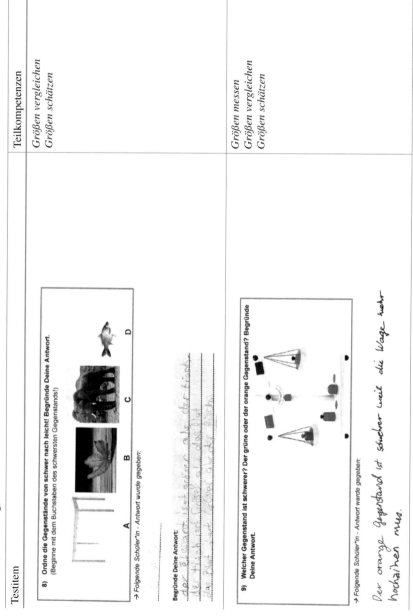	*Größen vergleichen* *Größen schätzen* *Größen messen* *Größen vergleichen* *Größen schätzen*

(Fortsetzung)

Tab. 4.1 (Fortsetzung)

Testitem	Teilkompetenzen
10) Der Turm fällt auseinander: Ändert sich das Gewicht? Der Turm fällt auseinander **Welche Behauptung trifft zu? Kreuze an und begründe.** ☐ Das Gewicht ändert sich, wenn der Turm auseinandergefallen ist, weil ☐ Das Gewicht ändert sich *nicht*, wenn der Turm auseinandergefallen ist, weil → *Folgende Schüler*in - Antwort wurde gegeben:* **Welche Behauptung trifft zu? Kreuze an und begründe.** ☒ Das Gewicht ändert sich, wenn der Turm auseinandergefallen ist, weil *Weil die Steine nicht mer aufeinander baue* ☐ Das Gewicht ändert sich *nicht*, wenn der Turm auseinandergefallen ist, weil	*Erkennen von Invarianz* *Größen vergleichen* *Größen messen* *Größen schätzen*

2.   Testanleitung DIAGNOSETESTINSTRUMENT

Material	Zeit	Tätigkeit (Was Du tun solltest)	Infos an die Studierenden (Was Du sagen solltest)	Voraussetzung zum Lösen der Tests
DIAGNOSETEST-INSTRUMENT (Pre, Post-, Followuptest)	45-50 Minuten. Nach 55 Minuten wird spätestens eingesammelt.	*Steht kursiv geschrieben*	Steht «normal» geschrieben in der Reihenfolge, wie Du es sagen sollst.	-Ausfüllen mit Kugelschreiber oder Fineliner. -Keine Handys/Computer auf dem Tisch.

1.   Dies ist das Kernstück der Forschung – das Diagnosetestinstrument! Schülerinnen und Schüler der 4.   Klasse haben Aufgaben im Bereich Gewichte gelöst.
Für einen Schüler, eine Schülerin gibt es nichts Schöneres, als eine Lehrperson zu haben, die versucht, seine/ihre Überlegungen zu verstehen! Ein Kind in diesem Alter fühlt sich motiviert und unterstützt, wenn es merkt, dass die Lehrperson an seinem Lösungsweg Interesse zeigt und kompetenzorientiert damit umgeht! Deshalb: Lassen Sie sich auf die Lösungen der SuS ein! Solchen Lösungen werden Sie als Lehrperson tagtäglich begegnen. Manchmal haben Sie die Chance, beim Kind nachzufragen, manchmal liegen die Lösungen jedoch genauso auf Ihrem Tisch. Mit diesen SuS-Lösungen befinden wir uns mitten im Schulalltag und es ist uns wichtig, Ihnen im Studium konkrete Werkzeuge für den Schulalltag mitzugeben.

2.   Mit diesem Instrument wollen wir schauen, wie Sie Lösungen von SuS interpretieren. Finden Sie heraus, ob der S richtig oder fehlerhaft gedacht hat? Haben Sie eine Idee, welche Ursache hinter seiner/ihrer Überlegungen stecken könnte?

3.   Der Test ist anonym. Bitte füllen Sie dazu die Kästchen aus, wie Sie es bereits vom Überzeugungsfragebogen her kennen.

4.   Jede Aufgabenstellung befindet sich in einem orangen Kästchen. *(Test in die Höhe halten und darauf zeigen)* und zu jeder Aufgabe haben Sie eine Lösung eines S. *(Darauf zeigen)*.

5.   Ihr **Auftrag** lautet:
Schreiben Sie in die leeren Kästchen oben hin, welche richtigen und welche fehlerhaften Lösungen Sie erkennen. Hierbei sollen sie möglichst nur beobachten und noch nicht interpretieren!
Ins untere Kästchen notieren Sie Ihre Vermutungen, wieso das Kind wohl auf diese Lösung gekommen ist; was es sich wohl bei seinem Lösungsweg überlegt hat. Hier dürfen Sie Vermutungen anstellen.
(Darauf zeigen).

6.   *(Test verteilen, durchblättern lassen)*.
Auf dem Deckblatt steht nochmals, was Sie in die Kästchen hineinschreiben müssen *(Deckblatt aufhalten und auf das farbige Beispiel zeigen)*.
Info für Sie als Studierende: Um Ihnen als Studierende die Aufgabe oder die Lösung des Kindes besser verständlich zu machen, wurde bei einigen Aufgaben eine zusätzliche Information gegeben. Diese ist mit «INFO» gekennzeichnet. (Die Kinder hatten diese «INFO» nicht.)

7.   **Tipps** für Sie als Studierende: Kommentieren und Interpretieren Sie *jede* Lösung des Kindes! (Nicht: «Alles ist falsch!», sondern z,Bsp. «Erste Angabe nicht korrekt, Zahlenwert zu gross, Einheit korrekt.» Vermutung: «Kind hat wohl….,» und/oder «Falscher Zahlenwert deutet auf….,» und/oder «Korrekte Einheit deutet auf…»)

8.   Benutzen Sie nach Möglichkeit *Fachbegriffe* oder beschreiben Sie detailliert die (von Ihnen vermuteten) Überlegungen des Kindes. Sie können gern Stichworte benutzen. Schreiben Sie gleiche Stichworte nochmals auf, wenn Sie das Gefühl haben, diese treffen auf mehrere Lösungen zu.

9.   Sie haben 45-50 Minuten Zeit zum Ausfüllen. Wenn Sie vorher fertig sind, legen Sie den Test vor sich auf den Tisch. VIEL SPASS!
WICHTIG: Nach Abgabe des Tests: 5 Minuten Bewegungspause!

Abb. 4.5   Durchführungsinstruktion für die Dozierenden

4.7.3 Auswertung

Um die Forschungsfrage nach der Messbarkeit des Erkennens von Stärken und Schwächen beantworten zu können, wurden die Antworten der Studierenden unter den Aspekten analysiert, welche richtigen und fehlerhaften Überlegungen sie in den Lösungen der Schülerinnen und Schüler identifiziert und wie sie deren Ursachen interpretiert haben. Hierfür wurde deduktiv ein Kategoriensystem (Tab. 4.2) erstellt, damit die Antworten der Studierenden thematisch kategorisiert werden konnten (Kuckartz, 2016). Anhand des Kategoriensystems lassen sich richtig und fehlerhaft identifizierte Überlegungen sowie Interpretationen möglicher Ursachen durch die Studierenden für jede Lösung der Schülerin oder des Schülers einordnen.

Das deduktiv gebildete Kategoriensystem orientiert sich thematisch sowohl an den Teilkompetenzen für das Größenverständnis des Bereichs Gewichte als auch an möglichen Fehlkonzepten, die nachfolgend erläutert werden (Tab. 4.3). Ebenso wurden deduktiv Sub- oder Unterkategorien für jede Kategorie gebildet, um der unterschiedlichen Tiefe der Antworten der Studierenden Ausdruck zu geben. Die Antworten der Studierenden wurden in einem ersten Schritt fünf Teilkompetenzen zugeordnet und in einem zweiten Schritt innerhalb der thematischen Kategorie den beiden Unterkategorien *richtige und fehlerhafte Überlegungen identifizieren* und *mögliche Ursachen interpretieren* zugeordnet.

Die Herausforderung beim Entwickeln des Kategoriensystems bestand darin, dass Veränderungen in den Antworten der Studierenden sichtbar gemacht werden sollten. Um dies zu erreichen, wurden für die Auswertung die Anzahl schlüssiger Antworten der Studierenden ermittelt. Jede durch die Studierende oder den Studierenden korrekt als fehlerhaft oder richtig identifizierte Überlegung bzw. Lösung des Kindes wurde mit einem Punkt bewertet. Ebenso ergab jede schlüssige Ursacheninterpretation einen Punkt. Um dem (vertieften) fachdidaktischen Fachwissen einer oder eines Studierenden gerecht zu werden, ergaben spezifisch genannte Fachbegriffe, die deduktiv für jede Kategorie definiert worden waren, ebenfalls je einen Zusatzpunkt. Wurden Inhalte sinngemäß mehrfach genannt, wurden sie nur einfach gezählt.

Abschließend wurde für jede Aufgabe und jede Kategorie die Summe aller genannten identifizierten richtigen und fehlerhaften Überlegungen mit allen schlüssigen Ursacheninterpretationen gebildet. Die so gebildete Anzahl wurde bei der Auswertung mittels Varianzanalyse mit Messwiederholung analysiert, damit Unterschiede zwischen den Studierendengruppen untersucht werden konnten. Damit wurde es möglich, Veränderungen in den Antworten der Studierenden sichtbar zu machen, um Entwicklungen daraus erkennen und ableiten zu können.

Um eine Kategorisierung der Antworten der Studierenden vollziehen zu können, müssen diese selbst zuerst interpretiert werden. Dabei wird versucht, die Inhalte der Antworten der Studierenden möglichst ganzheitlich einzuschätzen. Dieses Vorgehen entspricht einer hoch-inferenten Beurteilung, da es ein hohes Maß an „interpretative[n] Prozesse[n]" (Clausen et al., 2003, S. 124) wie Schlussfolgerungen von Seiten der beurteilenden Person benötigt. Die Reliabilität des Kategoriensystems wurde aus diesem Grund mittels Intercoder-Reliabilität sichergestellt (Kuckartz, 2016). Dabei wird das Ausmaß der Übereinstimmung zwischen zwei Ratern bestimmt (Chi, 1997). Pro Aufgabe wurde für jede vorkommende Kategorie und jeden einzelnen Bereich, richtige und fehlerhafte Überlegungen identifizieren (Wert I) und mögliche Ursachen interpretieren (Wert II) der Reliabilitätskoeffizient berechnet. Da die Variablen kardinalskaliert sind, wurde der Intraklassenkorrelationskoeffizient („intra-Class-Correlation-Coefficient, ICC") (Döring & Bortz 2016, S. 345) bestimmt. Die Werte für alle zehn Aufgaben liegen hierbei zwischen ICC = 0,63 und 1 und somit in einem hohen Bereich (Cicchetti, 1976).

Für eine Testwertberechnung ist das Kennen des Maximalwerts der Items des Testinstruments Voraussetzung, um damit z. B. die Itemschwierigkeit berechnen zu können. In dieser Arbeit wurde der Durchschnitt der Summe der erreichten Punkte der besten 10 % der Studierenden pro Item berechnet und der Wert von jedem Item einer oder eines Studierenden damit verglichen. Die Absicht hinter diesem Vorgehen ist, das fachdidaktische Wissen der Studierenden, anstatt das Wissen von Expertinnen und Experten als Ausgangslage zu nehmen. So berechnet können maximal 81 Punkte erzielt werden. Für den Bereich richtige und fehlerhafte Überlegungen identifizieren können insgesamt maximal 28 Punkte und für den Bereich mögliche Ursachen interpretieren maximal 53 Punkte erreicht werden. Die erreichte Gesamtpunktzahl der Studierenden lag beim Pretest gesamthaft zwischen 21 und 67, beim Posttest zwischen 17 und 91 und beim Follow-up-Test zwischen 12 und 81 Punkten.

Von den Studierenden genannte Fachbegriffe, welche den entsprechenden Teilkompetenzen zugeordnet werden können, sind ebenfalls Teil des Kategoriensystems. Wenn eine Studierende oder ein Studierender zum Beispiel notiert hat, *„das Kind erkennt nicht, dass ein Körper seine Form ändern kann, ohne dass sich sein Gewicht ändert"*, so ergab dies einen Punkt für eine korrekte Interpretation. Wenn die oder der Studierende zusätzlich zu dieser Erklärung noch schrieb: *„Das Kind kennt sich offenbar nicht mit Invarianz aus"*, so ergab diese Antwort insgesamt zwei Punkte, weil der Fachbegriff *Invarianz* (zusätzlich) zu einer möglichen Ursacheninterpretation genannt wurde. Dadurch soll dem vertieften fachdidaktischen Fachwissen der Studierenden Rechnung getragen werden.

Eine weitere Kategorie bilden die persönlichen Fehlvorstellungen der Studierenden. Wurden von den Studierenden richtige Aussagen der Schülerinnen und Schüler als fehlerhaft und fehlerhafte Aussagen als richtig identifiziert und deren Ursachen interpretiert, so wurden diese der Kategorie *falsch erkannt* zugeordnet.

Tab. 4.2 Kategoriensystem

Name der Kategorie	Kurzbeschrieb Inhalt einer Kategorie	Fachbegriffe Zusätzlicher Punkt pro Fachbegriff	Ankerbeispiele Konkrete Beispiele von Antworten der Studierenden.
Größen schätzen	Die Größenvorstellung, mögliche Repräsentanten und Stützpunktvorstellungen des Kindes sowie mögliche Handlungs- Alltags- und Messerfahrungen.	Stützpunktvorstellung Repräsentant Alltagserfahrung Handlungserfahrung Lebensweltbezug Lebenswelterfahrung	*„Butter ist Stützpunktvorstellung und ein Repräsentant für eine Größe"*
Größen vergleichen	Die Verwendung (nicht-) standardisierter Maßeinheiten des Kindes sowie der direkte oder indirekte Vergleich von Repräsentanten.	(In-)direkter Vergleich Maßeinheit Standardgröße	*„Kind hat nicht überlegt, dass der Vater im Vergleich zur Mutter viel leichter wäre so"*
Größen messen	Die Anwendung von Messinstrumenten sowie deren Funktionsweise.	Messinstrument / Messgerät Balkenwaage Messerfahrung	*„Kind kennt die Funktionsweise des Messgerätes nicht und vergleicht daher nicht die Anzahl der Äpfel in der Schale"*
Größen umwandeln	Die Fähigkeiten des Umwandelns einer Größe, die Verfeinerung oder Vergröberung einer Maßeinheit.	Vergröbern/verfeinern Dezimalschreibweise	*„Kind hat gedacht, 1 g = 10 mg und dadurch Mühe mit dem korrekten Vergröbern und Verfeinern von Einheiten"*
Erkennen von Invarianz	Dass ein Gegenstand seine Lage oder seine räumliche Konfiguration ändern kann, ohne dass sich sein Gewicht ändert.	Invarianz	*„Kind hat das Prinzip von Invarianz von Größen noch nicht verstanden/ ausgebildet"*

(Fortsetzung)

Tab. 4.2 (Fortsetzung)

Persönliche Fehler der Studierenden		
Falsch erkannt	Beschrieben die Studierenden eine richtige Antwort der Schülerinnen und Schüler als falsch oder eine falsche Antwort als richtig, so wurde die Antwort dieser Kategorie zugeordnet.	*„500 g = 5'000 mg ist korrekt; das Kind kann korrekt umwandeln"*

Etwaige Stolpersteine, die zu Fehlkonzepten führen können, wurden bei der Entwicklung des Kategoriensystems aufgenommen und direkt der entsprechenden Teilkompetenz im Kategoriensystem zugeordnet (Tab. 4.3).

Tab. 4.3 Mögliche Fehlkonzepte und welcher Kategorie sie zugeordnet wurden

Fehlkonzept	Kategorie
Fehlerhaftes Umwandeln von Größen	*Größen umwandeln*
Erschwertes Wahrnehmen von gefühlten Gewichten	*Größen schätzen*
Raten von Gewichten, anstatt zu schätzen	*Größen schätzen*
Mangelndes Wissen zur Funktionsweise einer Balkenwaage	*Größen messen*
Sichtbare Volumen wird mit dem Gewicht gleichgesetzt	*Größen vergleichen*

Anschließend wird ein Beispiel einer möglichen Stärke-Schwäche-Diagnose einer oder eines Studierenden dargestellt (Abb. 4.6).

Am Beispielitem (Abb. 4.6) aus der vorliegenden Studie und basierend auf den Überlegungen des Kindes wird nachfolgend in einem ersten Schritt erläutert, welche richtigen und fehlerhaften Antworten identifiziert und welche potenziellen Ursachen hätten interpretiert werden können und wie viele Punkte dadurch zu erreichen möglich gewesen wären. In einem zweiten Schritt wird dargelegt, wie die Antworten einer oder eines Studierenden konkret ausgewertet wurden und wie viele Punkte diese Antworten ergeben haben. Fachbegriffe, wie sie im Kategoriensystem festgehalten (Tab. 4.2) werden und die einen zusätzlichen Punkt eingebracht haben, werden im Text kursiv hervorgehoben:

> **2) Was schätzt du, wie viel wiegen diese Dinge in Wirklichkeit? Begründe Deine Antwort.**
>
> Gewicht einer Kuh: ....
>
> Gewicht eines Stuhls: ....
>
> Gewicht einer Butter: ....
>
> Begründe Deine Antwort:
> ....

→ *Folgende Schüler*in - Antwort wurde gegeben:*

Gewicht einer Kuh: 200t

Gewicht eines Stuhls: 2,5 kg

Gewicht einer Butter: 250 gr.

Begründe Deine Antwort:
Ich backe viel mit meinem Mami. Darum weiss ich, das eine Buter 250 gr. wiegt. Unser Stuhl Zuhause wiegt ungefähr 10 mal so viel!

(INFO: Eine Kuh wiegt zwischen 400–700 kg.)

Welche *richtigen* Überlegungen erkennen Sie?	Welche *fehlerhaften* Überlegungen erkennen Sie?
Wert I • das gewicht der Butter.	• das gewicht der Kuh und deutlich überschätet.
Wert I	

Wie *interpretieren* Sie die Lösungen des Kindes? Welche *Ursachen* können für die Lösungen / den Lösungsweg eine Rolle gespielt haben?
Wert II   • Obwohl das Kind die Kuh überschätzt, ist es in der Lage Vergleiche zu machen (die Butter mit dem Stuhl) • Ausserdem ist es ein aufgewecktes Kind, denn es kann sich das gewicht der Butter merken da es zu oft mit der Mutter backt.

Abb. 4.6 Beispielitem zur Veranschaulichung der Kategorisierung. Blau markiert: Aussagen der Kategorie Größen vergleichen; gelb markiert: Aussagen der Kategorie Größen schätzen

Aus der Antwort des Kindes lässt sich entnehmen, dass es den Stuhl und die Butter adäquat einschätzt. Wurden diese Überlegungen des Kindes von den Studierenden als richtig identifiziert, so ergab es zwei Punkte (zweimal Wert I). Ebenso lässt die (richtige) Schätzung des Stuhles vermuten, dass das Kind die *Dezimalschreibweise* bereits in der 4. Klasse richtig anwendet. Wurde das von den Studierenden beschrieben, ergab das drei Punkte (einmal Wert I und zweimal Wert II für Fachbegriff und Begründung). Weiter lässt sich feststellen, dass das Kind das Gewicht der Kuh als zu hoch einschätzt (Wert I). Möglicherweise fehlen dem Kind im hohen Kilogrammbereich *Stützpunktvorstellungen* (zweimal Wert II, Fachbegriff und Begründung) oder die Kuh gehört nicht zur *Lebenswelterfahrung* des Kindes (zweimal Wert II, Fachbegriff und Begründung) oder aber es hat schlicht die *Maßeinheit* „t" mit „kg" bei der Kuh verwechselt (zweimal Wert II, Fachbegriff und Begründung). Die Begründung des Kindes zeigt, dass es aufgrund des Backens mit der Mutter über *Messerfahrungen* aus dem Alltag verfügt (zweimal Wert II, Fachbegriff und Begründung). Des Weiteren zeigt das Kind mit seiner Begründung, dass es mit Größen im unteren Kilogrammbereich rechnen (einmal Wert II, Begründung) und diese (richtig) umwandeln kann (einmal Wert II, Begründung). Ebenfalls ist aus der Begründung der Schülerin oder des Schülers ersichtlich, dass sie oder er für den Stuhl die Butter als *Repräsentanten* für eine Stützpunktvorstellung verwendet, um das Gewicht des Stuhls zu erhalten (zweimal Wert II, Fachbegriff und Begründung).

Hätten die Studierenden sämtliche aufgeführten identifizierten richtigen und fehlerhaften Überlegungen (Wert I) und Ursacheninterpretationen (Wert II) genannt, so hätten sie dafür insgesamt 18 Punkte erhalten. Die Punktesumme setzt sich aus vier Punkten für die identifizierten richtigen und fehlerhaften Überlegungen und aus 14 Punkten für deren Ursacheninterpretationen zusammen, zu denen auch die genannten Fachbegriffe gehören.

Die Antworten der oder des Studierenden des Beispiels (Abb. 4.6) wurden wie folgt ausgewertet: Die oder der Studierende identifiziert das Gewicht der Butter als richtig und das Gewicht der Kuh als „deutlich überschätzt". Diese identifizierten fehlerhaften und richtigen Überlegungen ergaben 2 Punkte (zweimal Wert I). Des Weiteren interpretiert die oder der Studierende, dass das Kind in der Lage ist, Vergleiche anzustellen, da es den Stuhl mit der Butter vergleicht. Diese Ursacheninterpretation ergibt 1 Punkt (einmal Wert II). Dass das Kind aufgeweckt ist, wird nicht bewertet, da dies eine Aussage über einen Charakterzug des Kindes ist, die sich aufgrund der Lösung des Kindes nicht belegen lässt. Sämtliche Aussagen zu charakterlichen Eigenarten des Kindes wie z. B. „ist faul, hat sicher abgeschrieben, hasst Mathe" wurden nicht bewertet. Mit den Antworten der oder des Studierenden erreicht sie oder er 3 Punkte und liegt damit unter dem Punktewert von 7,7 (SD 3,06), der für diese Aufgabe im Durchschnitt von den Studierenden erreicht worden ist (Tab. 5.1). Die Trennschärfe dieses Items liegt bei 0,522 und die Itemschwierigkeit bei 54 % (Tab. 5.2, Tab. 5.3).

Die Farben gelb und blau entsprechenden Teilkompetenzen (Tab. 4.2), denen die Antworten der Studierenden bei der Auswertung zugeordnet wurden. Um die Antworten der Studierenden den Teilkompetenzen zuzuordnen, wurde das Programm MAXQDA für die qualitative Inhaltsanalyse eingesetzt (Rädiker & Kuckartz, 2019). Eine zentrale Funktion dieses Programms ist das Arbeiten mit Kategorien (Codes) und Unterkategorien (Subkategorien). Kommentare können direkt beim betreffenden Dokument digital angeheftet werden und thematische Zusammenfassungen erlauben es, Segmente mit gleichen Codes untereinander zu vergleichen. Ein Nachteil ist, dass die gewählte Analysesoftware handschriftliche Dokumente nicht entziffern kann und dadurch eine Suche, zum Beispiel nach Begriffen oder Ausdrücken, nicht möglich ist.

4.8   Einflussfaktoren

Um zu untersuchen, ob und wie Faktoren wie das *mathematische Fachwissen, das Alter,* die *epistemologischen Überzeugungen der Mathematik,* das *Geschlecht,* der *höchste Bildungsabschluss,* die *pädagogische Erfahrung* und die *Intervention* das Erkennen von Stärken und Schwächen möglicherweise beeinflussen, wurden diese erhoben und mittels Regressionsanalyse untersucht. Da auf *mathematisches Fachwissen, epistemologische Überzeugungen zur Mathematik* und *pädagogische Erfahrung* im Rahmen der Ausbildung durch Förderung und Anregung gezielt Einfluss genommen werden kann, werden diese im Folgenden detaillierter erläutert. Auf die Einflussfaktoren *höchster Bildungsabschluss, Alter* oder *Geschlecht* wird nicht näher eingegangen, weil auf diese Faktoren in der Ausbildung keinen Einfluss genommen werden kann.

4.8.1   Mathematisches Fachwissen

Das mathematische Fachwissen wurde mit dem *Mathematiktest für die Personal-auswahl (M-PA)* von Jasper und Wagener (2013) erhoben.

Weil zum Zeitpunkt der Durchführung des mathematischen Fachwissenstests auch der Fragebogen zu den *epistemologischen Überzeugungen* bezüglich der Mathematik sowie die erste Durchführung des Testinstruments für das Erkennen von Stärken und Schwächen anstand, war die zeitliche Beanspruchung für die

Erhebung des mathematischen Fachwissens ein Kriterium für die Auswahl des Mathematiktests. Ein weiteres Kriterium für den Test war die Überprüfung des Wissens im Bereich Größen, da mit der vorliegenden Arbeit der Größenbereich Gewichte in den Blick genommen wird.

Der *M-PA* (Jasper & Wagener, 2013) bietet für die Erfüllung des Kriteriums der zeitlichen Beanspruchung eine Kurzform für eine Dauer von nur 20 Minuten. Dabei werden textfreie Rechenaufgaben, einfache Divisionsaufgaben, Aufgaben zum Rechnen mit Logarithmen sowie Potenzrechenaufgaben gestellt und mathematisches Fachwissen, in Form von Multiple-Choice-Aufgaben, überprüft. Ebenso müssen Umwandlungsaufgaben zu Größen gelöst werden. Mit den Umwandlungsaufgaben wurde das zweite Kriterium des Überprüfens des Fachwissens im Größenbereich Gewichte erfüllt. Da Studierende des Studiengangs Primarstufe unterschiedliche Bildungsabschlüsse mitbringen, war die Überprüfung des mathematischen Wissens zum Zeitpunkt des Abschlusses der obligatorischen Schulzeit ein weiteres Kriterium für die Auswahl des Tests. Ebenso wurde darauf geachtet, einen bereits bestehenden Test zu verwenden, der eine gute Reliabilität aufweist und dessen Trennschärfen und Itemschwierigkeiten ausgewiesen sind. Der *M-PA* erfüllt auch diese Bedingungen. Er wurde mit einer Stichprobengröße von n = 1'948, bestehend aus Schülerinnen und Schülern, Berufsschülerinnen und Berufsschülern und 394 Erwachsenen durchgeführt. Die verwendete Kurzform des *M-PA* weist eine gute interne Konsistenz (Cronbachs Alpha) für prozedurales Rechnen von 0,89 bei insgesamt 31 Items auf. Die Itemschwierigkeit liegt zwischen 0,14 und 0,94 und die Trennschärfe (r_{it}) liegt zwischen 0,21 und 0,61 (Jasper & Wagener, 2013, S. 28).

Die maximal zu erreichende Punktzahl von 31 Punkten des *M-PA*s wurde von keinem der 181 Studierenden erreicht. Eine Studierende oder ein Studierender erreichte 30 Punkte. Das Minimum liegt bei 7 Punkten, das von zwei Studierenden erreicht wurde und der Mittelwert der erreichten Punkte liegt bei 18,88 Punkten.

Mit dem *M-PA* wurde das mathematische Fachwissen bei den Studierenden erhoben, um zu überprüfen, ob *mathematisches Fachwissen* einen Einfluss auf das Erkennen von Stärken und Schwächen und damit auf die diagnostische Kompetenz ausübt. Im Projekt von Baumert und Kunter (2011) wurde der Frage nachgegangen, ob fachwissenschaftliches Wissen von Lehrkräften eine entscheidende Bedeutung für die Unterrichtsgestaltung hat (Baumert & Kunter, 2011). Die theoretische Annahme war, dass fachdidaktisches Wissen ohne Fachwissen undenkbar ist, dass jedoch Fachwissen allein nicht ausreicht, um den Anforderungen eines kognitiv aktivierenden und individuell konstruktiv unterstützenden Unterrichts gerecht zu werden. Baumert und Kunter (2011) konnten mit ihrem

Projekt bestätigen, dass zwischen fachdidaktischem und fachwissenschaftlichem Wissen eine unterschiedliche Funktionalität sichtbar ist, dass aber kein Einfluss von Fachwissen, weder auf das kognitive Aktivierungspotenzial noch auf die konstruktive Unterstützung mehr erkennbar ist. Auch Pohlmann (2019) beschreibt das mathematische Fachwissen als notwendige, aber nicht „hinreichende Bedingung für die Qualität der fachdidaktischen Kompetenz" (ebd., S. 137).

Mit dem *M-PA* sollte überprüft werden, ob die Hypothese, dass ein besseres mathematisches Fachwissen zu einer größeren Anzahl an identifizierten richtigen und fehlerhaften Überlegungen führt, untermauert werden kann.

4.8.2 Epistemologische Überzeugungen zur Mathematik

Die epistemologischen Überzeugungen machen einen wichtigen Teil der professionellen Kompetenz einer Lehrkraft aus (Dubberke et al., 2008; Heinrichs, 2015; Larrain & Kaiser, 2022). Aus diesem Grund wurden die Studierenden zu ihrer epistemologischen Überzeugung, ihrer Sichtweise und Haltung bezüglich der Mathematik, befragt. Dies geschah mit dem Ziel, herauszufinden, ob eine konstruktivistische, im Gegensatz zu einer transmissiven Überzeugung, einen Einfluss auf die diagnostische Kompetenz einer oder eines Studierenden ausüben. Zur Erfassung der unterrichtsrelevanten, epistemologischen Überzeugungen bezüglich der Mathematik der Studierenden wurden insgesamt 26 Aussagen aus COACTIV (Baumert et al., 2008) zum Bereich „Natur des mathematischen Wissens" (Voss et al., zitiert nach Bruckmaier et al., 2018, S. 25) und zum Bereich „Lernen und Lehren von Mathematik" (ebd.) eingesetzt und mittels Fragebogen erhoben. Die Studierenden beurteilten Aussagen zu diesen beiden Bereichen anhand einer vierstufigen Likert-Skala (trifft nicht zu, trifft eher nicht zu, trifft eher zu, trifft zu).

Die Aussagen des Bereichs „Natur des mathematischen Wissens", lässt sich entweder in eine transmissive Sichtweise, bei welcher Mathematik als „Toolbox" wahrgenommen wird oder in eine konstruktivistische Betrachtungsweise, bei der die Mathematik als Prozess verstanden wird, einteilen (Voss et al., zitiert nach Bruckmaier et al., 2018, S. 25). Von den 26 Aussagen gehören 9 Aussagen in den Bereich der *Natur des mathematischen Wissens* und 17 Aussagen in den Bereich des *Lernens und Lehrens von Mathematik*. Jeder Bereich wird weiter unterteilt in eine konstruktivistische und eine transmissive Betrachtungsweise.

Nachfolgend werden exemplarisch sechs Items zum Bereich *Natur des mathematischen Wissens* aufgeführt (Abb. 4.7).

Nr.	Aussagen	1 Trifft nicht zu	2 Trifft eher nicht zu	3 Trifft eher zu	4 Trifft zu
1	Mathematik besteht aus Lernen, Erinnern und Anwenden.	☐	☐	☐	☐
2	Fast alle mathematischen Probleme können durch direkte Anwendung von bekannten Regeln, Formeln und Verfahren gelöst werden.	☐	☐	☐	☐
3	Mathematik lebt von Einfällen und neuen Ideen.	☐	☐	☐	☐
4	Wenn man eine Mathematikaufgabe lösen soll, muss man das richtige Verfahren kennen, sonst ist man verloren.	☐	☐	☐	☐
5	Wenn man sich mit mathematischen Problemen auseinandersetzt, kann man oft Neues (Zusammenhänge, Regeln, Begriffe) entdecken.	☐	☐	☐	☐
6	Mathematik ist das Behalten und Anwenden von Definitionen und Formen, von mathematischen Fakten und Verfahren.	☐	☐	☐	☐

Abb. 4.7 Beispiele von Aussagen zur Natur des mathematischen Wissens bei denen es um konstruktivistische und transmissive Sichtweisen geht

Mit Aussage 5 in Abb. 4.7 wird z. B. einer konstruktivistischen Sichtweise auf die Mathematik Ausdruck verliehen, in der die Mathematik als Möglichkeit verstanden wird, Neues zu entdecken oder Zusammenhänge zu erkennen. Wenn bei dieser Aussage jemand „trifft nicht zu" ankreuzt, so kann geschlussfolgert werden, dass die persönliche Überzeugung eher einer transmissiven Sichtweise in Bezug auf die Mathematik entspricht.

Der andere Bereich, welcher Aussagen zum *Lernen und Lehren von Mathematik* beinhaltet, lässt sich in eine transmissive Sichtweise des Einschleifens von technischem Wissen oder in eine konstruktivistische Sichtweise, die das selbstständige und verständnisvolle diskursive Lernen und das Vertrauen auf mathematische Selbstständigkeit der Schülerinnen und Schüler beinhaltet, einteilen. Nachfolgend werden exemplarisch sieben Items zum Bereich des Lernens und Lehrens von Mathematik aufgeführt (Abb. 4.8). Mit Aussage 10 wird z. B. einer transmissiven Sichtweise auf die Mathematik Ausdruck verliehen, in der die Lehrkraft möglichst kleinschrittig Lösungswege vermitteln soll. Wenn bei dieser Aussage jemand „trifft nicht zu" ankreuzt, so kann geschlussfolgert werden, dass die persönliche Überzeugung eher einer konstruktivistischen Sichtweise in Bezug auf die Mathematik entspricht.

Nr.	Meinungen	1 Trifft nicht zu	2 Trifft eher nicht zu	3 Trifft eher zu	4 Trifft zu
10	Lehrkräfte sollten für das Lösen von Aufgaben detaillierte Vorgehensweisen vermitteln.	☐	☐	☐	☐
11	Anhand geeigneter Materialien können Schüler/innen selber Rechenprozeduren entwickeln.	☐	☐	☐	☐
12	Die meisten Schüler/innen können selbst Lösungen für einfache Anwendungsaufgaben finden.	☐	☐	☐	☐
13	Am vorgerechneten Beispiel lernen die Schüler/innen am besten.	☐	☐	☐	☐
14	Von Schülern und Schülerinnen kann nicht erwartet werden, die Funktionsweisen von Rechenprozeduren zu verstehen, bevor sie deren Ausführung gut beherrschen.	☐	☐	☐	☐
15	Schüler/innen können gewöhnlich selbst herausfinden, wie einfache Aufgaben zu lösen sind.	☐	☐	☐	☐
16	Um erfolgreich in Mathematik zu sein, müssen die Schüler/innen gute Zuhörer/innen sein.	☐	☐	☐	☐

Abb. 4.8 Beispiele von Aussagen zum Bereich Lernen und Lehren von Mathematik bei denen es um konstruktivistische und transmissive Sichtweisen geht

Für die Auswertung des Fragebogens entspricht jede Stufe der Likert-Skala einer Punktzahl. Die Stufe *Trifft zu,* ergibt vier Punkte für die Übereinstimmung mit dem Inhalt einer konstruktivistischen Sichtweise oder einen Punkt für die Übereinstimmung mit einer transmissiven Sichtweise. Das bedeutet, dass je mehr Punkte erreicht werden, desto eher entspricht die epistemologische Überzeugung einer konstruktivistischen und je weniger Punkte erreicht werden, desto eher entspricht die epistemologische Überzeugung einer transmissiven Betrachtungsweise. Der Gesamtpunktzahl wurden Werte zwischen 4 (stark transmissive lerntheoretische Überzeugung) und 16 (stark konstruktivistische lerntheoretische Überzeugung) zugeordnet.

Von den 181 teilnehmenden Studierenden wurde bei der Auswertung eine Studierende oder ein Studierender ausgeschlossen, weil sie oder er bei einer Frage keine Angaben gemacht hat. Eine Studierende oder ein Studierender erreichte den Maximalwert von 16. Der Minimalwert von 4 kommt nicht vor. Das tatsächlich erreichte Minimum liegt bei Wert 8. Der Mittelwert liegt bei 11,6. Daraus kann geschlossen werden, dass bei den Studierenden Aussagen mit konstruktivistischem lerntheoretischem Inhalt offenbar mit höherer Zustimmung angekreuzt wurden als Aussagen mit transmissivem Inhalt. Für die interne Konsistenz der Antworten der Studierenden liegt der Wert von Cronbachs Alpha bei 0,624 und somit im Bereich der von Baumert und Kunter (2011) berichteten Werte (Baumert et al., 2009).

4.8.3   Pädagogische Erfahrung

Die pädagogische Erfahrung wurde mit der Anzahl und der Form der Kontakte mit Kindern operationalisiert.

Als pädagogische Erfahrung erklären Brinkmann et al. (2015) diejenige Erfahrung, die sich gleichermaßen als subjektive und soziale Praxis „im Lernen und Erziehen" (ebd.) bestimmen lässt und zitieren Meyer-Drawe (2008), die „das Lernen als Erfahrung" als ein „Lernen von etwas durch jemand Bestimmtes oder durch etwas Bestimmtes" (ebd., S. 18) sieht. Erst das Sich-Einlassen auf den oder das andere führt zu Wissen und Können und kann somit als Lernen bezeichnet werden. Daraus lässt sich schlussfolgern, dass Erwachsene, die mit Kindern in Kontakt kommen, ebenso von den Kindern lernen wie die Kinder von den Erwachsenen. Dies geschieht, auch wenn sie sich nicht gezielt zum Lernen entschließen (Meyer-Drawe, 2010). Meyer-Drawe (2008) beschreibt als Voraussetzung für diese Form des Lernens „die Empfänglichkeit für anderes oder den anderen" (ebd., Abstract). Eine Studierende oder ein Studierender, die oder der während oder außerhalb des Unterrichts Kontakt zu Kindern pflegt, zeigt gemäß Meyer-Drawe (2008) also eine gewisse Empfänglichkeit für Kinder. Daraus kann entsprechend abgeleitet werden, dass dieser Kontakt auch unweigerlich zu einem Lernen bei der oder beim Studierenden führt. Somit lässt sich schlussfolgern, dass wer vielfältigen Kontakt zu Kindern pflegt, deren Lebenswelt besser kennt als jemand, der keinen Kontakt zu Kindern hat.

Auf dieser Schlussfolgerung von Meyer-Drawe (2008) gründet die Hypothese, dass das bessere Kennen der Lebenswelt des Kindes von vielfältigen Kontakten mit Kindern herrührt und sich dies in den Ursacheninterpretationen der Studierenden durch eine höhere Qualität niederschlägt. Eine höhere Qualität drückt sich in diesem Zusammenhang einerseits durch das Berücksichtigen einer größeren Anzahl unterschiedlicher thematischer Kategorien sowie andererseits durch eine größere Bandbreite schlüssiger Aussagen aus.

Die Studierenden sollten für die Eruierung der *pädagogischen Erfahrung* zusätzlich zur Anzahl der Kontakte angeben, in welchem Rahmen diese stattgefunden haben. Zum Beispiel konnte angekreuzt werden, ob Kontakte durch Nachhilfe, den Praxisunterricht während des Studiums, oder durch eine andere Form zustande gekommen waren oder gar nicht, was mit *nein* hätte angekreuzt werden können.

Die Art der Kontakte wurde in der Auswertung jedoch nicht gewichtet und fand somit keine Erwähnung in einer möglichen Beeinflussung.

Sämtliche 181 Studierende gaben an, ob und wie oft sie schon Kontakt zu Kindern gehabt haben. Alle 181 Studierenden hatten zum ersten Messzeitpunkt bereits mindestens einmal Kontakt zu Kindern. Von 72 Studierenden wurde *eine* Kontaktform angegeben. Dies entspricht einem Wert von 40 %. Von 75 Studierenden wurden *zwei* Kontaktformen angegeben. Dies entspricht 41 %. Und von 34 Studierenden wurden *drei* Kontaktformen angegeben, was 19 % entspricht. „Andere Kontaktarten" wurden mit Erfahrungen in Jugendgruppen (z. B. Pfadfinder) näher definiert.

4.8.4 Höchster Bildungsabschluss

Studierende des Bachelor-Studienlehrgangs Primar der Pädagogischen Hochschule Nordwestschweiz (PH FHNW) bringen unterschiedliche Bildungsabschlüsse mit. Um in Erfahrung zu bringen, ob ein Bildungsabschluss einen Einfluss auf das Erkennen von Stärken und Schwächen aufweist, wurde erhoben, welche Art des Abschlusses die Studierenden mitbringen. Zur Auswahl standen *Eidgenössische Matura, Berufsmatura, Berufslehre* oder *andere,* die die Studierenden ankreuzen konnten.

Bei der Auswertung wurde ersichtlich, dass Studierende aus Deutschland das Abitur als höchsten Bildungsabschluss angegeben haben. Bei der Auswertung wurde somit das Abitur als äquivalent zur eidgenössischen Matura behandelt. Von den 181 Studierenden machten vier Studierende keine Angaben zu ihrem höchsten Bildungsabschluss. 85 Studierende gaben an, eine eidgenössische Matura oder ein Abitur zu besitzen, was 47 % entspricht. 88 Studierende gaben an, eine Berufsmatura absolviert zu haben, was 49 % entspricht. Vier Studierende gaben an, als höchsten Bildungsabschluss eine abgeschlossene Berufslehre zu besitzen, was 2 % der 181 Studierenden entspricht.

Als Fazit dieses Abschnitts kann festgehalten werden, dass die aus der vorliegenden Untersuchung gewonnenen Daten quantitativ und qualitativ miteinander kombiniert und ineinander überführt wurden und dass aufgrund der Pilotierung zentrale Aspekte, wie z. B. die Reduktion der Itemanzahl oder das Hinzufügen einer Information auf dem Testinstrument, für die Hauptstudie angepasst werden konnten.

Im folgenden Abschnitt werden die Ergebnisse mit Bezug zu den Forschungsfragen dargestellt.

Ergebnisse

5

Das Ziel der vorliegenden Arbeit ist die Entwicklung eines Kompetenzmessinstruments zur Erfassung einer Facette diagnostischer Kompetenz, dem Erkennen von Stärken und Schwächen. In diesem Kapitel wird zur Beantwortung der Forschungsfragen in einem ersten Schritt die Güte des für diese Forschungsarbeit entwickelten Testinstruments dargelegt, um zu zeigen, inwiefern damit das Erkennen von Stärken und Schwächen operationalisiert und messbar gemacht werden kann. In einem zweiten Schritt werden die Testergebnisse der Varianzanalysen präsentiert, um zu veranschaulichen, welche Unterschiede zwischen den Gruppen erfasst werden konnten und ob Entwicklungen innerhalb der Experimentalgruppe stattgefunden haben. Ferner werden die Ergebnisse der Regressionsanalysen dargestellt, um darzustellen, welche Faktoren das Erkennen von Stärken und Schwächen beeinflussen.

Die Auswertung wurde mit dem Programm SPSS (Statistical Package for the Social Sciences) durchgeführt (Faik, 2018). Dieses Programm wurde gewählt, um die mit MAXQDA zu Teilkompetenzen zugeordneten Antworten der Studierenden quantitativ auszuwerten.

5.1   Güte des Testinstruments

Das Erkennen von Stärken und Schwächen in schriftlichen Lösungen von Schülerinnen und Schülern im Größenbereich Gewichte wird im Rahmen dieser Arbeit durch ein dafür entwickeltes Testinstrument erfass- und sichtbar gemacht. Um eine Einschätzung des entwickelten Testinstruments zu erhalten, wird es einschließlich theoretischer Überlegungen auch anhand der drei Test-Gütekriterien, der Objektivität, der Reliabilität und der Validität, überprüft.

© Der/die Autor(en), exklusiv lizenziert an Springer Fachmedien Wiesbaden GmbH, ein Teil von Springer Nature 2024
I. Gobeli-Egloff, *Erkennen von Stärken und Schwächen von Schülerinnen und Schülern*, Freiburger Empirische Forschung in der Mathematikdidaktik,
https://doi.org/10.1007/978-3-658-44134-0_5

Mittels Item- und Faktorenanalyse wurde geprüft, ob die Fähigkeit des Erkennens von Stärken und Schwächen über die Items des entwickelten Testinstruments empirisch gemessen werden kann. Im Rahmen der Pilotierungsphase wurde eine erste Analyse der Items durchgeführt. Die Pilotierung führte dazu, dass Items für die Hauptstudie eliminiert oder umformuliert wurden. Nach der Durchführung der Hauptstudie wurde zusätzlich zur Item- eine Faktorenanalyse durchgeführt, um die Validität zu prüfen.

Für die Hauptstudie wurden schließlich zehn Items verwendet, bei denen die Anzahl schlüssiger Antworten pro Item erfasst und Teilkompetenzen zugeordnet wurden. Für jede schlüssige Aussage der oder des Studierenden wurde ein Punkt vergeben. Ebenso wurde für jeden passenden Fachbegriff ein Punkt vergeben. Dadurch erreichte eine Studierende oder ein Studierender mehr Punkte, je vielfältiger und differenzierter ihre oder seine identifizierten richtigen und fehlerhaften Überlegungen und Ursacheninterpretationen zu einer Lösung einer Schülerin oder eines Schülers ausfielen.

Für die Item- und Faktorenanalyse wurden die Werte des Posttests verwendet, um die größtmöglichen Unterschiede durch die Auswirkung der *Intervention* zu erfassen. Die beschriebene Auswertung der Antworten der Studierenden führt auf eine metrische Skala.

Nachfolgend lassen sich Spannbreiten, Mittelwerte und die Standardabweichungen jedes Items ablesen (Tab. 5.1). So kann für jedes Item gezeigt werden, wieviel Punkte maximal und minimal erreicht wurden, wo der erreichte Mittelwert eines Items liegt und wie groß die durchschnittliche Abweichung von dessen Mittelwert ist (Standardabweichung). Die Mittelwerte bewegen sich zwischen 3,59 und 7,70 Punkten. Item 3 weist die größte (3,23 Punkte) und Item 10 die kleinste (1,31 Punkte) Standardabweichung auf (Tab. 5.1, fett hervorgehoben).

Die große Standardabweichung bei Item 3 (Abb. 5.1) war zu erwarten, da anhand von Item 3 drei verschiedene Teilkompetenzen (*Größen vergleichen, Größen umwandeln oder Größen schätzen*) überprüft werden. Die Studierenden konnten demnach richtige und fehlerhafte Überlegungen identifizieren und mögliche Ursachen interpretieren sowie Fachbegriffe innerhalb jeder dieser drei Teilkompetenzen nennen. Zum Beispiel haben Studierende bei Item 3 entweder gar nichts geschrieben, nur die beiden richtigen Aussagen in Form von Kreuzchen (500 g für das Buch und 60 g für das Ei) identifiziert und/oder die Ursache für die (fehlerhafte) Umwandlung und/oder das Einkaufen von Eiern oder das Lesen des Buches als Alltagserfahrung interpretiert, was die große Standardabweichung erklärt.

Tab. 5.1 Spannweite, Mittelwert und Standardabweichung der Items

Item	Minimum	Maximum	Mittelwert	Standard-Abweichung
1	0	15	6,34	2,942
2	1	18	7,70	3,064
3	**0**	**17**	**5,86**	**3,229**
4	1	16	6,60	2,586
5	0	13	5,14	2,703
6	0	12	4,42	1,773
7	0	8	3,59	1,570
8	1	10	4,44	1,967
9	1	8	4,07	1,362
10	**0**	**6**	**3,66**	**1,312**

N = 181

Abb. 5.1 Beispielitem mit großer Standardabweichung

Item 10 (Abb. 5.2) weist die geringste Standardabweichung auf. Dies ist dahingehend erklärbar, da anhand von Item 10 hauptsächlich eine Teilkompetenz (*Erkennen von Invarianz*) überprüft wird. Die Antworten der Studierenden bewegen sich hauptsächlich im Bereich der richtigen und fehlerhaft identifizierten Überlegungen und deren möglichen Ursachen innerhalb dieser Teilkompetenz, was die kleine Standardabweichung erklärt.

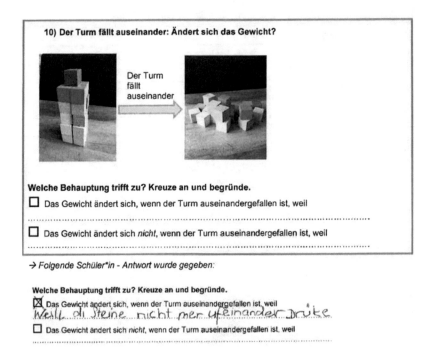

Abb. 5.2 Beispielitem mit geringer Standardabweichung

Die Trennschärfe der Items – für eine exakte Unterscheidbarkeit der Merkmalsausprägungen der Studierenden – wurde für jedes Item der Skala berechnet. Bei Einschluss sämtlicher Items liegt die Trennschärfe von Item 8 ($r_{it} = 0{,}311$) nur knapp über dem kritischen Wert von $r_{it} = 0{,}3$ (Döring & Bortz, 2016). Wird Item 8 ausgeschlossen, so liegen die Trennschärfen der Items zwischen $r_{it} = 0{,}343$ und $r_{it} = 0{,}590$, was gemäß Döring und Bortz (2016) als „mittelmäßig" (ebd., S. 478) eingeordnet werden kann (Tab. 5.2).

Tab. 5.2 Trennschärfe
(korrigierte
Item-Skala-Korrelation)
ohne Item 8

Item	Korrigierte Item-Skala-Korrelation (r_{it})
1	0,475
2	0,522
3	0,379
4	0,554
5	0,590
6	0,523
7	0,346
9	0,343
10	0,415

Die Schwierigkeit eines Items wird durch einen Schwierigkeitsindex ange-zeigt. Bei intervallskalierten Items zeigt der Schwierigkeitsindex den Item-Mittelwert an, der in einen Prozentrang umgerechnet werden kann (Döring & Bortz, 2016). Um die Itemschwierigkeit zu bestimmen, wurde als maximale Punktzahl der Durchschnitt der besten 10 % der Ergebnisse berechnet. Die Item-schwierigkeit aller verwendeten Items liegt zwischen 50 % und 62 % und somit in einem gewünschten Bereich (Döring & Bortz, 2016) (Tab. 5.3). Items mit Schwierigkeitsindizes zwischen $p = 0,20$ und $p = 0,80$ werden im Vergleich zu extrem schwierigen ($p < 0,20$) oder extrem leichten ($p > 0,80$) Items bevorzugt, da die unterschiedlichen Fähigkeiten der verschiedenen Testpersonen dadurch bes-ser differenziert werden können. Für die Itemschwierigkeit gilt also, je höher der Schwierigkeitsindex, desto einfacher ist das Item zu beantworten und je tiefer der Schwierigkeitsindex, desto schwieriger.

Anhand der Itemschwierigkeit bei Item 1 lässt sich zum Beispiel feststellen, dass durchschnittlich 6,34 von den maximal 12,28 erreichbaren Punkten von den Studierenden erreicht wurden. Item 1 weist damit eine Itemschwierigkeit von 52 % aus und war demnach eher schwierig zu beantworten, da im Durchschnitt nur rund die Hälfte der maximal erreichbaren Punkte von den Studierenden erreicht wurden.

Tab. 5.3 Itemschwierigkeit

Item	Mittelwert der Summe der 10 % besten Ergebnisse	Mittelwert der Summe aller Studierenden	Itemschwierigkeit
1	12,28	6,34	52 %
2	14,33	7,7	54 %
3	11,78	5,86	50 %
4	11,83	6,6	56 %
5	10,33	5,14	50 %
6	7,72	4,42	57 %
7	6,44	3,5	54 %
8	8,39	4,44	53 %
9	6,67	4,07	61 %
10	5,89	3,66	62 %

Bei den Items 9 und 10 liegen die Itemschwierigkeiten höher, da im Durch-schnitt mehr Punkte erreicht wurden (Tab. 5.3). Daraus kann geschlussfolgert werden, dass diese Items offenbar einfacher zu beantworten waren (Döring & Bortz, 2016). Bei den Items 3 oder 5 liegen die Itemschwierigkeiten tiefer, da im Durchschnitt weniger Punkte erreicht wurden, weil diese Items offenbar schwie-riger zu beantworten sind. Werden die Items mit den höchsten (Item 9 und 10), sowie den tiefsten (Item 3 und 5) Itemschwierigkeiten näher betrachtet, so lassen sich diese Ergebnisse wie folgt erklären:

Bei Item 10 (Abb. 5.2) wird hauptsächlich die Teilkompetenz *Erkennen von Invarianz* überprüft und die Antworten der Studierenden bewegen sich vornehm-lich im Bereich der identifizierten richtigen und fehlerhaften Überlegungen und Interpretationen möglicher Ursachen innerhalb dieser Teilkompetenz. Auch bei Item 9 wird überwiegend die Teilkompetenz *Größen messen* überprüft (Abb. 5.3). Die Antworten der Studierenden drehen sich vor allem um identifizierte rich-tige und fehlerhafte Überlegungen und Ursacheninterpretationen innerhalb dieser einen Teilkompetenz (*„Kind hat Funktionsweise einer Balkenwaage nicht verstan-den"*). Aufgrund dieser engen Auswahl an Antwortmöglichkeiten ist das Item insgesamt leichter zu bearbeiten und die Studierenden erreichten im Durchschnitt eher die maximale Punktzahl von 6,67, was die hohe Itemschwierigkeit von 61 % erklärt.

9) **Welcher Gegenstand ist schwerer? Der grüne oder der orange Gegenstand? Begründe Deine Antwort.**

→ *Folgende Schüler*in - Antwort wurde gegeben:*

Der orange Gegenstand ist schwerer weil die Wage mehr hochziehen muss.

Abb. 5.3 Beispielitem mit hoher Itemschwierigkeit

Anders verhält es sich mit Item 3 und Item 5. Wie bei Item 3 (Abb. 5.1) bereits näher erläutert wurde, so werden auch bei Item 5 (Abb. 5.4) drei verschiedene Teilkompetenzen (*Größen umwandeln, Größen vergleichen* oder *Größen schätzen*) überprüft. Die Studierenden konnten identifizierte richtige und fehlerhafte Überlegungen und Ursacheninterpretationen sowie Fachbegriffe innerhalb jeder dieser drei Teilkompetenzen nennen. Zum Beispiel identifizierten die Studierenden die fehlerhafte Umwandlung beim Vater oder Annas Fahrrad und/oder beschrieben mangelnde Handlungserfahrung mit einem Fahrrad als mögliche Ursache (*„Kind hat wohl noch nie ein Fahrrad die Treppe hochgetragen"*). Als weitere Deutung für die identifizierte fehlerhafte Umwandlung wurde eine mögliche Verwechslung von Gramm und Milligramm in Betracht gezogen (*„Kind verwechselte wohl mg und g und dachte, dass 1kg = 1'000 mg sind"*). Der fehlende Vergleich zwischen dem Gewicht der Mutter und dem Gewicht des Vaters wurde als mögliche Interpretation für die fehlerhaft identifizierte Überlegung des Kindes dargelegt (*„Kind hat nicht überlegt, dass der Vater im Vergleich zur Mutter viel leichter wäre so"*). Aufgrund dieser breiten Auswahl an Antwortmöglichkeiten war dieses Item für die Studierenden offenbar schwieriger zu beantworten, da im Durchschnitt nur 5,14 Punkte von den maximal erreichbaren Punkten von 10,33 erreicht wurden. Somit ist die tiefere Itemschwierigkeit von 50 % Ausdruck eines eher schwierigeren Items.

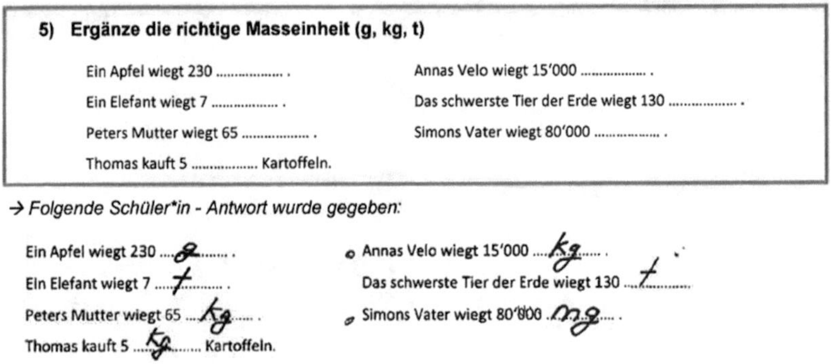

5) Ergänze die richtige Masseinheit (g, kg, t)

Ein Apfel wiegt 230 ....   Annas Velo wiegt 15'000 ....

Ein Elefant wiegt 7 ....   Das schwerste Tier der Erde wiegt 130 ....

Peters Mutter wiegt 65 ....   Simons Vater wiegt 80'000 ....

Thomas kauft 5 .... Kartoffeln.

→ *Folgende Schüler*in - Antwort wurde gegeben:*

Ein Apfel wiegt 230 ....*g....* .   o Annas Velo wiegt 15'000 ....*kg....* .

Ein Elefant wiegt 7 ....*t....* .   Das schwerste Tier der Erde wiegt 130 ....*t....*

Peters Mutter wiegt 65 ...*kg....* .   o Simons Vater wiegt 80'000 ....*mg....* .

Thomas kauft 5 ....*g....... Kartoffeln.

Abb. 5.4   Beispielitem mit tiefer Itemschwierigkeit

Zusätzlich zur beschriebenen Itemanalyse wurde das Konstrukt mittels explorativer Faktorenanalyse untersucht, um zu prüfen, ob die Items „gemäß ihrer Interkorrelationen" (Döring & Bortz, 2016, S. 624) zu mehr als nur einem Faktor gebündelt werden können, was nicht beabsichtigt gewesen wäre.

Das Konstrukt der Facette von diagnostischer Kompetenz, das Erkennen von Stärken und Schwächen, wurde auf theoretischer Basis gebildet. Aus inhaltlicher Sicht ist es valide, da sich die Inhalte der Items auf die Teilkompetenzen von Größenverständnis (vgl. Abschnitt 4.4) beziehen, die die Schülerinnen und Schüler in der Primarschule erreichen sollen.

Der Fokus der explorativen Faktorenanalyse richtet sich dabei auf die Frage, ob die Items ausschließlich *einem* Faktor (Erkennen von Stärken und Schwächen) zugeordnet werden können oder ob die Items noch auf einen anderen Faktor hindeuten. Aus diesem Grund wurden bei der Faktorenanalyse keine Voreinstellungen – wie z. B. die Vorgabe einer festen Anzahl von Faktoren – vorgenommen. Die explorative Faktorenanalyse bietet somit zusätzlich zur Itemanalyse die Möglichkeit, die Konstruktvalidität zu prüfen (Döring & Bortz, 2016).

Um eine Faktorenanalyse durchführen zu können, müssen die Variablen geeignet sein, was sowohl mit dem Bartlett-Test (Chi-Quadrat (36) = 302,65, $p <$ 0,001) als auch mit dem Kaiser-Meyer-Olkin Measure of Sampling Adequacy (KMO = 0,846) überprüft wurde. Dabei ist zu erkennen, dass der p-Wert des Bartlett-Tests kleiner als 0,05 und der KMO-Wert größer als 0,5 sind und somit gemäß Cleff (2015) als wichtige Voraussetzungen für die Durchführung einer Faktorenanalyse bestätigt werden können.

Den Testitems liegt die theoretische Annahme zugrunde, dass eine einzige Dimension (Erkennen von Stärken und Schwächen) getestet werden soll. Wenn alle Items eingeschlossen bleiben, stellt sich heraus, dass das Kaiser-Kriterium zwei Faktoren mit einem Eigenwert größer als 1 ausgibt. Demzufolge würde das Konstrukt auf zwei Faktoren hindeuten (Cleff, 2015), was nicht beabsichtigt gewesen wäre. Bei Betrachtung des Eigenwertdiagramms (Screeplot) lässt sich allerdings feststellen, dass bei Einschluss sämtlicher Items, der Screeplot auf nur einen Faktor hindeutet.

Obwohl der Screeplot bei Einschluss sämtlicher Items auf nur einen Faktor hinweist, wurde die Faktorenanalyse zusätzlich ohne Item 8 durchgeführt. Dies begründet sich damit, dass Item 8 bei der Itemanalyse einen sehr tiefen Wert ($r_{it} = 0{,}311$) für die Trennschärfe aufweist. Bei Ausschluss von Item 8 gibt das Kaiser-Kriterium nur noch einen Faktor an, dessen Eigenwert größer als 1 ist und es ergibt sich eine prozentuale Erklärung der Gesamtvarianz von 36,6 %, was gemäß Cohen (1977) als hohe Varianzaufklärung interpretiert werden kann. Der abgebildete Screeplot (Abb. 5.5) zeigt bei Ausschluss von Item 8 eine starke Steigung mit einem Faktor oberhalb des Ellbogens an, was auf nur einen Faktor hindeutet.

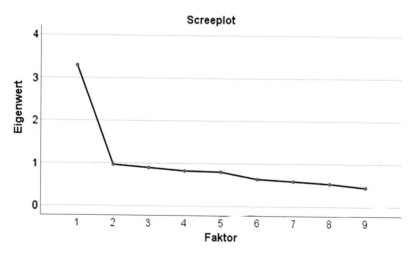

Abb. 5.5 Eigenwertdiagramm für das Konstrukt Stärke und Schwäche erkennen

Weil das Kaiser-Kriterium bei Ausschluss von Item 8 und der Screeplot auf
nur einen Faktor hindeuten, wurde Item 8 genauer betrachtet, um aus inhaltlichen Überlegungen heraus zu entscheiden, ob es für die weiteren Berechnungen
ausgeschlossen werden kann.

Anhand von Item 8 (Abb. 5.6) wird bei den Schülerinnen und Schülern die
Teilkompetenz *Größen vergleichen* überprüft. Dabei wird in der Aufgabe für die
Schülerin oder den Schüler die Größe des Gegenstandes verändert (der leichtere
Tisch ist optisch größer als der schwerere Elefant, das leichtere Blatt ist optisch
größer als der schwerere Fisch). Mit diesem Item wird bei den Studierenden
geprüft, ob sie erkennen, dass die Schülerin oder der Schüler in ihrer oder seiner Antwort das zur Kategorie *Größen vergleichen* gehörende Fehlkonzept – ein
sichtbares Volumen entspricht dem Gewicht eines Gegenstandes – beschreiben.

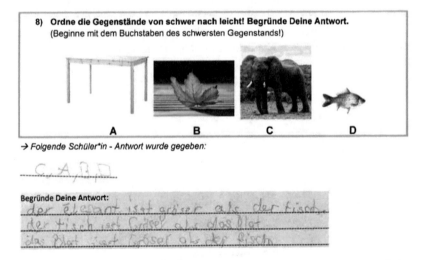

Abb. 5.6 Item 8, das aufgrund der Überprüfung des Kaiser-Kriteriums und theoretischen
Überlegungen nicht in die Schlussauswertung aufgenommen wurde

Bei Item 8 lässt sich eine tiefe Trennschärfe ($r_{it} = 0{,}311$) feststellen. Dieses
Item ist der Grund, warum das Kaiser-Kriterium auf zwei Faktoren mit einem
Eigenwert größer als 1 hindeutet. Zwei Eigenwerte $\lambda > 1$ würden auf zwei Dimensionen hinweisen. Welche zweite Dimension anhand von Item 8 gemessen wird,
darüber kann nur spekuliert werden. Vielleicht könnte dieser zweite Faktor der

Dimension *Größe und* Gewicht zugeordnet werden, da viele Studierenden bei dieser Aufgabe zu wenig zwischen der Bildgröße, dem Volumen und dem Gewicht der Gegenstände differenziert haben. In der Beispielantwort einer oder eines Studierenden ist zu erkennen, dass sie oder er selbst (zu) wenig zwischen der Größe und dem Gewicht der Gegenstände differenziert hat. Sie oder er schreibt, dass das Kind sich beim Blatt und beim Fisch auf die „Größe" des Bildes und nicht auf die „reale Größe" bezieht. Sie oder er zieht nicht in Erwägung, dass die Antwort des Kindes einem Fehlkonzept entsprechen könnte und die Größe nicht mit dem Gewicht zusammenhängt (Abb. 5.7).

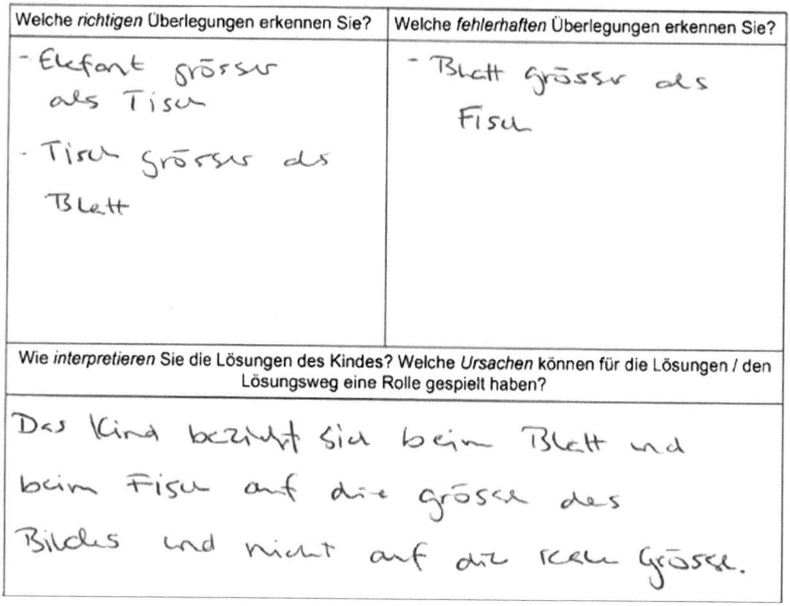

Welche *richtigen* Überlegungen erkennen Sie?	Welche *fehlerhaften* Überlegungen erkennen Sie?
- Elefant grösser als Tisch - Tisch grösser als Blatt	- Blatt grösser als Fisch
Wie *interpretieren* Sie die Lösungen des Kindes? Welche *Ursachen* können für die Lösungen / den Lösungsweg eine Rolle gespielt haben?	
Das Kind bezieht sich beim Blatt und beim Fisch auf die grösse des Bildes und nicht auf die reale Grösse.	

Abb. 5.7 Beispielantwort einer oder eines Studierenden des eliminierten Items 8

Aufgrund der Item- und Faktorenanalyse einerseits, sowie theoretischen Überlegungen andererseits – andere Items decken ebenfalls die Teilkompetenz *Größen vergleichen* ab – wurde Item 8 von den weiteren Berechnungen ausgeschlossen.

Mit dem Ausschluss von Item 8 verringert sich die Zahl der Items von anfänglich 10 auf 9 Items, um das Konstrukt des Erkennens von Stärken und Schwächen zu messen. 9 Items gelten jedoch immer noch als eine ausreichende Anzahl von Variablen (mindestens vier pro Faktor) (Bortz & Schuster, 2010).

Mit Ausschluss von Item 8 liegt das Reliabilitätsmaß der Skala, der Alpha-Koeffizient von Cronbach, bei 0,764 und somit in einem empfohlenen Bereich (Janssen & Laatz, 2017).

Die Antworten der Studierenden wurden bei der Auswertung zwei Bereichen, dem Benennen einer richtigen und/oder fehlerhaften Überlegung – *Identifizieren* – und dem Benennen möglicher Ursachen – *Interpretieren* – zugeordnet. Durch dieses Vorgehen wurden die Antworten der Studierenden getrennt voneinander untersucht. Aus inhaltlichen Gründen ist es deshalb sinnvoll zu überprüfen, ob jeder dieser beiden Bereiche auch wirklich nur das jeweilige – vom theoretischen Standpunkt getrennt voneinander definierte – Konstrukt misst und entsprechend je einer Dimension zugeordnet werden kann oder ob das jeweilige Konstrukt noch auf einen anderen Faktor hindeutet, was nicht beabsichtigt gewesen wäre. Dies wurde mittels explorativer Faktorenanalyse untersucht, die im Folgenden dargelegt wird.

Die Voraussetzungen der Variablen des Konstrukts *richtige und fehlerhafte Überlegungen identifizieren* sind für die Durchführung einer Faktorenanalyse geeignet, was sowohl mit dem Bartlett-Test (Chi-Quadrat (36) = 175,900, $p <$ 0,001) als auch mit dem Kaiser-Meyer-Olkin Measure of Sampling Adequacy (KMO = 0,695), überprüft und bestätigt werden kann. Der p-Wert des Bartlett-Tests ist kleiner als 0,05 und der KMO-Wert größer als 0,5, was auf eine Eignung der Variablen hindeutet (Cleff, 2015).

Es stellte sich heraus, dass, wenn sämtliche Werte des Konstrukts im Bereich *richtige und fehlerhafte Überlegungen identifizieren* eingeschlossen bleiben, das Kaiser-Kriterium drei Faktoren mit einem Eigenwert größer als 1 ausgibt. Demzufolge würde das Konstrukt auf drei Faktoren hindeuten (Cleff, 2015), was vom theoretischen Standpunkt aus nicht erwartet wurde. Der zweite Faktor weist allerdings einen Eigenwert von nur $\lambda = 1{,}161$ auf, mit dem 12,99 % der Varianz erklärt werden kann und gemäß Cohen (1977) als gering gilt und der dritte Faktor weist einen noch kleineren Eigenwert von nur $\lambda = 1{,}025$ auf, mit dem 11,38 % der Varianz erklärt und ebenfalls als gering interpretiert werden kann (Cohen, 1977). Somit liegen die beiden (unerwarteten) Faktoren nur knapp über dem Eigenwert von $\lambda = 1$ und haben nur einen geringen Anteil an der Varianzaufklärung. Bortz und Schuster (2010) merken dazu an, dass die automatische „Voreinstellung in vielen Statistik-Programmpaketen, alle Faktoren mit $\lambda > 1$ zu akzeptieren", nur in „Ausnahmefällen zu rechtfertigen" sei, da dieses Kriterium dazu führe, dass gerade „bei einer großen Variablenzahl zu viele Faktoren extrahiert werden, die selten durchgängig interpretierbar sind" (ebd.). Döring und

Bortz (2016) empfehlen, entweder die Faktoren mit Eigenwerten λ> 1 *oder* die Faktoren auszuwählen, „die sich deutlich von denen der anderen Faktoren abheben, was an einem Knick im Screeplot erkennbar ist" (Döring und Bortz, 2016, S. 482). Auch Bortz und Schuster (2010) empfehlen für weitere Informationen bezüglich der Auswahl bedeutsamer Faktoren die Betrachtung des Eigenwertdiagramms (Screeplot), welches „die Größe der in Rangreihe gebrachten Eigenwerte als Funktion ihrer Rangnummern darstellt" (Bortz und Schuster, 2010, S. 415) und visuell auf die Anzahl Faktoren hindeutet, die *vor* dem Knick liegen.

Aufgrund der Analyse des Eigenwertdiagramms (Abb. 5.8) lässt sich ein deutlicher Knick beim zweiten Faktor feststellen, was den Hinweis auf ein Konstrukt (*richtige und fehlerhafte Überlegungen identifizieren*) gibt, da nur die Faktoren als bedeutsam eingestuft und quantifiziert werden, deren Eigenwerte vor dem Knick liegen (Bortz & Schuster, 2010).

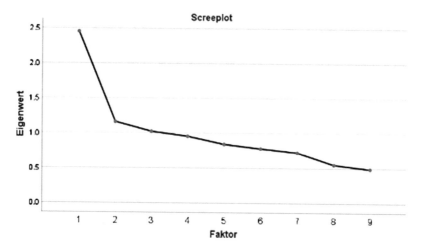

Abb. 5.8 Eigenwertdiagramm für das Konstrukt richtige und fehlerhafte Überlegungen identifizieren

Die Variablen des Konstrukts *mögliche Ursachen interpretieren* sind für die Durchführung einer Faktorenanalyse geeignet, was sowohl mit dem Bartlett-Test (Chi-Quadrat (36) = 340,851, $p < 0,001$) als auch mit dem Kaiser-Meyer-Olkin Measure of Sampling Adequacy (KMO = 0,830) überprüft und bestätigt werden kann. Es stellte sich heraus, dass wenn sämtliche Werte des Konstrukts *mögliche*

Ursachen interpretieren eingeschlossen bleiben, das Kaiser-Kriterium zwei Faktoren mit einem Eigenwert $\lambda > 1$ ausgibt. Demzufolge würde das Konstrukt auf zwei Faktoren hindeuten (Cleff, 2015), was vom theoretischen Standpunkt aus nicht erwartet wurde. Der zweite Faktor weist allerdings einen Eigenwert von nur $\lambda = 1{,}150$ aus, der 12,77 % der Varianz erklärt, was gemäß Cohen (1977) als gering gilt und nur knapp über dem Eigenwert von 1 liegt.

Aufgrund der Analyse des Eigenwertdiagramms (Abb. 5.9) lässt sich ein deutlicher Knick beim zweiten Faktor feststellen, was den Hinweis auf ein Konstrukt (*mögliche Ursachen interpretieren*) gibt (Bortz & Schuster, 2010, S. 416). Wie bereits bei der Begründung von nur einem Faktor für das Konstrukt *richtige und fehlerhafte Überlegungen identifizieren* dargelegt, wird auch für das Konstrukt *mögliche Ursachen interpretieren* von nur einem Faktor ausgegangen.

Aus diesem Grund gilt die Annahme, dass sowohl für das Konstrukt *richtige und fehlerhafte Überlegungen identifizieren* als auch für das Konstrukt *mögliche Ursachen interpretieren*, nur je eine Dimension gemessen wird, als gerechtfertigt. Uneindeutigkeiten, die durch das Kaiser-Kriterium (Eigenwert $\lambda > 1$) entstanden sind, lassen sich darauf zurückführen, dass es verschiedene thematische Kategorien pro Item gibt, die wohl dazu beigetragen haben, dass mehrere Eigenwerte knapp größer als 1 geworden sind und als Faktoren hätten gedeutet werden können.

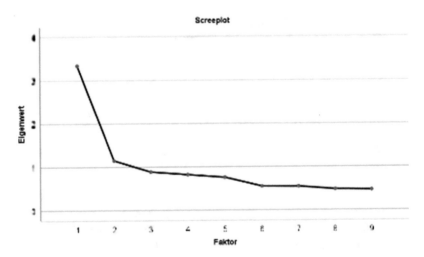

Abb. 5.9 Eigenwertdiagramm für das Konstrukt mögliche Ursachen interpretieren

Messtheoretisch lassen sich die beiden Bereiche Identifizieren und Ursachen Interpretieren allerdings nicht voneinander trennen, da eine Ursacheninterpretation nur dann stattfinden kann, wenn vorgängig richtige und fehlerhafte Überlegungen identifiziert werden. Dies lässt sich durch die gezeigte explorative Faktorenanalyse dargelegte Eindimensionalität (Döring & Bortz, 2016) des Testinstruments zeigen (Abb. 5.5), da durch die Items nur eine Dimension, und zwar die Fähigkeit des Erkennens von Stärken und Schwächen, gemessen wird.

In diesem Abschnitt wurde die Güte des Testinstruments geprüft. Durch die Faktorenanalyse kann bestätigt werden, dass *ein* Konstrukt, nämlich die Fähigkeit des Erkennens von Stärken und Schwächen, mit dem entwickelten Testinstrument konzeptualisiert und empirisch gemessen und das Testinstrument somit als eindimensional interpretiert werden kann (Döring & Bortz, 2016). Um der inhaltlichen Tiefe einer Antwort einer oder eines Studierenden Rechnung zu tragen, wurden die Antworten der Studierenden theoretisch zwei Bereichen des Erkennens von Stärken und Schwächen (*richtige und fehlerhafte Überlegungen identifizieren* und deren *möglichen Ursachen interpretieren*) zugeordnet. Durch eine explorative Faktorenanalyse kann bestätigt werden, dass jeder dieser beiden Bereiche nur das jeweilige – vom theoretischen Standpunkt getrennt voneinander definierte – Konstrukt misst.

Somit kann attestiert werden, dass das entwickelte Testinstrument sowohl die theoretisch dargelegten Dimensionen der Mixed-Methods-Forschung als auch die Gütekriterien des quantitativen Forschungszugangs durch die Durchführung einer Item- und Faktorenanalyse erfüllt. Daraus lässt sich schlussfolgern, dass das Erkennen von Stärken und Schwächen durch das entwickelte Testinstrument erfass- und dadurch messbar gemacht werden kann.

In einem nächsten Schritt wurde untersucht, ob mit dem Testinstrument auch interindividuelle Ausprägungen zwischen den beiden Gruppen aufgeklärt werden können und ob damit die Sensitivität des Messinstruments bestätigt werden kann.

5.2 Sensitivität des Testinstruments

Bei der vorliegenden Studie handelt es sich um eine quasi-experimentelle Untersuchung mit zwei Gruppen (Experimental- und Kontrollgruppe). Die Experimentalgruppe nahm zwischen Pre- und Posttest an einer gezielten Förderung im Rahmen einer Intervention teil, bei der fachdidaktisches Wissen zum Aufbau von Größenvorstellungen zentrales Element der Intervention war. Die Kontrollgruppe besuchte die regulären, fachdidaktischen Lehrveranstaltungen – allerdings ohne spezielles Augenmerk auf den Aufbau von Größenvorstellungen.

Der Versuchsplan dieser Untersuchung sieht Messwiederholungen zu drei verschiedenen Zeitpunkten (Pre-, Post-, Follow-up) vor. Dabei stellt sich die Frage nach einem möglichen Interaktionseffekt der Gruppenzugehörigkeit und der Intervention, ob sich die erfasste Fähigkeit (das Erkennen von Stärken und Schwächen) in Abhängigkeit von der Gruppenzugehörigkeit signifikant unterscheidet und ob sich diese mithilfe des Testinstruments überhaupt erfassen lässt. Die Sensitivität des Messinstruments steht somit im Fokus dieser Forschungsfrage.

Mittels einfaktorieller Varianzanalyse mit Messwiederholung wurden Veränderungen der Anzahl schlüssig identifizierter richtiger und fehlerhafter Überlegungen und deren Ursacheninterpretationen der Studierenden als Ausdruck der Fähigkeit des Erkennens von Stärken und Schwächen untersucht, um dadurch die Sensitivität des Testinstruments durch eine vermutete Wirksamkeit der Intervention (und damit eine mögliche Förderung diagnostischer Kompetenz) nachweisen zu können.

Wichtige Voraussetzungen für eine Varianzanalyse sind samt der Unabhängigkeit der Messwerte voneinander, die Varianzhomogenität der beiden untersuchten Gruppen, die Intervallskalierung und die Normalverteilung der abhängigen Variablen. Des Weiteren sollten keine extremen Ausreißer vorkommen und die einzelnen Gruppen ungefähr gleich groß sein (Cleff, 2015; Döring & Bortz, 2016).

Die Unabhängigkeit der Messwerte ist durch die Stichprobenwahl und die Forschungsplanung gegeben. In einem nächsten Schritt konnten die Normalverteilung der abhängigen Variablen – dem Erkennen von Stärken und Schwächen – durch den Saphiro-Wilk-Test ($p > 0{,}05$), mögliche Ausreißer durch die visuelle Überprüfung des Boxplots und die Sphärizität mit dem Mauchly-Test ($p > 0{,}05$) überprüft und bestätigt werden. Allerdings war die Varianzgleichheit der Residuen mit dem Levene-Test zum zweiten und dritten Messzeitpunkt nicht erfüllt. Varianzheterogenität entsteht jedoch gemäß Bryk und Raudenbush (1988) oft auch gerade durch die Einwirkung eines Treatments, in diesem Fall der Intervention, was sich in unterschiedlichen Varianzen niederschlagen kann. Die Varianzanalyse gilt bei etwa gleich großen Stichproben als robust und Bortz und Schuster (2010) empfehlen nur bei kleinen Stichproben ($n < 10$) und gleichzeitiger Verletzung einer oder mehrerer Voraussetzungen ein anderes Verfahren. Kuckartz et al. (2010) empfehlen bei fehlender Varianzhomogenität nicht auf die Berechnung des F-Werts zu verzichten, sondern die Schwelle höher anzusetzen, um die Nullhypothese zu verwerfen (p-Wert $< 0{,}01$). Dabei sollten die untersuchten Gruppen in etwa gleich groß sein. Für Salkind (2010) gilt die Voraussetzung der Residuenhomogenität als unwichtig, solange die abhängige Variable normalverteilt ist. Da die Stichprobe als genügend (n = 181) und die Gruppen als ungefähr gleich groß (Experimentalgruppe: n = 98; Kontrollgruppe: n = 83) verstanden werden können und die abhängige Variable als normalverteilt gilt – was mit dem Saphiro-Wilk Test überprüft wurde – konnte die Varianzanalyse durchgeführt werden – auch wenn die Residuenhomogenität direkt nach der Intervention nicht gegeben war.

Um Aussagen zur Relevanz eines nachgewiesenen statistischen Interaktionseffekts zweier Variablen machen zu können, wurde die Effektstärke berechnet (Kuckartz et al., 2010). Für das Effektstärkemaß für Varianzanalysen wurde das partielle Eta-Quadrat (η^2) (Rasch et al., 2010), welches nach Cohen (1977) interpretiert wird, verwendet (kleiner Effekt: $\eta^2 > 0{,}01$; mittlerer Effekt: $\eta^2 > 0{,}06$; starker Effekt: $\eta^2 > 0{,}14$).

Studierende, die mindestens bei einem der insgesamt drei Tests von den jeweils zehn Aufgaben vier oder mehr nicht gelöst hatten, wurden von sämtlichen weiteren Analysen ausgeschlossen (dies war bei insgesamt vier Studierenden der Fall, zwei aus jeder Gruppe).

Für jede schlüssig identifizierte richtige und fehlerhafte Überlegung und Ursacheninterpretation einer oder eines Studierenden wurde ein Punkt vergeben. Ebenso wurde für jeden richtig und passend genannten Fachbegriff je ein Punkt vergeben. Je vielfältiger und differenzierter eine Antwort zu einer Lösung einer Schülerin oder eines Schülers also ausfällt, desto mehr Punkte wurden dementsprechend erreicht.

Im Folgenden sind die Mittelwerte und die Standardabweichung der erreichten Punkte der Experimental- und Kontrollgruppe zu allen drei Messzeitpunkten dargestellt. Ebenso ist ersichtlich, wie sich die Gruppen zu den drei Messzeitpunkten unterscheiden (Tab. 5.4; Abb. 5.10).

Tab. 5.4 Gruppenunterschiede des Erkennens von Stärken und Schwächen zu den drei Messzeitpunkten

	Exp. Gruppe (n = 98)		Kontr. Gruppe (n = 83)		ANOVA			
	M	*SD*	*M*	*SD*	Effekt	*df*	*F*	η^2
Pre	40,78	8,55	43,69	9,56	G	1	6,53*	0,035
Post	50,82	14,22	42,83	9,19	Z	2	21,96**	0,109
Follow	45,98	13,58	40,07	9,98	G x Z	2	30,50**	0,146

*G = Gruppe; Z = Zeit; G x Z = Gruppe x Zeit; * p < 0,05; ** p < 0,01*

Den höchsten Wert erzielte die Experimentalgruppe zum Zeitpunkt des Posttests ($M = 50{,}82$, $SD = 14{,}22$). Dieser nimmt bis zum Zeitpunkt des Follow-up-Tests allerdings wieder ab ($M = 45{,}98$, $SD = 13{,}58$), ist jedoch immer noch höher als zum Zeitpunkt des Pre-Tests. Die Kontrollgruppe erreichte beim Pretest einen höheren Mittelwert als die Experimentalgruppe ($M = 43{,}69$, $SD = 9{,}56$). Der Mittelwert der Kontrollgruppe nimmt von Post- ($M = 42{,}83$, $SD = 9{,}19$) zu Follow-up-Test ab ($M = 40{,}07$, $SD = 9{,}98$).

Die Abnahme könnte damit zusammenhängen, dass die Kontrollgruppe keine spezifische Intervention erhalten und deshalb das spezifische fachdidaktische Wissen gefehlt hat, um richtige und fehlerhafte Überlegungen in schriftlichen Lösungen von Schülerinnen und Schülern adäquat zu identifizieren und mögliche Ursachen zu interpretieren.

Ebenfalls ist ersichtlich, dass sich die Mittelwerte der Gruppen bei einem Signifikanzniveau von $p < 0{,}05$ zu allen drei Testzeitpunkten signifikant voneinander unterscheiden (Tab. 5.4). Ein besonderes Augenmerk gilt dem signifikanten Unterschied beim Pretest: Der Mittelwert der Kontrollgruppe zu diesem Zeitpunkt ist höher als derjenige der Experimentalgruppe. Dies ist insofern von Bedeutung, weil damit mögliche Interaktionseffekte zwischen den Gruppen nicht auf bereits bestehende Unterschiede zu Beginn der Intervention zurückzuführen sind und die Experimentalgruppe nicht schon mit einer besseren Ausgangslage in die Intervention gestartet ist.

Im Folgenden sind die erreichten Mittelwerte der beiden Gruppen zusätzlich grafisch dargestellt (Abb. 5.10). Auf der y-Achse befinden sich die Mittelwerte der erreichten Punkte und auf der x-Achse stehen die drei Messzeitpunkte. Die Werte der Experimentalgruppe werden mit einer durchgezogenen Linie, die der Kontrollgruppe mit einer gestrichelten Linie dargestellt. Es lässt sich erkennen, dass die Kontrollgruppe zum ersten Messzeitpunkt im Durchschnitt einen höheren Mittelwert erreicht hat als die Experimentalgruppe. Zum zweiten Zeitpunkt nehmen die durchschnittlichen Mittelwerte der Experimentalgruppe im Gegensatz zur Kontrollgruppe deutlich zu, fallen jedoch zum Zeitpunkt Follow-up wieder ab.

Um die Sensitivität des Messinstruments zu prüfen, wurde eine Varianzanalyse mit Messwiederholung anhand der drei Messzeitpunkte vor der Intervention, unmittelbar danach und 6 Wochen später durchgeführt.

Es gibt eine statistisch signifikante Interaktion zwischen der Zeit (Intervention) und den Gruppen (Experimental- und Kontrollgruppe) $F(2, 358) = 30{,}50$, $p < 0{,}001$ (Tab. 5.4). Der signifikante Interaktionseffekt besagt, dass sich die diagnostische Kompetenz in Abhängigkeit von der Gruppe unterschiedlich über die Messzeitpunkte entwickelt und sich die Experimentalgruppe mehr über die Zeit verbessert hat als die Kontrollgruppe. Der Effekt ($\eta^2 = 0{,}146$) kann dabei

Abb. 5.10 Vergleich der
Mittelwerte des Erkennens
von Stärken und Schwächen
zwischen der Experimental-
und Kontrollgruppe

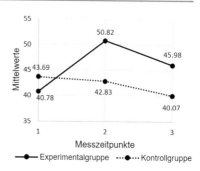

als stark interpretiert werden (Cohen, 1977). Die Ergebnisse der Varianzanalyse
lassen also den Schluss zu, dass das Messinstrument sensitiv auf Veränderungen zwischen den Gruppen reagiert und die Intervention somit als erfolgreich zu
betrachten ist.

Da innerhalb der Experimentalgruppe eine Abnahme der Mittelwerte zwischen
Post- und Follow-up-Test zu verzeichnen ist (Abb. 5.10), wurde zur Beurteilung
der Nachhaltigkeit der Intervention die gleiche ANOVA nochmals unter Anpas-
sung der Messzeitpunkte gerechnet, indem nur noch die Zeitpunkte des Pretests
(vor der Intervention) und des Follow-up-Tests (6 Wochen nach der Intervention)
betrachtet wurden. Es lässt sich immer noch ein statistisch signifikanter Interaktionseffekt zwischen der Zeit und den Gruppen mit einem starken Effekt ($\eta^2 =
0{,}152$) nachweisen. Daraus lässt sich ableiten, dass die Unterschiede im Erken-
nen von Stärken und Schwächen auch längerfristig bestehen bleiben $F(1, 179) =
32{,}02$, $p < 0{,}001$. Dies spricht für eine nachhaltige Wirkung der Intervention.

Zur Erfassung der Fähigkeit des Erkennens von Stärken und Schwächen werden zwei Werte zur Messung herangezogen, um damit der unterschiedlichen
inhaltlichen Tiefe einer Antwort einer oder eines Studierenden Rechnung zu tragen. Aus diesem Grund ist zur differenzierten Beurteilung der Wirksamkeit der
Intervention eine getrennte Betrachtung der beiden Werte für die unterschiedliche
inhaltliche Tiefe einer Antwort sinnvoll. Für den Bereich richtige und fehlerhafte
Überlegungen identifizieren (Wert I) können maximal 28 Punkte und für den
Bereich mögliche Ursachen interpretieren (Wert II) können maximal 53 Punkte
erreicht werden.

Nachfolgend werden die erreichten Mittelwerte und Standardabweichungen zu Wert I (Identifizieren von richtigen und fehlerhaften Überlegungen), also ob die Studierenden richtige bzw. fehlerhafte Überlegungen in den Lösungen der Schülerinnen und Schüler benennen können, aufgezeigt (Tab. 5.5). Interessant ist hier, dass bei Wert I keine statistisch signifikante Interaktion zwischen der Zeit und den Gruppen nachzuweisen ist. Da eine Verletzung der Voraussetzung der Sphärizität vorlag, wurde eine Greenhouse–Geisser Korrektur der Freiheitsgrade vorgenommen (Greenhouse–Geisser $F(1,92; 342,83) = 0,03$, $p = 0,963$)). Eine Korrektur ist gemäß Girden (1992) dann angezeigt, wenn der p-Wert des Mauchly-Tests signifikant ($p < 0,05$) wird. In diesem Fall werden die Freiheitsgrade durch eine Greenhouse-Geisser Korrektur nach unten korrigiert, da sonst ein erhöhtes Risiko für einen Fehler 1. Art besteht und die Nullhypothese zurückgewiesen wird, obwohl sie eigentlich wahr wäre.

Beide Gruppen haben sowohl vor als auch nach der Intervention ähnliche Werte im Bereich richtige und fehlerhafte Überlegungen identifizieren erreicht. Das bedeutet, dass das Identifizieren von richtigen und fehlerhaften Überlegungen von Schülerinnen und Schülern durch die Intervention nicht verbessert werden konnte, da für Wert I maximal 28 Punkte hätten erreicht werden können und sich die Studierenden der Experimentalgruppe in diesem Bereich noch deutlich hätten verbessern können. Im Folgenden sind die erreichten Werte des Identifizierens richtiger und fehlerhafter Überlegungen der beiden Gruppen grafisch dargestellt (Abb. 5.11).

Tab. 5.5 Gruppenunterschiede des Identifizierens von richtigen und fehlerhaften Überlegungen (Wert I) zu den drei Messzeitpunkten

	Exp. Gruppe (n = 98)		Kontr. Gruppe (n = 83)		ANOVA			
	M	*SD*	*M*	*SD*	Effekt	*df*	*F*	η^2
Pre	16,70	5,48	18,59	5,45	G	1	7,21	0,039
Post	17,29	5,50	19,18	5,24	Z	1,92	2,28	0,013
Follow	17,40	6,41	19,46	5,88	G x Z	1,92	0,03	0,000

G = Gruppe; Z = Zeit; G x Z = Gruppe x Zeit; * p < 0,05; ** p < 0,01

Abb. 5.11 Vergleich der Mittelwerte des Identifizierens von richtigen und fehlerhaften Überlegungen

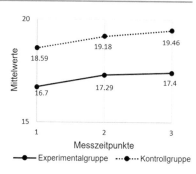

Im Weiteren werden die erreichten Mittelwerte und Standardabweichungen zu Wert II (Interpretieren von Ursachen) dargestellt (Tab. 5.6), also ob die Studierenden die Ursachen von richtigen, bzw. fehlerhaften Überlegungen in den Lösungen der Schülerinnen und Schüler benennen können. Es gibt eine statistisch signifikante Interaktion zwischen der Zeit und den Gruppen $F(2, 358) = 40,37$, $p < 0,001$ (Tab. 5.6). Der signifikante Interaktionseffekt besagt, dass sich die Interpretationsfähigkeit in Abhängigkeit von der Gruppe unterschiedlich über die drei Messzeitpunkte vor der Intervention, unmittelbar nach und 6 Wochen später entwickelt hat. Der Effekt ($\eta^2 = 0,184$) kann als stark interpretiert werden (Cohen, 1977) (Abb. 5.12).

Die Ergebnisse der Varianzanalyse lassen somit den Schluss zu, dass die Intervention bezüglich der Verbesserung der Interpretationsfähigkeit bei den Studierenden der Experimentalgruppe als erfolgreich zu betrachten ist.

Tab. 5.6 Gruppenunterschiede des Interpretierens möglicher Ursachen (Wert II) zu den drei Messzeitpunkten

	Exp. Gruppe (n = 98)		Kontr. Gruppe (n = 83)		ANOVA			
	M	SD	M	SD	Effekt	df	F	η^2
Pre	24,21	6,89	25,23	6,55	G	1	26,99*	0,131
Post	33,56	12,29	23,82	6,67	Z	2	25,99**	0,127
Follow	28,6	10,31	20,76	6,70	G x Z	2	40,37**	0,184

*G = Gruppe; Z = Zeit; G x Z = Gruppe x Zeit; * p < 0,05; ** p < 0,01*

Abb. 5.12 Vergleich der
Mittelwerte des
Interpretierens möglicher
Ursachen

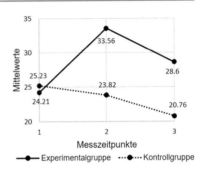

Im vorangegangenen Abschnitt konnte aufgezeigt werden, dass mit dem entwickelten Testinstrument unterschiedliche Ausprägungen im Erkennen von Stärken und Schwächen in schriftlichen Lösungen von Schülerinnen und Schülern erfasst werden können. Die Wirksamkeit der Förderung durch die Intervention kann mit einem signifikanten Interaktionseffekt zwischen der Gruppenzugehörigkeit und der Intervention nachgewiesen werden. Die Sensitivität des Testinstruments kann daher bestätigt werden.

Offenbar ist es den Studierenden der Experimentalgruppe gelungen, die zur Verfügung gestellten, fachdidaktischen Werkzeuge der Intervention zur Ursacheninterpretation der identifizierten richtigen und fehlerhaften Überlegungen in schriftlichen Lösungen von Schülerinnen und Schülern auch längerfristig einzusetzen. Allerdings scheint sich die Intervention nicht auf die identifizierten richtigen und fehlerhaften Überlegungen auszuwirken.

Zudem ist festzustellen, dass sich die irrtümlich als richtig oder falsch erkannten Stärken und Schwächen über die drei Messzeitpunkte bei der Experimentalgruppe nicht verändert haben. Ein durchgeführter t-Test für abhängige Stichproben zeigt weder einen signifikanten Unterschied zwischen Pre und Post $t(97) = 1$, $p = 0{,}320$, noch zwischen Post und Follow-up $t(97) = -0{,}255$, $p = 0{,}799$, oder zwischen Pre und Follow-up $t(97) = 0{,}803$, $p = 0{,}424$. Demnach machten die Studierenden der Experimentalgruppe in Bezug auf eigene Fehlvorstellungen trotz Intervention keine Fortschritte in diesem Bereich.

Im nächsten Abschnitt wird der Frage nachgegangen, ob mit dem entwickelten Testinstrument noch differenziertere Unterschiede zwischen den Gruppen festgestellt werden können, wie z. B., ob sich die Fähigkeit des Erkennens von Stärken und Schwächen der Experimentalgruppe auch inhaltlich und nicht nur summativ verbessert hat. Damit ist eine Tiefenanalyse gemeint, in der untersucht wird, wie sich das Erkennen von Stärken und Schwächen der Experimentalgruppe bezüglich ihrer Breite (Anzahl unterschiedlicher thematischer Kategorien) und Tiefe (Anzahl schlüssiger Aussagen innerhalb einer thematischen Kategorie) entwickelt hat.

5.3   Entwicklung diagnostischer Kompetenz

Dass sich in der Experimentalgruppe das Erkennen von Stärken und Schwächen über die drei Messzeitpunkte signifikant verbessert hat, wurde im letzten Abschnitt dargelegt. Weil fachdidaktisches Wissen (auch) Bestandteil der von der Kontrollgruppe besuchten Lehrveranstaltungen zum Thema *Diagnose, Förderung und Beurteilung* war, jedoch ohne inhaltlichen Bezug zum Thema Größen, wird die negative Entwicklung des Erkennens von Stärken und Schwächen bei der Kontrollgruppe nachfolgend genauer untersucht. Des Weiteren wird gezeigt, wie sich die schlüssigen Antworten der Studierenden aus der Experimentalgruppe in Bezug auf die Qualität verändert haben. Hierfür wurden die schlüssigen Antworten der Studierenden den verschiedenen Teilkompetenzen zugeordnet. Damit kann analysiert werden, welche Teilkompetenzen bei den Schülerinnen und Schülern von den Studierenden über die drei Messzeitpunkte erkannt wurden.

5.3.1   Entwicklung innerhalb der Kontrollgruppe

Nachfolgend werden die erreichten Mittelwerte des Erkennens von Stärken und Schwächen der Studierenden aus der Kontrollgruppe zu den drei Messzeitpunkten aufgeführt (Abb. 5.13). Es lässt sich kein signifikanter Unterschied zwischen dem Pre- und dem Posttest feststellen. Das Erkennen von Stärken und Schwächen nimmt jedoch sowohl zwischen Post- und Follow-up-Test (M = −2,76, p < 0,05) als auch zwischen Pre- und Follow-up-Test signifikant ab (M = − 3,62, p < 0,05).

Auf der einen Seite wurde erwartet, dass sich die Werte der Kontrollgruppe deutlich von denen der Experimentalgruppe unterscheiden würden, da die Kontrollgruppe keine gezielte Förderung beim Erkennen von Stärken und Schwächen im Rahmen einer Intervention erhalten hat. Andererseits sind die kontinuierlich abnehmenden Werte der Kontrollgruppe über die Messzeitpunkte hinweg erwartungswidrig, da die Kontrollgruppe trotz fehlender Intervention die regulären, fachdidaktischen Veranstaltungen zum Thema *Diagnose, Förderung und Beurteilung* besucht hat und dort das Thema Diagnose ebenfalls behandelt wurde – allerdings nicht inhaltsspezifisch auf den Größenbereich Gewichte. Aus

diesem Grund liegt es nahe, den Grund für die sinkenden Werte auch in der feh-
lenden Motivation der Studierenden zu suchen. Dreimal einen Test ausfüllen zu
müssen, ohne erkennbares Training dazu, könnte die Motivation negativ beeinflusst haben, was sich wohl auch in den niedrigen Werten ausdrückt. Dazu fiel
der dritte Testzeitpunkt auf das Semesterende, wo sich zusätzlich vielleicht eine
gewisse Müdigkeit bemerkbar gemacht hat. Oder aber es könnte aufgrund dieser
Werte geschlussfolgert werden, dass diagnostisches Wissen ohne den konkreten
fachlich-inhaltlichen Bezug nicht einfach übertragen werden kann.

Abb. 5.13 Veränderung
der Mittelwerte des
Erkennens von Stärken und
Schwächen der
Kontrollgruppe

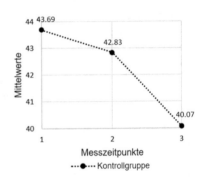

Zusammenfassend kann festgestellt werden, dass die Studierenden der Kontrollgruppe ihre Fähigkeit des Erkennens von Stärken und Schwächen – wie
angenommen – trotz Besuch der regulären, fachdidaktischen Veranstaltungen zum
Thema *Diagnose, Förderung und Beurteilung* nicht verbessern konnten. Aus diesem Grund wurden auch keine weiteren inhaltlichen Analysen in Bezug auf die
Breite und die Tiefe der Antworten der Studierenden aus der Kontrollgruppe
durchgeführt.

5.3.2 Entwicklung innerhalb der Experimentalgruppe

Jede Antwort einer oder eines Studierenden wurde einerseits Teilkompetenzen
zugeordnet, die auf den beschriebenen Teilkompetenzen im Primarschulbereich
beruhen (vgl. Abschnitt 4.4) und andererseits wurde sie innerhalb einer thematischen Kategorie den beiden Subkategorien richtige und fehlerhafte Überlegungen
identifizieren oder mögliche Ursachen interpretieren zugeordnet.

   Mit der Zuordnung zu den beiden Subkategorien wird ersichtlich, wie sich die
Antworten der Studierenden zu den Teilkompetenzen über die drei Testzeitpunkte

verändert haben und ob sie sich bezüglich der Breite (Anzahl unterschiedlicher thematischer Kategorien) und der Tiefe (Anzahl schlüssiger Aussagen innerhalb einer thematischen Kategorie) entwickelt haben. Mögliche Veränderungen wurden mittels Varianzanalyse mit Messwiederholung untersucht. Ebenso wurde analysiert, ob und wie sich die beiden Bereiche (richtige und fehlerhafte Überlegungen identifizieren und Ursachen interpretieren) innerhalb einer thematischen Kategorie verändern.

Bei einigen Kategorien ist die Voraussetzung der Normalverteilung verletzt ($p > 0,05$). Die Analyse wurde dennoch fortgesetzt, da die Stichprobengröße (n = 98) genügend groß war (n $\geq$ 30) und somit als robust gilt (Bortz & Schuster, 2010).

Wurden von den Studierenden richtige Lösungen von Schülerinnen und Schülern als fehlerhaft oder fehlerhafte Lösungen und deren Ursachen als richtig identifiziert und/oder interpretiert, so wurden diese der Kategorie *falsch erkannt* zugeordnet. Die Anzahl Antworten, die von den Studierenden fälschlicherweise als richtig, bzw. als fehlerhaft, erkannt wurden, erfährt über die drei Messzeitpunkte keine signifikante Veränderung. Als Beispiel wird die oder der gleiche Studierende zitiert, die oder der beim Pretest die richtige Lösung der Schülerin oder des Schülers als falsch identifizierte (*„60 g = 600 mg wäre korrekt gewesen und hat der Schüler nicht gesehen"*) und beim Posttest bei der gleichen Aufgabe die fehlerhafte Lösung der Schülerin oder des Schülers als richtig identifiziert hat (*„500 g = 5'000 mg: richtig erkannt"*). Dass sich die Anzahl fälschlicherweise als richtig, bzw. als fehlerhaft erkannter Lösungen trotz Intervention bei den Studierenden nicht signifikant verändert hat, könnte darauf hindeuten, dass mit der Intervention hauptsächlich fachdidaktisches Wissen für die Interpretation möglicher Ursachen vermittelt wurde und weniger das Wissen, um richtige und fehlerhafte Überlegungen besser identifizieren zu können.

Die Anzahl schlüssiger Antworten, die thematisch den beiden Kategorien *Größen umwandeln* und *Größen vergleichen* zugeordnet werden, verändern sich nur zwischen Pre- und Posttest signifikant und nur mit einem mittleren Effekt (*Umwandeln*: $p = 0,000$, $\eta^2 = 0,101$; *Vergleichen*: $p = 0,000$, $\eta^2 = 0,087$). Sie zeigen aber keine signifikante Veränderung zwischen Pre- und Follow-up-Test. Daraus lässt sich schlussfolgern, dass die Studierenden nur kurzfristig besser erkannt haben, ob in einer Lösung einer Schülerin oder eines Schülers Themen der Teilkompetenz *Größen umwandeln* (z. B. Verfeinerung oder Vergröberung einer Maßeinheit), respektive Themen der Teilkompetenz *Größen vergleichen* (z. B. direkte oder indirekte Vergleiche von Repräsentanten) angesprochen wurden. Das gelernte Wissen aus der Intervention war aber offensichtlich nicht nachhaltig genug, als dass es noch beim Follow-up-Test hätte nachgewiesen werden können. Demnach ist nur kurzfristig eine Entwicklung von mittlerer Effektstärke und längerfristig gar keine (signifikante) Entwicklung in diesen beiden Kategorien ersichtlich.

Im Weiteren werden die drei Kategorien näher beleuchtet, die sich signifikant und mit einem starken Effekt positiv über die drei Messzeitpunkte entwickelt haben. Diese drei Kategorien nehmen nicht nur kurzfristig zwischen Pre- und Posttest signifikant und mit starkem Effekt zu, sondern auch längerfristig zwischen Pre- und Follow-up-Test. Dies lässt auf eine nachhaltige Wirkung der Intervention schließen. Es handelt sich um die drei Kategorien *Größen messen*, *Erkennen von Invarianz* und *Größen schätzen*. Wie sich die beiden Bereiche richtige und fehlerhafte Überlegungen identifizieren und deren mögliche Ursachen interpretieren innerhalb der jeweiligen Kategorien verändert haben, wurde ebenfalls untersucht:

Der Kategorie *Größen messen* werden Antworten der Studierenden zugeordnet, wenn z. B. Themen wie die Anwendung und Funktionsweise von Messinstrumenten (z. B. einer Balkenwaage) thematisiert wurden. Es ist erkennbar, dass sich bei der Kategorie *Größen messen* die Werte des Bereichs richtige und fehlerhafte Überlegungen identifizieren zwischen Pre/Post nicht signifikant, jedoch zwischen Pre/Follow-up signifikant und mit mittlerer Effektstärke längerfristig verändert ($p = 0,04$, $\eta^2 = 0,039$, n = 98). Die Werte des Bereichs mögliche Ursachen interpretieren verändert sich sowohl kurz- als auch längerfristig signifikant und mit starkem Effekt (Pre/Post: $p = 0,000$; Pre/Follow-up: $p = 0,000$; $\eta^2 = 0,218$, n = 98). Wurden die Werte der schlüssigen Antworten der beiden Bereiche richtige und fehlerhafte Überlegungen identifizieren und mögliche Ursachen interpretieren dieser Kategorie addiert und varianzanalytisch untersucht, so sind die Veränderungen signifikant und zeigen einen starken Effekt ($p = 0,000$, $\eta^2 = 0,244$, n = 98). Die Anzahl schlüssiger Antworten zeigt, dass deren Mittelwerte (Abb. 5.14) beim Posttest (M = 7,41, SD = 2,74) signifikant höher liegen als beim Pretest (M = 5,41, SD = 2,44). Ebenfalls liegen sie beim Follow-up-Test (M = 7,20, SD = 2,59) signifikant höher als beim Pretest, was auf eine längerfristige Wirkung der Intervention in Bezug auf diese Kategorie schließen lässt.

Abb. 5.14 Veränderung
der Mittelwerte des
Erkennens von Stärken und
Schwächen der
Experimentalgruppe in der
Kategorie Größen messen

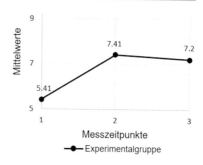

Anhand von Item 9 kann gezeigt werden, dass dessen Hauptschwerpunkt auf der Teilkompetenz *Größen messen* liegt (Abb. 5.15). Beim Pretest ist zu beobachten, dass Studierende eher allgemein formulierte Aussagen tätigen oder die Antwort des Kindes mit anderen Worten wiederholen *(„Kind betrachtet den orangen und grünen Gegenstand und das ist falsch"* oder *„Schüler denkt, die Waage zieht nach oben").* Beim Posttest sind die Aussagen zu den identifizierten richtigen und fehlerhaften Überlegungen oftmals kürzer *(„falsch erkannt"* oder *„Begründung ist falsch")* und die Ursacheninterpretationen fallen länger, dafür differenzierter und prägnanter aus *(„Kind kennt offenbar die Funktionsweise des Messgerätes Balkenwaage nicht. Das Kind vermenschlicht die Waage").*

Der Kategorie *Erkennen von Invarianz* werden Antworten der Studierenden zugeordnet, wenn z. B. beschrieben wurde, dass das Kind (nicht) erkannt hat, dass ein Gegenstand, wie ein Turm aus Holzklötzen, sein Gewicht behält, auch wenn er seine Lage oder räumliche Konfiguration ändert (Franke & Ruwisch, 2010).

Es lässt sich feststellen, dass bei der Kategorie *Erkennen von Invarianz* die Werte des Bereichs richtige und fehlerhafte Überlegungen identifizieren sich nicht signifikant über die Messzeitpunkte verändert. Die Werte des Bereichs Ursachen interpretieren verändert sich jedoch sowohl kurz- als auch längerfristig signifikant und mit großem Effekt (Pre/Post: p = 0,000; Pre/Follow-up: p = 0,000; η^2 = 0,283, n = 98).

Wurden die Werte der schlüssigen Antworten der beiden Bereiche richtige und fehlerhafte Überlegungen identifizieren und mögliche Ursachen interpretieren dieser Kategorie addiert und varianzanalytisch untersucht, so sind die Veränderungen signifikant und zeigen einen starken Effekt (p = 0,000, η^2 = 0,228, n = 98). Die Anzahl schlüssiger Antworten zeigt, dass deren Mittelwert beim Posttest (M = 3,88, SD = 1,54) signifikant höher liegt als beim Pretest (M = 2,51, SD = 1,38). Im Vergleich zum Pretest liegen auch die Werte des Follow-up-Tests

9) **Welcher Gegenstand ist schwerer? Der grüne oder der orange Gegenstand? Begründe Deine Antwort.**

→ *Folgende Schüler*in - Antwort wurde gegeben:*

Der orange Gegenstand ist schwerer weil die Wage mehr hochziehen mus.

Abb. 5.15 Item 9: Beispielhafte Veranschaulichung des Auftretens der Kategorie Größen messen

($M = 3{,}47$, $SD = 1{,}19$) signifikant höher (Abb. 5.16) was auch bei dieser thematischen Kategorie auf eine Nachhaltigkeit der Wirkung der Intervention schließen lässt.

Abb. 5.16 Veränderung der Mittelwerte des Erkennens von Stärken und Schwächen der Experimentalgruppe der Kategorie Erkennen von Invarianz

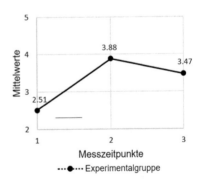

Die Kategorie *Erkennen von Invarianz* ist die einzige Kategorie, die bei zwei Items (3 und 5) im Posttest – nach der Intervention also – auftritt, weil sie neu von den Studierenden thematisiert worden ist. Die Werte aller genannten Kategorien werden für diese beiden Items nachfolgend graphisch dargestellt (Abb. 5.17;

Abb. 5.18). Bei Item 3 (Abb. 5.17) kann der Wert der Kategorie *Erkennen von Invarianz* beim Posttest mit 2 % ausgewiesen werden und bei Item 5 (Abb. 5.18) mit1 %. Die Anzahl zugeordneter Antworten zu den bereits im Pretest genannten anderen Kategorien bleiben im Posttest bei beiden Items mehrheitlich stabil.

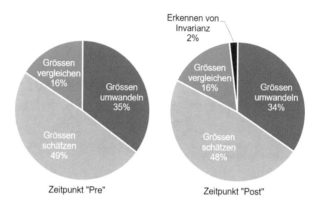

Abb. 5.17 Diagramm zur Illustration der neu aufgetretenen Kategorie Erkennen von Invarianz bei Item 3. Die Kategorie tritt beim zweiten Messzeitpunkt zum ersten Mal auf

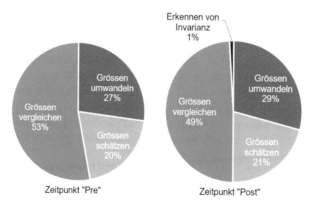

Abb. 5.18 Diagramm zur Illustration der neu aufgetretenen Kategorie Erkennen von Invarianz bei Item 5. Die Kategorie tritt beim zweiten Messzeitpunkt zum ersten Mal auf

Um zu veranschaulichen, wie sich die neu aufgetretene Kategorie in den Antworten der Studierenden gezeigt hat, werden beispielhaft Antworten von Studierenden zitiert. Bei Item 3 (Abb. 5.19) schlussfolgerte eine Studierende oder ein Studierender beim Pretest: *„Das Kind hat ein Gefühl dafür, wie schwer ein Buch ist. Allerdings ist es sich mit den Größen nicht sicher".* Die oder der gleiche Studierende interpretierte beim Posttest: *„Der Schüler besitzt Stützpunktvorstellungen, hat aber Schwierigkeiten mit der Invarianz".* Damit lässt sich diese Interpretation auch zur Kategorie *Erkennen von Invarianz* zählen.

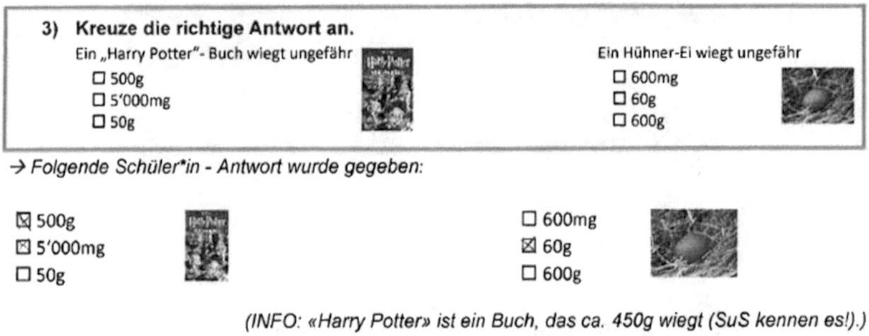

3) Kreuze die richtige Antwort an.

Ein „Harry Potter"- Buch wiegt ungefähr

☐ 500g
☐ 5'000mg
☐ 50g

Ein Hühner-Ei wiegt ungefähr

☐ 600mg
☐ 60g
☐ 600g

→ *Folgende Schüler*in - Antwort wurde gegeben:*

☒ 500g
☒ 5'000mg
☐ 50g

☐ 600mg
☒ 60g
☐ 600g

(INFO: «Harry Potter» ist ein Buch, das ca. 450g wiegt (SuS kennen es!).)

Abb. 5.19 Beispielitem 3, bei dem die Kategorie Erkennen von Invarianz beim Posttest nachgewiesen werden kann

Bei Item 5 (Abb. 5.20) notierte eine Studierende oder ein Studierender beim Pretest: *„Das Kind kennt die Gewichtseinheiten und kann diese größtenteils einschätzen und korrekt auf Objekte beziehen. Das Kind hatte bei den größeren Zahlen 2 Fehler bei der Umrechnung gemacht. Diese waren ihm/ihr vielleicht zu groß/ abstrakt."* Die oder der gleiche Studierende berücksichtigte beim Posttest neu die Kategorie *Erkennen von Invarianz: „Das Kind hat Mühe, die korrekte Gewichtseinheit zu wählen, sobald es sich um Zahlen im 10'000er Raum handelt. Wahrscheinlich hat es mit dem Umrechnen noch Probleme und erkennt die Gewichtsinvarianz nicht".*

5) **Ergänze die richtige Masseinheit (g, kg, t)**

Ein Apfel wiegt 230 ....

Ein Elefant wiegt 7 ....

Peters Mutter wiegt 65 ....

Thomas kauft 5 .... Kartoffeln.

Annas Velo wiegt 15'000 ....

Das schwerste Tier der Erde wiegt 130 ....

Simons Vater wiegt 80'000 ....

→ *Folgende Schüler*in - Antwort wurde gegeben:*

Ein Apfel wiegt 230 ....*g*......

Ein Elefant wiegt 7 ....*t*......

Peters Mutter wiegt 65 ...*kg*......

Thomas kauft 5 ...*kg*..... Kartoffeln.

⌀ Annas Velo wiegt 15'000 ...*kg*......

⌀ Das schwerste Tier der Erde wiegt 130 ...*t*......

⌀ Simons Vater wiegt 80'000 ...*mg*......

Abb. 5.20 Beispielitem 5, bei dem die Kategorie Erkennen von Invarianz beim Posttest nachgewiesen werden kann

Bei den zitierten Antworten zu den Items 3 und 5 wird zusätzlich zur neu hinzugekommenen Kategorie ersichtlich, dass die Antworten beim Posttest im Vergleich zum Pretest prägnanter formuliert wurden. Diese Beobachtung lässt sich grundsätzlich bei den meisten Antworten der Studierenden machen: Wurde beim Pretest sowohl im Bereich richtige und fehlerhafte Überlegungen identifizieren als auch im Bereich Ursachen interpretieren oft sehr ausführlich und ausholend formuliert, so ist beim Posttest zu beobachten, dass die Studierenden im Bereich richtige und fehlerhafte Überlegungen identifizieren kürzer und prägnanter und im Bereich Ursachen interpretieren oft mehr Wörter verwendeten und mögliche Ursachenbegründungen präziser und prägnanter beschrieben. Anhand von Item 10 (Abb. 5.21), bei dem der Hauptschwerpunkt ebenfalls auf der Kategorie *Erkennen von Invarianz* liegt, soll die beschriebene Prägnanz verdeutlicht werden.

Die oder der Studierende argumentierte beim Pretest stärker entlang der Aussage des Kindes und paraphrasierte das Geschriebene des Kindes, allerdings ohne dessen Aussage wirklich zu interpretieren. *„Das Kind denkt wohl, dass die Steine nicht mehr aufeinanderdrücken und dass dies mehr Gewicht ergibt"*. Beim Posttest formulierte die oder der gleiche Studierende: *„Kind denkt, dass auf einer Waage die Fläche des Objektes eine Rolle spielt. Das Kind hat das Prinzip von Invarianz von Größen noch nicht verstanden/ausgebildet; deshalb: Falsche Antwort und fehlerhafte Begründung"*. Die Antwort beim Posttest wurde länger und differenzierter, was sich an der gestiegenen Anzahl von verwendeten Fachbegriffen zeigt, wie z. B. *Invarianz*. Insgesamt wurde in den Antworten des Posttests weniger

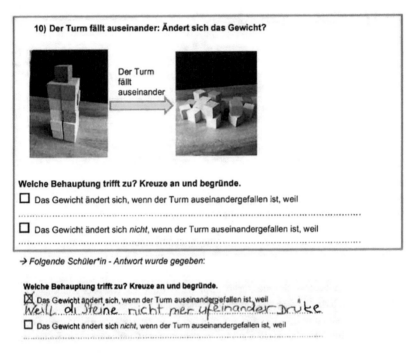

Abb. 5.21 Beispielitem 10, bei dem die Kategorie Erkennen von Invarianz beim Posttest nachgewiesen werden kann

paraphrasiert als vielmehr prägnant geschlussfolgert, was mögliche Ursachen sein können für eine richtige oder fehlerhafte Überlegung des Kindes.

Der Kategorie *Größen schätzen* werden Antworten der Studierenden zugeordnet, wenn z. B. Themen wie Größenvorstellung, mögliche Repräsentanten, Stützpunktvorstellungen der Schülerin oder des Schülers, mögliche Handlungs-, Alltags- und Messerfahrungen thematisiert wurden.

Es lässt sich feststellen, dass bei der Kategorie *Größen schätzen* sich die Werte des Bereichs richtige und fehlerhafte Überlegungen identifizieren nicht signifikant über die Zeit verändern. Die Werte des Bereichs mögliche Ursachen interpretieren verändern sich sowohl kurz- als auch längerfristig signifikant und mit großem Effekt (Pre/Post: p = 0,000; Pre/Follow-up: p = 0,000; $\eta^2 = 0,182$, n = 98). Wurden die Werte der schlüssigen Antworten der beiden Bereiche richtige und fehlerhafte Überlegungen identifizieren und mögliche Ursachen interpretieren dieser Kategorie addiert und varianzanalytisch untersucht, so sind die Veränderungen signifikant und zeigen einen starken Effekt ($p = 0,000$, $\eta^2 = 0,173$, $n = 98$) (Abb. 5.22). Die Anzahl schlüssiger Antworten zeigt, dass der Mittelwert beim Posttest ($M = 18,38$, $SD = 5,71$) signifikant höher liegt als beim Pretest ($M = 14,62$, $SD = 4,97$). Im Vergleich zum Pretest liegen auch die Werte des Follow-up-Tests ($M = 17,36$, $SD = 6,14$) signifikant höher, was auch bei dieser thematischen Kategorie auf eine Nachhaltigkeit der Wirkung der Intervention schließen lässt.

Abb. 5.22 Veränderung der Mittelwerte des Erkennens von Stärken und Schwächen der Experimentalgruppe der Kategorie Größen schätzen

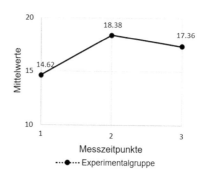

Bei Item 2 liegt der Hauptschwerpunkt auf der Kategorie *Größen schätzen* (Abb. 5.23). Bei diesem Item ist anhand der Auswertung zu erkennen, dass die Antworten der Studierenden von Pre- zu Posttest ebenfalls präziser und differenzierter wurden. Die fehlerhafte Überlegung eines Kindes wurde von einer oder einem Studierenden im Pretest z. B. wie folgt identifiziert: *„Die Kuh ist viel zu schwer"*. Beim Posttest wurde sowohl differenzierter identifiziert als auch prägnanter interpretiert (*„Kuh mit falscher Maßeinheit aufgrund fehlender Lebenswelterfahrung"*).

Die Differenziertheit der Aussagen nach der Intervention lässt sich auch anhand von Item 2 aufzeigen: Beim Pretest drehte sich die Begründung häufig um ein mögliches Umwandlungsproblem *„die Schülerin denkt wohl 1t sei 100kg"*. Beim Posttest wurden die Begründungen hingegen vielfältiger und zeigen sich dadurch, dass z. B. die Butter von den Studierenden als mögliche Stützpunktvorstellung erkannt oder dass mit der Begründung *„das Kind hat schon einen Stuhl hochgehoben"* auf die persönliche Lebenswelterfahrung des Kindes Bezug genommen wurde. Ebenso wurde angemerkt, dass die Kuh offenbar außerhalb der Lebenswelterfahrung des Kindes liege und deshalb auch nicht richtig eingeschätzt werden kann. Begründungen, die beim Posttest gemacht wurden, wie

z. B. *„Beziehung zwischen den Maßeinheiten nicht verstanden; vielleicht meint das Kind aber auch 200kg und nicht 200t?"* zeigen, dass die Studierenden mehr Fachbegriffe wie z. B. *Maßeinheit* verwendeten.

2) Was schätzt du, wie viel wiegen diese Dinge in Wirklichkeit? Begründe Deine Antwort.

Gewicht einer Kuh: ....

Gewicht eines Stuhls: ....

Gewicht einer Butter: ....

Begründe Deine Antwort:

....

→ *Folgende Schüler*in - Antwort wurde gegeben:*

Gewicht einer Kuh: 200t

Gewicht eines Stuhls: 2,5kg

Gewicht einer Butter: 250 gr.

Begründe Deine Antwort:

Ich backe viel mit meinem Mami. Darum weiss ich, das eine Buter 250gr. wiegt. Unser Stuhl Zuhause wiegt ungefähr 10mal so viel!

(INFO: Eine Kuh wiegt zwischen 400-700kg.)

Abb. 5.23 Beispielitem bei dem die Kategorie Größen schätzen auftritt

Zusammenfassend kann festgestellt werden, dass die Anzahl schlüssiger Antworten, die den beiden Kategorien *Größen umwandeln* und *Größen vergleichen* zugeordnet wurden, sich zwar signifikant aber nur mit einem mittleren Effekt zwischen Pre- und Posttest und nicht signifikant zwischen Pre- und Follow-up-Test unterscheiden. Daraus kann geschlossen werden, dass die Studierenden zwar kurzfristig die angesprochenen Themen der Teilkompetenzen *Größen umwandeln* und *Größen vergleichen* in den Lösungen der Schülerinnen und Schüler besser erkannt haben, dass dieses Wissen aber offenbar nicht nachhaltig genug war, als dass es noch beim Follow-up-Test hätte nachgewiesen werden können.

Die Anzahl schlüssiger Antworten der Studierenden, die thematisch den drei Kategorien *Größen messen, Erkennen von Invarianz* und *Größen schätzen* zugeordnet wurden, nehmen sowohl kurz-, als auch längerfristig signifikant und mit großer Effektstärke zu. Dies spricht für eine längerfristige Wirkung der Intervention in Bezug auf diese drei Kategorien. Zusätzlich lässt sich bei der Analyse der Antworten der Studierenden feststellen, dass diese nach der Intervention im Bereich richtige und fehlerhafte Überlegungen identifizieren, meist kürzer und im Bereich Ursachen interpretieren umfangreicher und differenzierter wurden. Wurde beim Pretest oft noch paraphrasiert und/oder sehr allgemein formulierte Vermutungen notiert, wie z. B. *„Kind verliert sich wohl in der Vermutung über die verschiedenen Gegenstände und denkt, der grüne Gegenstand sei ein Salatblättchen, weil es grün ist und auch so aussieht"*, so wurden nach der Intervention differenziertere und vielfältigere Ursachenbegründungen aufgeführt und mehr Fachbegriffe eingesetzt.

In diesem Abschnitt konnte varianzanalytisch gezeigt werden, dass die nachgewiesene verbesserte diagnostische Kompetenz der Experimentalgruppe sowohl durch eine größere Tiefe (Anzahl Ursacheninterpretationen innerhalb der Teilkompetenzen haben zugenommen) als auch durch eine größere Breite (mehr Teilkompetenzen wurden erkannt) erklärt werden kann. Es kann bestätigt werden, dass mit dem entwickelten Testinstrument die Veränderung der Qualität der Antworten der Studierenden aufgezeigt werden kann und das Testinstrument somit auch sensitiv darauf reagiert, um qualitative Veränderungen in den Antworten zu erfassen.

Als nächstes stellt sich die Frage, ob die Verbesserung des Erkennens von Stärken und Schwächen mit weiteren Faktoren zusammenhängt.

5.4 Einflüsse auf diagnostische Kompetenz

Bei der Untersuchung der Fähigkeit des Erkennens von Stärken und Schwächen stellt sich als nächstes die Frage, wie diese mit anderen Fähigkeiten zusammenhängt. Hierfür wurden verschiedene mögliche Einflussfaktoren zum ersten Messzeitpunkt untersucht. Folgende Faktoren wurden dabei betrachtet: *Epistemologische Überzeugungen zur Mathematik, mathematisches Fachwissen, höchster Bildungsabschluss, Alter, Geschlecht und pädagogische Erfahrung* sowie die *Intervention*.

In Ergänzung zu möglichen Einflussfaktoren beim Pretest wurde analysiert, wie sich ein möglicher Einfluss der genannten Faktoren auf den *Zuwachs* der diagnostischen Kompetenz zwischen dem ersten und zweiten Messzeitpunkt auswirkt. Ebenso interessiert die Frage nach der nachhaltigen Wirkung der *Intervention*, ob ein kurzfristiger Einfluss der *Intervention* – zwischen erstem und zweiten Messzeitpunkt – auch einen längerfristigen Einfluss – zwischen erstem und letztem Messzeitpunkt – ausübt.

Weil auf die möglichen Einflussfaktoren *mathematisches Fachwissen, epistemologische Überzeugungen zur Mathematik, pädagogische Erfahrung* und die *Intervention* im Rahmen der Ausbildung durch Förderung und Anregung gezielt

Einfluss genommen werden kann, werden diese Ergebnisse detaillierter dargelegt als die Faktoren *Alter*, *Geschlecht* und *höchster Bildungsabschluss*, die im Rahmen der Ausbildung nicht gefördert werden können.

In einem ersten Schritt wurde mit einer multiplen Regressionsanalyse untersucht, ob und wie die genannten möglichen Prädiktoren zum ersten Messzeitpunkt auf das Erkennen von Stärken und Schwächen der Studierenden einwirken. Mit diesem Vorgehen wurde geklärt, ob vor der *Intervention* oder dem fachdidaktischen Seminar bereits nachweisbare Einflüsse auf die diagnostische Kompetenz feststellbar sind.

Als Voraussetzungen für die multiple Regression gelten neben näherungsweise normalverteilten Residuen die Linearität der Variablen. Ebenso sollten weder extreme Ausreißer vorkommen noch eine Multikollinearität der Prädiktoren vorliegen (Döring & Bortz, 2016).

Sowohl die Normalverteilung der Residuen als auch die Linearität der Variablen und das Fehlen von extremen Ausreißern können mittels visueller Überprüfung des Histogramms, des Streudiagramms und des Boxplots bestätigt werden. Mit der Überprüfung des Variance Inflation Factor (*VIF*) und des Werts für die *Tolerance* kann bestätigt werden, dass keine Multikollinearität vorliegt, da sämtliche Werte für den *VIF* unter zehn, bzw. über vier liegen und die Werte für die *Tolerance* größer als 0,1 waren (Bühner & Ziegler, 2017).

Als Effektstärkemaß einer Regressionsanalyse gilt der standardisierte Regressionskoeffizient (Beta-Koeffizient, „β" (Kuckartz et al., 2010). Er kann wie der Korrelationskoeffizient (r) nach Cohen (1977) interpretiert werden (kleiner Effekt: $\beta > 0,1$; mittlerer Effekt: $\beta > 0,3$; starker Effekt: $\beta > 0,5$) (Rasch et al., 2010).

Die Interpretation des korrigierten R im Quadrat (R^2) für die Varianzaufklärung wird nach Cohen (1977) ausgelegt (geringe Varianzaufklärung: $R^2 = 0,02$; mittlere Varianzaufklärung: $R^2 = 0,13$; hohe Varianzaufklärung: $R^2 = 0,26$).

5.4.1 Einflüsse auf das Erkennen von Stärken und Schwächen

Nachdem die Voraussetzungen für die Durchführung einer Regressionsanalyse überprüft und bestätigt werden konnten, wurde mittels F-Test die Signifikanz des Modells überprüft, ob das Erkennen von Stärken und Schwächen (abhängige Variable) durch das Hinzufügen möglicher Einflussfaktoren (unabhängige Variablen) überhaupt einen Erklärungsbeitrag leistet (Schwarz et al., 2021). Mit der bestätigten Signifikanz ($p < 0,001$) kann der Einfluss jedes genannten möglichen Einflussfaktors zum ersten Messzeitpunkt mittels standardisiertem Koeffizienten

(Beta-Koeffizient, „β") auf das Erkennen von Stärken und Schwächen interpretiert werden.

Die Faktoren *pädagogische Erfahrung* ($p = 0{,}020$, $\beta = 0{,}173$), *mathematisches Fachwissen* ($p = 0{,}010$, $\beta = 0{,}215$) und das *Geschlecht* ($p = 0{,}036$, $\beta = 0{,}167$) üben einen signifikanten Einfluss aus mit kleinem Effekt auf das Erkennen von Stärken und Schwächen zum ersten Messzeitpunkt (Tab. 5.7). Aufgrund der kleinen Effekte dieser Faktoren kann geschlossen werden, dass diese drei Faktoren offenbar nur einen sehr geringen Einfluss auf das Erkennen von Stärken und Schwächen bei den Studierenden zum ersten Messzeitpunkt haben. Ebenso lässt sich schlussfolgern, dass eine *konstruktivistische Überzeugung*, ein *hoher Bildungsabschluss* und das *Alter* keinen signifikanten Einfluss auf das Erkennen von Stärken und Schwächen zu haben scheinen (Tab. 5.7).

Auf der Basis dieser Ergebnisse kann die aufgestellte Hypothese, dass eine konstruktivistische Sichtweise zum ersten Messzeitpunkt einen Einfluss auf das Erkennen von Stärken und Schwächen ausübt, mit großer Wahrscheinlichkeit verworfen werden.

Dass das *Geschlecht* einen signifikanten Einfluss mit kleinem Effekt auf das Erkennen von Stärken und Schwächen zum ersten Messzeitpunkt hat, kann nur mit Vorsicht vermutet werden, da sich die Stichprobengrößen zwischen den weiblichen Studierenden (n = 142) und den männlichen Studierenden (n = 39) stark unterscheiden.

Tab. 5.7 Einflussfaktoren auf das Erkennen von Stärken und Schwächen zum ersten Messzeitpunkt

	Erkennen von Stärken und Schwächen
	beta
Alter	0,064
Geschlecht	0,167*
Math. Fachwissen	0,215*
Päd. Erfahrung	0,173*
Höchster Bildungsabschluss	0,144
Epistem. Überzeugungen	0,097

Basis: n = 181, * $p < .05$, ** $p < .01$

Durch das *Geschlecht*, die *pädagogische Erfahrung* und das *Fachwissen* können 11,6 % der Gesamtstreuung des Erkennens von Stärken und Schwächen erklärt werden ($R^2 = 0,116$). Dies bedeutet nach Cohen (1977) eine mittlere Varianzaufklärung.

Das Erkennen von Stärken und Schwächen wird in dieser Arbeit in zwei Bereiche (Identifizieren von richtigen und fehlerhaften Überlegungen von Schülerinnen und Schülern und Interpretieren möglicher Ursachen) unterteilt. In einem nächsten Schritt wird der Frage nachgegangen, ob und wie sich die Einflussfaktoren zum erstem Messzeitpunkt auf diese beiden Bereiche auswirken.

5.4.2 Einflüsse auf den Bereich Identifizieren richtiger und fehlerhafter Überlegungen

Das Regressionsmodell für den Bereich richtige und fehlerhafte Überlegungen identifizieren wurde als Ganzes nicht signifikant ($p = 0,086$). Demnach haben die genannten Faktoren keinen nachweisbaren Einfluss auf den Bereich Identifizieren einer richtigen oder fehlerhaften Überlegung.

Unerwarteterweise kann damit die aufgestellte Hypothese, dass *mathematisches Fachwissen* einen Einfluss auf das Identifizieren von fehlerhaften und richtigen Überlegungen von Schülerinnen und Schülern ausübt, mit großer Wahrscheinlichkeit verworfen werden.

5.4.3 Einflüsse auf den Bereich Ursachen interpretieren

Analog wurde untersucht, ob die genannten Faktoren einen Einfluss auf den Bereich Ursachen interpretieren ausüben.

Aufgrund der Signifikanz des Regressionsmodells ($p = 0,002$) können die standardisierten Koeffizienten (Beta-Koeffizient) für jeden Einflussfaktor einzeln interpretiert werden (Tab. 5.8). Die folgenden Einflussfaktoren üben einen signifikanten Einfluss aus: *Pädagogische Erfahrung* (kleiner Effekt; $p = 0,045$, $\beta = 0,151$), das *mathematische Fachwissen* (kleiner Effekt; $p = 0,009$, $\beta = 0,221$) und das *Geschlecht* (kleiner Effekt; $p = 0,029$, $\beta = 0,177$).

Tab. 5.8 Einflussfaktoren auf das Interpretieren möglicher Ursachen zum ersten Messzeitpunkt

	Interpretieren möglicher Ursachen
	beta
Alter	0,127
Geschlecht	0,177**
Math. Fachwissen	0,221**
Päd. Erfahrung	0,151*
Höchster Bildungsabschluss	0,135
Epistem. Überzeugungen	0,105

Basis: $n = 181$, * $p < .05$, ** $p < .01$

Durch *pädagogische Erfahrung, Fachwissen* und das *Geschlecht* können 9 % der Gesamtstreuung des Bereichs Ursachen interpretieren erklärt werden ($R^2 = 0,087$). Dies bedeutet nach Cohen (1977) eine geringe Varianzaufklärung.

Unerwarteterweise kann damit die aufgestellte Hypothese, dass wer mehr *pädagogische Erfahrung* aufweist, besser mögliche Ursachen interpretieren kann, verworfen werden.

Die Mittelwerte der weiblichen Studierenden liegen im Pretest um 3,18 Punkte, im Posttest um 3,83 Punkte und im Follow-up-Test um 3,94 Punkte höher als die der männlichen Studierenden (Tab. 5.9). Die Zunahme der Mittelwerte der weiblichen Studierenden im Vergleich zu den männlichen Studierenden liegen zwischen Pre- und Posttest um 0,65 Punkte und zwischen Pre- und Follow-up um 0,76 Punkte höher als die der männlichen Studierenden.

Tab. 5.9 Mittelwerte des Erkennens von Stärken und Schwächen nach Geschlecht

Zeitpunkt	männlich	weiblich
Pre	39,62	42,80
Post	44,15	47,98
Follow-up	40,18	44,12

Basis: $n = 181$

Ebenso kann gezeigt werden, dass ein *hoher Bildungsabschluss* ($p = 0,074$), eine *konstruktivistische Überzeugung* ($p = 0,156$) sowie das *Alter* ($p = 0,127$) offenbar keinen signifikanten Einfluss auf den Bereich Ursachen interpretieren ausüben.

5.4.4 Einflüsse auf den Zuwachs des Erkennens von Stärken und Schwächen

In einem weiteren Schritt wurde untersucht, ob und welche Faktoren einen Einfluss auf den *Zuwachs* des Erkennens von Stärken und Schwächen ausüben. Um den Zuwachs zu ermitteln, wurden die erreichten Werte des Pretests von den Werten des Posttests, bzw. des Follow-up-Tests, subtrahiert.

Nachdem die Voraussetzungen für die Durchführung einer Regressionsanalyse überprüft und bestätigt werden konnten, wurden aufgrund der Signifikanz des Regressionsmodells ($p < 0,001$) die Beta-Koeffizienten für jeden Einflussfaktor interpretiert. Der Einflussfaktor *Intervention* übt einen hochsignifikanten Einfluss mit starkem Effekt ($p < 0,001$, $\beta = 0,470$) auf den Zuwachs des Erkennens von Stärken und Schwächen aus (Tab. 5.10). Dieses Ergebnis spricht für die Wirkungskraft der *Intervention* und bestätigt deren Wirksamkeit. Der Einflussfaktor *pädagogische Erfahrung* übt auf den Zuwachs des Erkennens von Stärken und Schwächen einen signifikanten Einfluss aus, allerdings nur mit einem kleinen und negativen Effekt ($p = 0,030$, $\beta = -0,150$). Dies ist insofern überraschend, da davon ausgegangen wurde, dass wer die Lebenswelt der Kinder durch viel Kontakt zu ihnen kennt, auch besser mögliche Ursachen für eine identifizierte fehlerhafte oder richtige Überlegung erklären kann.

Tab. 5.10 Einflussfaktoren auf den Zuwachs des Erkennens von Stärken und Schwächen

	Zuwachs des Erkennens von Stärken und Schwächen
	beta
Alter	0,016
Geschlecht	0,059
Math. Fachwissen	-0,004
Päd. Erfahrung	-0,150*
Höchster Bildungsabschluss	0,066
Epistem. Überzeugungen	0,096
Intervention	0,470**

Basis: n = 181, * $p < .05$, ** $p < .01$

Durch *pädagogische Erfahrung* und die *Intervention* können 23 % der Gesamtstreuung des Zuwachses des Erkennens von Stärken und Schwächen erklärt werden ($R^2 = 0,232$). Dies kann gemäß Cohen (1977) als eine hohe Varianzaufklärung interpretiert werden.

Wird nur der Einfluss der *Intervention* auf den Zuwachs (Pre/Post) des Erkennens von Stärken und Schwächen mittels einfacher linearer Regression berechnet, so kann ein hochsignifikanter Einfluss mit einer großen Effektstärke nachgewiesen werden ($p < 0{,}001$, $\beta = 0{,}472$) (Tab. 5.11).

Tab. 5.11 Einflussfaktor *Intervention* auf den Zuwachs des Erkennens von Stärken und Schwächen zwischen erstem und zweiten Messzeitpunkt

	Zuwachs des Erkennens von Stärken und Schwächen
	beta
Intervention	0,472**

Basis: n = 181, * $p < .05$, ** $p < .01$

Durch die *Intervention* können 22 % der Gesamtstreuung des Zuwachses des Erkennens von Stärken und Schwächen erklärt werden ($R^2 = 0{,}218$). Dies bedeutet nach Cohen (1977) eine hohe Varianzaufklärung.

Wird der Einfluss der *Intervention* auf den *längerfristigen* Zuwachs (Pre/Follow-up) des Erkennens von Stärken und Schwächen mittels einfacher linearer Regression berechnet, so kann ein hochsignifikanter Einfluss mit mittlerer Effektstärke durch die *Intervention* nachgewiesen werden ($p < 0{,}001$, $\beta = 0{,}390$) (Tab. 5.12).

Tab. 5.12 Einflussfaktor *Intervention* auf den Zuwachs des Erkennens von Stärken und Schwächen zwischen erstem und dritten Messzeitpunkt

	Zuwachs des Erkennens von Stärken und Schwächen
	beta
Intervention	0,390**

Basis: n = 181, * $p < .05$, ** $p < .01$

Durch die *Intervention* können 15 % der Gesamtstreuung des längerfristigen Zuwachses des Erkennens von Stärken und Schwächen erklärt werden ($R^2 = 0{,}147$). Dies bedeutet nach Cohen (1977) eine mittlere Varianzaufklärung.

In diesem Abschnitt wurde der Frage nachgegangen, ob sich ein möglicher Einfluss der genannten Faktoren auf das Erkennen von Stärken und Schwächen nachweisen lässt.

Ein besonderes Augenmerk wurde auf die Einflussfaktoren *mathematisches Fachwissen, epistemologische Überzeugungen zur Mathematik, pädagogische Erfahrung* und *Intervention* gelegt, weil diese gezielt bei Studierenden in der Ausbildung eingesetzt, verstärkt thematisiert oder angeregt werden können, um die Fähigkeit des Erkennens von Stärken und Schwächen zu verbessern.

Wie dargelegt werden konnte, üben die Faktoren *pädagogische Erfahrung* ($p = 0{,}020$, $\beta = 0{,}173$), *mathematisches Fachwissen* ($p = 0{,}010$, $\beta = 0{,}215$) und das *Geschlecht* ($p = 0{,}036$, $\beta = 0{,}167$) einen signifikanten Einfluss mit kleinem Effekt auf das Erkennen von Stärken und Schwächen zum ersten Messzeitpunkt aus. Aufgrund des kleinen Effekts kann geschlussfolgert werden, dass die *pädagogische Erfahrung*, das *mathematische Fachwissen* und das *Geschlecht* offenbar keine zentrale Rolle dabei einnehmen, dass eine Studierende oder ein Studierender in einer Lösung einer Schülerin oder eines Schülers Stärken und Schwächen besser erkennen kann. Alle anderen Einflussfaktoren zeigen zu diesem Messzeitpunkt keinen Effekt. Dies ist überraschend, da davon ausgegangen wurde, dass wer z. B. mehr *pädagogische Erfahrung* aufweist, besser interpretieren kann, warum eine Schülerin oder ein Schüler in einer Lösung fehlerhafte oder richtige Überlegungen angestellt hat. Ebenso wurde erwartet, dass wer eine konstruktivistische – im Gegensatz zu einer transmissiven – Überzeugung bezüglich der Mathematik hat, entsprechend besser Stärken und Schwächen erkennen kann. Dass also Studierende, die Mathematik als kreativen Prozess ansehen und den Schülerinnen und Schülern Eigenverantwortung übergeben möchten, höhere Werte erzielen würden als Studierende, die Mathematik als klar vorgegebenes Regelwerk ansehen und den Schülerinnen und Schülern den Lösungsweg vorgeben möchten. Auch diese Annahme kann aufgrund der vorliegenden Ergebnisse mit großer Wahrscheinlichkeit verworfen werden.

Ebenfalls unerwartet lässt sich auf den Bereich richtige und fehlerhafte Überlegungen identifizieren beim ersten Messzeitpunkt kein signifikanter Einfluss durch die genannten Einflussfaktoren feststellen.

Auf den Bereich Ursachen interpretieren lässt sich zum ersten Messzeitpunkt beim Faktor *mathematisches Fachwissen* ein kleiner Effekt ($p = 0{,}009$, $\beta = 0{,}221$) nachweisen. Offenbar spielt das mathematische Fachwissen auch hier keine zentrale Rolle, inwiefern eine Studierende oder ein Studierender in einer Lösung einer Schülerin oder eines Schülers mögliche Ursachen interpretieren kann.

Die *Intervention* kann als signifikanter Einflussfaktor mit großer Effektstärke ($p < 0{,}001$, $\beta = 0{,}472$) auf den kurzfristigen Zuwachs (Pre-Post) des Erkennens von Stärken und Schwächen als auch als signifikanter Einflussfaktor mit mittlerer Effektstärke ($p < 0{,}001$, $\beta = 0{,}390$) auf den längerfristigen Zuwachs (Pre-Follow-up) bestätigt werden. Aufgrund der vorliegenden Ergebnisse kann geschlussfolgert werden, dass durch eine *Intervention* mit einem inhaltlichen Bezug zum Thema Größen das Erkennen von Stärken und Schwächen gefördert werden kann.

Zusammenfassung, Diskussion und Fazit

In diesem Kapitel wird das gewählte Vorgehen zusammenfassend dargestellt, diskutiert und der Gewinn sowie die Grenzen der Arbeit aufgezeigt.

6.1 Zusammenfassung und Gewinn der Arbeit

Ziel dieser Arbeit war es, diagnostische Kompetenz mit einem dafür entwickelten Kompetenzmessinstrument zu erfassen. Der Fokus lag dabei auf einer zentralen Facette diagnostischer Kompetenz, der Fähigkeit des Erkennens von Stärken und Schwächen in Lösungen von Schülerinnen und Schülern. Diese Fähigkeit kann als elementar dafür angesehen werden, dass auf der Grundlage von begründeten Hypothesen bei der Beurteilung von Kompetenzen von Lernenden auch individuelle Maßnahmen zur Förderung eingeleitet werden können (Philipp, 2018; Philipp & Gobeli-Egloff, 2022).

Die Absicht der Untersuchung war das Überprüfen der Güte des entwickelten Testinstruments (Forschungsfrage 1). Ebenso wurde die Sensitivität des Testinstruments hinsichtlich interindividueller Unterschiede (Forschungsfrage 2) sowie in Bezug auf Entwicklungen der Fähigkeit des Erkennens von Stärken und Schwächen von Schülerinnen und Schülern untersucht (Forschungsfrage 3) und mögliche Faktoren, die das Erkennen von Stärken und Schwächen beeinflussen, wie z. B. das mathematische Fachwissen oder die epistemologischen Überzeugungen bezüglich der Mathematik, beleuchtet (Forschungsfrage 4).

Die Untersuchung gründet auf einer quasi-experimentellen Studie (Döring & Bortz, 2016). Mittels Zwei-Gruppen Plan (Experimental- und Kontrollgruppe)

I. Gobeli-Egloff, *Erkennen von Stärken und Schwächen von Schülerinnen und Schülern*, Freiburger Empirische Forschung in der Mathematikdidaktik, https://doi.org/10.1007/978-3-658-44134-0_6

wurden zu drei Messzeitpunkten schriftlich vorliegende Lösungen von Schülerinnen und Schülern einer 4. Primarklasse im Größenbereich Gewichte von den Studierenden analysiert und auf Stärken und Schwächen untersucht.

Davon ausgehend, dass (diagnostische) Kompetenz erlernbar ist (Weinert, 2001b), wurde eine gezielte Förderung im Rahmen einer Intervention mit der Experimentalgruppe durchgeführt. Die Experimentalgruppe setzte sich dabei mit allen in der Primarschule der Schweiz vorkommenden Größenbereichen auseinander (Geld, Zeit, Längen, Gewichte, Hohlmaße) (BKS, 2018). Hierfür wurde fachbezogenes Wissen, wie zum Beispiel typische Fehlkonzepte, die im Größenbereich Gewichte auftreten, vermittelt, um Stärken und Schwächen in schriftlichen Lösungen erkennen zu können. Die Kontrollgruppe nahm in der gleichen Zeit an einer mathematikdidaktischen Lehrveranstaltung zum Thema *Diagnose, Förderung und Beurteilung,* ohne inhaltlichen Bezug zum Thema Größen, teil.

Sämtliche Aufgaben, die für das Testinstrument entwickelt wurden, orientieren sich an den Teilkompetenzen für das Größenverständnis im Bereich Gewichte, die auf den beschriebenen Kompetenzen von Radatz und Schipper (2007) basieren und von Schülerinnen und Schülern der Primarschule erreicht werden sollen (BKS, 2018). Die Fragen des Testinstruments sind so konzipiert, dass sich zwei Bereiche des Erkennens von Stärken und Schwächen, das Identifizieren von richtigen und fehlerhaften Überlegungen und das Interpretieren möglicher Ursachen getrennt voneinander erfassen lassen.

Das integrierende Modell zur Lehrerprofessionalität von Leuders et al. (2019) dient als theoretische Grundlage dafür, den Fokus der Diagnose zu verbreitern, indem diese nicht nur fehlerhafte, sondern auch richtige Überlegungen von Schülerinnen und Schülern identifizieren und mögliche Ursachen interpretieren und dabei mögliche Stärken berücksichtigen sollen. Im integrierenden Modell werden bei den fachbezogenen, diagnostischen Kompetenzen nicht nur Fehlkonzepte, Fehlvorstellungen, bzw. Schwächen, in Lösungen der Schülerinnen und Schüler in den Blick genommen, sondern es wird eher allgemein auf das „Wissen über typische Lernwege" oder auf „Alltagskonzepte" (Leuders et al., 2019, S. 13) fokussiert. Dieses Modell kann deshalb als weiter geöffnet interpretiert werden, da es Raum lässt, ob mit dem *Wissen über typische Lernwege* sowohl auf Fehler und Fehlkonzepte, bzw. Schwächen, als auch auf richtige Lösungen und mögliche Stärken fokussiert wird.

Das Erkennen von Stärken und Schwächen stellt einen zentralen, wenn auch nicht einzigen Aspekt von diagnostischer Kompetenz einer Lehrkraft dar. Damit diese Fähigkeit in Performanz transformiert und dadurch erfassbar wird, wird ein bestimmtes Vorgehen benötigt, das in der vorliegenden Untersuchung mit einer Stärke-Schwäche-Diagnose umgesetzt wurde. Das Identifizieren von fehlerhaften Überlegungen sowie das Interpretieren möglicher Ursachen wird als diagnostische Tätigkeit und als ein Blickwinkel der Stärke-Schwäche-Diagnose verstanden, mit der die Fähigkeit des Erkennens einer Schwäche zum Ausdruck gebracht wird. Äquivalent verhält es sich mit der Fähigkeit des Erkennens einer Stärke. Um eine Stärke-Schwäche-Diagnose durchführen zu können, müssen verschiedene Wissensfacetten, wie z. B. das Wissen über das mathematische Denken von Schülerinnen und Schülern oder das Wissen über typische Fehlermuster integriert werden (Brunner et al., 2011). Im Rahmen der Intervention wurde das dafür benötigte fachbezogene Wissen in der Experimentalgruppe auf- bzw. ausgebaut, damit es während der Stärke-Schwäche-Diagnose aktiviert werden konnte. Diese Wissensbasis ist erforderlich, um Überlegungen und Lösungsansätze deuten und Informationen aus den Lösungen der Schülerinnen und Schülern mit fachbezogenem Wissen verknüpfen zu können (Philipp & Gobeli-Egloff, 2022). Um dem diagnostischen Kompetenzbündel, zu dem die Stärke-Schwäche-Diagnose gehört – die wiederum abhängig ist vom mathematischen Fachwissen und den epistemologischen Überzeugungen – Ausdruck zu verleihen, wurde das Arbeitsmodell von Herppich et al. (2017) als Grundlage verwendet. Aufgrund dieses Modells können drei zentrale Herausforderungen, die es bei der Erfassung von diagnostischer Kompetenz zu berücksichtigen gilt (Praetorius et al., 2017), herauskristallisiert werden:

1. Sicherstellung der inhaltlichen Validität,
2. konzeptuelle und empirische Unterscheidung und Trennung von diagnostischem und pädagogischem Handeln,
3. geeignete Auswahl von Qualitätsindikatoren, die das Erfassen diagnostischer Entscheidungen von Lehrkräften beinhalten.

Mit dem entwickelten Testinstrument kann diesen Herausforderungen begegnet werden. Denn obwohl mit dem Testinstrument auf die Nähe zur Arbeitsrealität einer Lehrkraft durch die Verwendung von Dokumenten von Schülerinnen und Schülern geachtet wird, bleibt das Handlungsziel diagnostisch (und nicht pädagogisch) motiviert. Dass es so ist, ist dem gewählten Ansatz der *Analyse von schriftlichen Produkten von Schülerinnen und Schülern* geschuldet, auf deren Basis eine Stärke-Schwäche-Diagnose durchgeführt wird. Hierbei unterscheidet sich das entwickelte Testinstrument von anderen Untersuchungen zur Erfassung diagnostischer Kompetenz, mit denen zwar ebenfalls die Nähe zur Arbeitsrealität, z. B. durch die *Analyse von Schlüsselinteraktionen*, umgesetzt wird, dabei in ihrem Handlungsziel jedoch pädagogisch motiviert sind (z. B. Enenkiel et al.,

2022). Des Weiteren lässt sich das entwickelte Testinstrument von Untersuchungen abgrenzen, die dem Paradigma der *Urteilsakkuratheit* (z. B. Südkamp et al., 2008) oder dem Ansatz des *Überprüfens von diagnostischem Wissen* (z. B. Blömeke et al., 2008) nachgehen und als ökologisch wenig valide (nicht nahe an der Arbeitsrealität einer Lehrkraft) angesehen werden können.

Aus diesem Grund kann das entwickelte Testinstrument aufgrund seiner ökologischen Validität und wegen seines diagnostisch motivierten Handlungsziels in den Optimalbereich des Modells für die Erfassung diagnostischer Kompetenz von Kaiser et al. (2017) eingeordnet werden.

Die Auswertung der Antworten der Studierenden fand mittels deduktiv erstelltem Kategoriensystem statt. Die Kategorien orientieren sich ebenso wie die Entwicklung der Aufgaben an den formulierten Teilkompetenzen für Größenvorstellungen von Radatz und Schipper (2007). Gleichermaßen wurden auch mögliche Stolpersteine in das Kategoriensystem aufgenommen, welche zu Fehlkonzepten führen können, da der Größenbereich Gewichte einige Besonderheiten aufweist, wie z. B., dass das Gewicht häufig mit dem sichtbaren Volumen gleichgesetzt wird.

Im Rahmen der Arbeit wird dem Mixed-Methods-Paradigma gefolgt, bei dem quantitative und qualitative Methoden miteinander kombiniert werden und ein Mixing der beiden Forschungszugänge in der Phase der Datenanalyse stattfindet (Kuckartz, 2014). Dabei werden erhobene Daten miteinander kombiniert und ineinander überführt. Mit dem Mixed-Methods-Ansatz ist es möglich, einerseits auf der Grundlage des qualitativen Forschungsstrangs ein möglichst authentisches Urteilen von Seiten der Studierenden mittels offener Items zu erreichen und andererseits können diese Daten quantitativ ausgewertet werden.

6.1.1 Grenzen der vorliegenden Arbeit

In der vorliegenden Arbeit handelt es sich um eine quasi-experimentelle Studie. Abhängige Variable war das Erkennen von Stärken und Schwächen, die unabhängige Variable wurde variiert, indem die Experimentalgruppe – im Gegensatz zur Kontrollgruppe – eine Intervention erhielt. Die Seminare wurden von unterschiedlichen Dozierenden durchgeführt. Obwohl die Dozierenden die gleichen Testinstruktionen und das gleiche Material erhalten hatten, kann nicht mit absoluter Sicherheit davon ausgegangen werden, dass die Instruktionen in allen Seminaren vollkommen identisch waren, was sich natürlich auf die Aussagekraft der Ergebnisse ausgewirkt haben könnte.

Als weitere Grenze der Arbeit kann die Berechnung der Itemschwierigkeit betrachtet werden, die vom Maximalwert der erreichbaren Punkte des Testinstruments abhängt. Der Maximalwert wurde dadurch bestimmt, indem der Durchschnitt der 10 % besten Ergebnisse der Studierenden berechnet wurde. Die Absicht dabei war, das fachdidaktische Wissen der Studierenden, anstatt das Wissen von Expertinnen und Experten als Ausgangslage zu nehmen. Für weiterführende Studien sollte jedoch auch eine Musterlösung entwickelt werden, die von Expertinnen und Experten der Fachdidaktik Mathematik erarbeitet wird. Damit können die erreichten Punkte der Antworten der Studierenden mit dem Maximalwert der Antworten der Expertinnen und Experten verglichen werden. So könnte auch überprüft werden, ob und wie sich die Itemschwierigkeit verändert, wenn das Wissen von Expertinnen und Experten als Ausgangslage genommen wird.

Für das entwickelte Testinstrument wurden zehn Aufgaben konzipiert, die fachbezogene Kriterien (wie z. B. typische Fehlkonzepte) für Größenvorstellungen bei Gewichten umfassend abdecken (z. B. Radatz & Schipper, 2007). Als Antwortformat wurden offene Items gewählt, da diese Form ein authentisches diagnostisches Urteilen von Seiten der Studierenden ermöglicht (z. B. Busch et al., 2015). Die verwendeten Aufgaben bearbeiteten Schülerinnen und Schüler einer vierten Primarklasse. Neun der zehn Aufgaben weisen allerdings ein geschlossenes Antwortformat für die Schülerinnen und Schüler auf. Um auf mögliche Stärken oder Potenziale der Schülerinnen und Schüler aufgrund ihrer Lösung schließen zu können, ist es jedoch relevant, möglichst *offene* Aufgabenformate zu verwenden, die ein aktiv-entdeckendes Lernen bei den Schülerinnen und Schülern ermöglichen und verschiedene Herangehensweisen erlauben (Rösike & Schnell, 2017). Aufgabenformate, die offene und dadurch differenziertere Lösungswege ermöglichen, eignen sich besser zum Hervorbringen etwaiger Potenziale als geschlossene Antwortformate (Hussmann & Prediger, 2007). Hätten die Schülerinnen und Schüler verstärkt offene Aufgabenformate bearbeitet, hätten die Studierenden einen (noch) besseren Einblick in die verwendeten Strategien der Schülerinnen und Schüler erhalten und mögliche Stärken und Schwächen eventuell besser erkennen können.

Durch die Wahl des offenen Antwortformats des Testinstruments für die Studierenden wird es ermöglicht, ein authentisches diagnostisches Urteil bilden zu können. Um die Antworten der Studierenden kategorisieren zu können, bedeutet dieses Vorgehen allerdings eine hoch-inferente Beurteilung, da die Antworten zuerst interpretiert werden müssen (Clausen et al., 2003). Dieses Vorgehen birgt stets die Gefahr einer falschen Interpretation in sich. Um dieser Gefahr entgegenzuwirken, wurde die Intercoder-Reliabilität mittels Intraklassenkorrelationskoeffizienten pro Item berechnet (Döring & Bortz 2016). Dieses Vorgehen setzt die Einführung einer zweiten beurteilenden Person in die Thematik des Größenbereichs Gewichte voraus und danach ein schrittweises Überprüfen der Ergebnisse. Erst anschließend konnte mit der Auswertung der Antworten der Studierenden begonnen werden. Dieses Vorgehen bedingt einen sehr großzügigen Zeitplan, führt dann allerdings dazu, dass das Kategoriensystem genauestens auf dessen Tauglichkeit überprüft wird. Als letztes Limit der Arbeit kann der Faktor *pädagogische Erfahrung* genannt werden. Die Studierenden gaben für die Eruierung der *pädagogischen Erfahrung* als möglichen Einflussfaktor zusätzlich zur Anzahl der Kontakte zu Kindern an, in welchem Rahmen diese(r) Kontakt(e) stattgefunden hat(ten). Dazu konnten die Studierenden z. B. ankreuzen, ob Kontakte durch *Nachhilfe*, den *Praxisunterricht* während des Studiums, durch *eine andere Form* oder *gar nicht* stattgefunden hatten, was mit *nein* hätte angekreuzt werden können. Hier wäre es aufschlussreicher, bzw. das Ergebnis einer möglichen Beeinflussung wäre vielleicht eindeutiger ausgefallen, wenn explizit nur nach den Kontaktformen *außerhalb* des Praxisunterrichts während des Studiums gefragt worden wäre. Sämtliche Studierenden hatten nämlich bereits ein Praktikum erlebt und konnten daher logischerweise mindestens eine Kontaktform zu Kindern ankreuzen.

Gemäß der Auswertung des Fragebogens zu den epistemologischen Überzeugungen bezüglich der Mathematik tendieren die Studierenden zu einer konstruktivistischen Überzeugung. Dies hätte gemäß den Ergebnissen von z. B. Larrain und Kaiser (2022) zu einem nachweisbaren Einfluss auf das Erkennen von Stärken und Schwächen führen müssen. Dennoch ist kein Einfluss feststellbar. Die Frage stellt sich deshalb, ob die angekreuzten Antworten der Studierenden tatsächlich auch der Realität entsprechen oder ob hier eine Antworttendenz, bzw. eine Antwortverzerrung, sichtbar wird, die durch die gestellten Fragen zu den persönlichen Überzeugungen eine gewisse Erwartungshaltung oder eine soziale Erwünschtheit ausgelöst haben. Die Studierenden füllten den Fragebogen im Zuge der Erhebung diagnostischer Kompetenz aus. Sie hatten unmittelbar vor dem Ausfüllen des Fragebogens zu den epistemologischen Überzeugungen eine kurze Einführung der Dozierenden erhalten, wie zentral und wichtig diagnostische Kompetenz einer Lehrkraft ist. Es besteht deshalb die Möglichkeit, dass sich die Studierenden vermeintliche Erwartungen zu eigen gemacht haben und die Items nicht nach den persönlichen Überzeugungen, sondern nach sozial erwünschten Normen angekreuzt haben.

6.2 Diskussion der zentralen Ergebnisse

Im Folgenden werden die zentralen Ergebnisse entlang der Forschungsfragen zusammenfassend dargestellt und es wird diskutiert, inwieweit die Forschungsziele erreicht wurden.

6.2.1 Güte des Messinstruments

Die diagnostische Kompetenz von angehenden Primarlehrkräften wird durch das Erkennen von Stärken und Schwächen operationalisiert und mit einem dafür entwickelten Testinstrument aus dem Größenbereich Gewichte erfasst.

Im Rahmen der ersten Forschungsfrage geht es um die Überprüfung der Eignung des für diese Arbeit entwickelten Testinstruments. Damit die Güte des Messinstruments geprüft werden kann, wurde ein Kategoriensystem entwickelt, welches Veränderungen in den Antworten der Studierenden sichtbar macht. Aus diesem Grund wurde für die Auswertung die Anzahl der schlüssigen Antworten der Studierenden quantifiziert. Jede korrekt als fehlerhaft oder als richtig identifizierte Überlegung der Schülerin oder des Schülers wurde mit einem Punkt bewertet. Ebenso ergibt jede schlüssige Interpretation zu möglichen Ursachen einen Punkt. Um dem (vertieften) Fachwissen einer oder eines Studierenden gerecht zu werden, ergeben spezifisch genannte Fachbegriffe, die deduktiv für jede Teilkompetenz definiert wurden, ebenfalls je einen Punkt. Dieses Vorgehen führt zu einer metrischen Skala, die es erlaubt, die Daten quantitativ auszuwerten. Anhand der Überprüfung der Testgütekriterien und den theoretischen Überlegungen kann das entwickelte Testinstrument als objektiv, reliabel und valide beurteilt werden. Durch die Erfassung zweier Werte, das Identifizieren von richtigen und fehlerhaften Überlegungen und das Interpretieren möglicher Ursachen, wird von zwei Aspekten des Ansatzes der Analyse von Produkten von Schülerinnen und Schülern ausgegangen, die jede für sich als ökologisch valide eingeschätzt werden können.

Mit der Bestätigung der Eignung des für diese Arbeit entwickelten Testinstruments kann die Güte diagnostischer Urteile beim Erkennen von Stärken und Schwächen neben dem oftmals vorherrschenden Paradigma der Urteilsakkuratheit in bisherigen Untersuchungen bestätigt werden.

6.2.2 Sensitivität des Testinstruments (interindividuelle Unterschiede)

Die zweite Forschungsfrage nimmt das Aufklären interindividueller Unterschiede des Erkennens von Stärken und Schwächen und damit die Sensitivität des Testinstruments in den Blick.

In einem quasi-experimentellen Design werden mögliche Unterschiede zwischen den teilnehmenden Gruppen (Experimental- und Kontrollgruppe) sichtbar gemacht. Es kann gezeigt werden, dass das entwickelte Testinstrument unterschiedliche Ausprägungen im Erkennen von Stärken und Schwächen erfasst. Die quantitativen Analysen zeigen über alle drei Messzeitpunkte einen deutlichen Zuwachs der Fähigkeit des Erkennens von Stärken und Schwächen in der Experimentalgruppe. Hingegen kann bei der Kontrollgruppe kein Zuwachs verzeichnet werden. Der Unterschied kann mittels einer Varianzanalyse auf den Haupteffekt der Intervention zurückgeführt werden, der als stark zu werten ist. Das bedeutet, dass die Förderung diagnostischer Kompetenz erfolgreich und nachhaltig war und mit dem Testinstrument erfasst und gezeigt werden kann. Allerdings ist ein Abfall der Werte zwischen dem zweiten und dritten Messzeitpunkt zu verzeichnen. Das heißt, die erreichten hohen Werte direkt nach der Intervention blieben nicht stabil. Einerseits könnte dies daran liegen, dass zwischen den beiden letzten Messzeitpunkten das Thema Gewichte im Rahmen der Lehrveranstaltung nicht mehr behandelt wurde und dadurch ein weiteres Übungsfeld in diesem Bereich fehlte. Andererseits könnte es ein Hinweis sein, dass diagnostische Handlungen kontinuierlicher angeregt werden müssen, um das Erkennen von Stärken und Schwächen – als Facette diagnostischer Kompetenz – nachhaltig zu fördern.

Um der inhaltlichen Tiefe einer Antwort einer oder eines Studierenden Rechnung zu tragen, wurden mit dem Testinstrument zwei Bereiche des Erkennens von Stärken und Schwächen untersucht. Eine inhaltliche Tiefe der Antwort einer oder eines Studierenden drückt sich durch eine Ursacheninterpretation der richtigen und fehlerhaften Überlegungen der Schülerin oder des Schülers aus („*Kind kennt offenbar die Funktionsweise des Messgerätes Balkenwaage nicht. Das Kind vermenschlicht die Waage*"). Eine solche Antwort wird inhaltlich als tiefer betrachtet als die bloß als richtig oder fehlerhaft identifizierte Überlegung (*falsch erkannt*). Interessanterweise kann für das bloße Identifizieren richtiger und fehlerhafter Überlegungen keine statistisch signifikante Interaktion zwischen der Zeit und den Gruppen nachgewiesen werden. Beide Gruppen haben sowohl vor als auch nach der Intervention ähnliche Werte erreicht. Das Identifizieren von richtigen und fehlerhaften Überlegungen durch die Intervention konnte offenbar nicht verbessert werden. Daraus lässt sich schlussfolgern, dass das Identifizieren von richtigen und fehlerhaften Überlegungen von Schülerinnen und Schülern durch die Intervention nicht gefördert werden konnte, obwohl höhere Werte hätten erzielt werden können. Die Wirkung der Intervention konnte allerdings im Bereich der Ursacheninterpretation verbessert werden. Die Studierenden formulierten nach der Intervention eine größere Anzahl schlüssiger Interpretationen, beispielsweise über mögliche Ursachen für Schwierigkeiten. Dies zeigt, dass die Studierenden bei etwa gleichbleibender Anzahl von identifizierten richtigen und fehlerhaften Überlegungen in der Lage waren, deren Ursachen breiter zu interpretieren. Sie waren also imstande, mehr fachbezogene Kriterien zur Beurteilung von Größenvorstellungen von Schülerinnen und Schülern heranzuziehen. In Bezug auf die Förderdiagnostik stellt dies einen zentralen Schritt dar und kann als Basis für weiterführende, prozessorientierte Diagnostik dienen (Philipp, 2018; Moser Opitz, 2022).

6.2.3 Sensitivität des Testinstruments (intraindividuelle Unterschiede)

Im Rahmen der dritten Forschungsfrage werden varianzanalytisch Entwicklungen des Erkennens von Stärken und Schwächen innerhalb der Experimentalgruppe untersucht. Dabei wurde eine Tiefenanalyse durchgeführt, bei der die Antworten unterschiedlichen Kategorien zugeordnet werden. Es kann eine qualitative Veränderung der Art der Urteile der Studierenden aufgezeigt werden, indem auf die Anzahl unterschiedlicher thematischer Kategorien (Breite) und auf die Anzahl schlüssiger Aussagen (Tiefe) in den Antworten geachtet wurde. Die Kontrollgruppe, deren diagnostische Kompetenz sich nicht verbessert hatte und deren Antworten deshalb auch nicht tiefenanalytisch betrachtet wurden, besuchten die regulären, fachdidaktischen Veranstaltungen zum Thema *Diagnose, Förderung und Beurteilung* – ohne konkreten Bezug zum Thema Größen. Daraus kann geschlussfolgert werden, dass diagnostisches Wissen ohne den konkreten fachlich-inhaltlichen Bezug nicht einfach übertragen werden kann (Lorenz & Artelt, 2009).

Die Antworten der Studierenden aus der Experimentalgruppe wurden in Bezug auf die Qualität des Inhalts varianzanalytisch untersucht und dabei konnte nachgewiesen werden, dass sich sowohl die Anzahl unterschiedlicher Kategorien als auch die Anzahl schlüssiger Aussagen der Studierenden verbessert haben. Die Kategorie *Erkennen von Invarianz* wurde von den Studierenden der Experimentalgruppe nach der Intervention zusätzlich neu verwendet. Offenbar konnten die

Studierenden ihr diagnostisches Wissen bezüglich dieser Teilkompetenz dank der Intervention erweitern. Ebenfalls signifikant und mit großer Effektstärke haben sich die Teilkompetenzen *Größen messen* und *Größen schätzen* sowohl kurz- (unmittelbar nach der Intervention) als auch längerfristig (6 Wochen danach) verbessert. Die signifikante Zunahme der genannten Kategorien bestätigen die Annahme, dass als Voraussetzung für die Entwicklung diagnostischer Kompetenz das fachdidaktische Wissen verstanden werden kann (Philipp & Gobeli-Egloff, 2022) und mit der Intervention ebenfalls fachdidaktisches Wissen vermittelt worden ist. Mit der Kontrollgruppe, die sich bezüglich der Intervention von der Experimentalgruppe unterscheidet, kann gezeigt werden, dass inhaltsspezifisches, fachdidaktisches Wissen – als beobachtbares Verhalten in der Formulierung von Aussagen zu Stärken und Schwächen von Schülerinnen und Schülern – einen erkennbaren Einfluss auf die Güte des diagnostischen Urteils hat. Auch diese Feststellung kann als Hinweis gedeutet werden, dass diagnostische Urteile nicht nur domänen-, sondern auch inhaltsspezifisch sein können. Und steht dieses Wissen nicht zur Verfügung, so ist eine Beurteilung von Kompetenzen von Schülerinnen und Schülern erschwert.

Erstaunlicherweise haben sich die von den Studierenden fälschlicherweise als richtig oder fälschlicherweise als fehlerhaft identifizierten Überlegungen und die Interpretationen zu deren möglichen Ursachen über die drei Messzeitpunkte nicht verändert. Daraus kann geschlussfolgert werden, dass die Intervention keine Auswirkungen darauf hatte, dass sich die Studierenden in diesem Bereich verbessert haben. Offenbar konnte die Intervention bezüglich persönlicher Fehlvorstellungen im Größenbereich Gewichte bei den Studierenden keine Verbesserung bewirken.

6.2.4 Einflüsse auf diagnostische Kompetenz

Im Rahmen der vierten Forschungsfrage werden mittels Regressionsanalyse mögliche Einflussfaktoren untersucht, die auf die diagnostische Kompetenz zum ersten Messzeitpunkt sowie auf den Zuwachs der diagnostischen Kompetenz eingewirkt haben.

Die *Intervention* kann als signifikanter Einflussfaktor mit großer Effektstärke sowohl auf den kurzfristigen Zuwachs (Pre-Post) des Erkennens von Stärken und Schwächen als auch als signifikanter Einflussfaktor mit mittlerer Effektstärke auf den längerfristigen Zuwachs (Pre-Follow-up) bestätigt werden.

Eine *konstruktivistische Überzeugung*, ein *hoher Bildungsabschluss* und das *Alter* zeigen keinen signifikanten Einfluss auf das Erkennen von Stärken und

Schwächen. Dass eine konstruktivistische Sichtweise keinen nachweisbaren Einfluss auf das Erkennen von Stärken und Schwächen ausübt, überrascht insofern, da Dubberke et al. (2008) in ihrer Untersuchung nachweisen, dass bedeutsame Unterschiede sogar in den Mathematik*leistungen* der Schülerinnen und Schüler festzustellen sind, die durch Unterschiede in konstruktivistischen, bzw. transmissiven Überzeugungen bezüglich der Mathematik der Lehrkraft erklärt werden können (Dubberke et al., 2008). Auch Larrain und Kaiser (2022) und Heinrichs (2015) bestätigen einen Zusammenhang zwischen diagnostischer Kompetenz und konstruktivistischer Überzeugungen in der Mathematik. Im Projekt von Baumert und Kunter (2011) konnte gezeigt werden, dass Lehrkräfte mit einer konstruktivistischen lerntheoretischen Sichtweise ein höheres Potenzial zur kognitiven Aktivierung aufzeigen als Lehrkräfte mit transmissiven Überzeugungen (Baumert & Kunter, 2011). Obwohl die Studierenden gemäß der Auswertung des Fragebogens zu einer konstruktivistischen Überzeugung bezüglich der Mathematik tendieren, ist trotzdem kein Einfluss auf die diagnostische Kompetenz feststellbar. Infolgedessen können die Ergebnisse in Bezug auf eine konstruktivistische Überzeugung in der Mathematik weder mit den Ergebnissen von Dubberke et al. (2008), mit den Ergebnissen von Heinrichs (2015), von Baumert und Kunter (2011) noch mit den Ergebnissen von Larrain und Kaiser (2022) untermauert werden, die einen starken Zusammenhang zwischen konstruktivistischen Überzeugungen (beliefs) und diagnostischer (Fehler-)Kompetenz bei angehenden Lehrkräften nachweisen.

Die *Intervention* übt als einziger Prädiktor einen hochsignifikanten Einfluss mit starkem Effekt auf die diagnostische Kompetenz aus. Dies kann so interpretiert werden, dass durch eine gezielte Intervention die diagnostische Kompetenz bei den Studierenden verbessert und als Hinweis gedeutet werden kann, dass diagnostische Urteile – wie bereits erwähnt – nicht nur domänen-, sondern auch inhaltsspezifisch sind. Dass sich außer der *Intervention* kein weiterer Prädiktor, wie z. B. der *höchste Bildungsabschluss*, nachweisen lässt, kann als Grund für einen gewissen Optimismus gedeutet und als Hinweis aufgefasst werden, dass jede und jeder Studierende, die oder der bereit ist, ihren oder seinen fachdidaktischen Wissensschatz zu erweitern, auch ihre oder seine diagnostische Kompetenz verbessern kann.

6.3   Fazit

Wesentliche Zielsetzung dieser Arbeit war ein theoretisch fundierter und empirisch abgestützter Beitrag zur Messung einer Facette diagnostischer Kompetenz – dem Erkennen von Stärken und Schwächen in Lösungen von Schülerinnen und Schülern im Größenbereich Gewichte.

Auf der Basis der Ergebnisse der Arbeit kann gezeigt werden, dass einerseits das Erkennen von Stärken und Schwächen durch eine Intervention trainiert und verbessert werden kann und andererseits, dass diese Veränderungen mit dem dafür entwickelten Kompetenzmessinstrument erfasst werden können. Damit wird der von Weinert (2001b) genannte Aspekt der Erlernbarkeit einer Kompetenz gefestigt. Hervorzuheben ist, dass der in der vorliegenden Untersuchung verfolgte Ansatz der *Analyse von Produkten von Schülerinnen und Schülern*, der mittels authentischen Dokumenten von Schülerinnen und Schülern umgesetzt wird, sowohl im Handlungsziel als diagnostisch motiviert verstanden als auch nahe an der Arbeitsrealität einer Lehrkraft eingeordnet werden kann. Dies im Gegensatz zu Untersuchungen, die den Ansatz der *Urteilsakkuratheit* oder das *Überprüfen von diagnostischem Wissen* mittels Wissenstests, die zwar ebenfalls als diagnostisch motiviert, allerdings weit entfernt von der Arbeitsrealität einer Lehrkraft, angesehen werden können. Ebenso kann dargelegt werden, dass mit dem Testinstrument sowohl qualitative als auch quantitative Veränderungen der diagnostischen Kompetenz über die Zeit und innerhalb der Gruppen gemessen werden können.

Durch die Erkenntnis, dass die *Intervention* als einziger Einflussfaktor auf das Erkennen von Stärken und Schwächen nachweisbar ist, lässt sich schlussfolgern, dass es eine Rolle spielt, ob Studierende gezielt bezüglich eines bestimmten Themas, wie z. B. Größenvorstellungen, gefördert werden oder nicht. Offenbar führt ein gezielter Auf- und Ausbau fachdidaktischen Wissens, wie z. B. dem Wissen über typische Fehlermuster oder dem Wissen über mögliche Stärken, im Größenbereich Gewichte bei Studierenden zur Verbesserung der Fähigkeit des Erkennens von Stärken und Schwächen und somit zu einer verbesserten diagnostischen Kompetenz.

Die Erkenntnisse der vorliegenden Untersuchung können als ermutigend und für die Ausbildung als bedeutsam interpretiert werden. Im Zusammenhang mit der Lehre sollte es aufgrund dieser Erkenntnisse möglich sein, verstärkt Lehrveranstaltungen zum Aufbau und/oder zur Vertiefung von diagnostischer Kompetenz ins Curriculum zu integrieren, da der Auf- und Ausbau diagnostischer Kompetenz eine gezielte Förderung von fachdidaktischem Wissen voraussetzt.

Bei angehenden Lehrkräften können mit einer gezielten Förderung die Grundlagen zur Ausübung diagnostischer Tätigkeiten gelegt werden. Dies trägt zu einem vertieften Verstehen der Bedürfnisse der Schülerin oder des Schülers bei und kann einen Beitrag dazu leisten, dass diese verstärkt sinnreiche Erfahrungen im persönlichen Lernprozess machen und dabei Freude und Verständnis an und in der Mathematik entwickeln, ausbauen und verankern können.

Literaturverzeichnis

Abs, H. J. (2007). Überlegungen zur Modellierung diagnostischer Kompetenz bei Lehrerinnen und Lehrern. In M. Lüders & J. Wissinger (Hrsg.), *Forschung zur Lehrerbildung, Kompetenzentwicklung und Programmevaluation* (S: 63–84). Waxmann.

Altmann, A. F., Herppich, S., Wittwer, W. & Nückles, M. (2016). *Rose-colored glasses or red pen? Preservice and inservice teachers' interpretation of formative assessment strategies in a teacher-student-dialogue.* (Unveröffentlichtes Manuskript).

Altmann, A. F. & Kändler, C. (2019). Videobasierte Instrumente zur Testung und videobasierte Trainings zur Förderung von Kompetenzen bei Lehrkräften. In T. Leuders, M. Nückles, S. Mikelskis-Seifert & K. Philipp (Hrsg.), *Pädagogische Professionalität in Mathematik und Naturwissenschaften* (S. 39–67). Springer.

Anders, Y., Kunter, M., Brunner, M., Krauss, S., & Baumert, J. (2010). Diagnostische Fähigkeiten von Mathematiklehrkräften und die Leistungen ihrer Schülerinnen und Schüler. *Psychologie in Erziehung und Unterricht, 3*, 175–193.

Bach, M. F. (2013). *Informationsverarbeitung und mentale Repräsentation: Die Analyse menschlicher kognitiver Fähigkeiten am Beispiel der visuellen Wahrnehmung* Springer.

Ball, D. L., Hill, H. C., Bass, H. (2005). Knowing mathematics for teaching: Who knows mathematics well enough to teach third grade, and how can we decide? In American Educator, *29*(1), 14–46.

Ball, D. L., Thames, M. H. & Phelps, G. (2008). Content knowledge for teaching: What makes it special. *Journal of teacher education, 59*(5), 389–407.

Bardy, T. & Bardy, P. (2020). *Mathematisch begabte Kinder und Jugendliche.* Springer.

Bartel, M. E. & Roth, J. (2017). Diagnostische Kompetenz von Lehramtsstudierenden fördern. In J. Leuders, T. Leuders, S. Prediger & S. Ruwisch (Hrsg.), *Mit Heterogenität im Mathematikunterricht umgehen lernen* (S. 43–52). Springer.

Baumert, J., & Kunter, M. (2006): Stichwort: Professionelle Kompetenz von Lehrkräften. *Zeitschrift für Erziehungswissenschaft, 9*(4), 469–520.

© Der/die Herausgeber bzw. der/die Autor(en), exklusiv lizenziert an Springer Fachmedien Wiesbaden GmbH, ein Teil von Springer Nature 2024
I. Gobeli-Egloff, *Erkennen von Stärken und Schwächen von Schülerinnen und Schülern*, Freiburger Empirische Forschung in der Mathematikdidaktik, https://doi.org/10.1007/978-3-658-44134-0

Baumert, J., & Kunter, M. (2011). Das Kompetenzmodell von COACTIV. In M. Kunter, J. Baumert, W. Blum, U. Klusmann, S. Krauss & M. Neubrand (Hrsg.), *Professionelle Kompetenz von Lehrkräften: Ergebnisse des Forschungsprogramms COACTIV* (S. 29–53). Waxmann.

Blum, W., Krauss, S., & Neubrand, M. (2011). COACTIV-Ein mathematikdidaktisches Projekt? In M. Kunter, J. Baumert, W. Blum, U. Klusmann, S. Krauss & M. Neubrand (Hrsg.), *Professionelle Kompetenz von Lehrkräften: Ergebnisse des Forschungsprogramms COACTIV* (S. 329–345). Waxmann.

Benz, J. (2013). Konzeption und Auswertung von schriftlichen Vignetten zur Erhebung von Aspekten fachdidaktischer Analysekompetenz. In J. Boelmann (Hrsg.), *Empirische Forschung in der Deutschdidaktik* (S. 203–219). Schneider.

Beretz, A.-K., Lengnink, K., & Von Aufschnaiter, C. (2017). Diagnostische Kompetenz gezielt fördern – Videoeinsatz im Lehramtsstudium Mathematik und Physik. In C. Selter, S. Hußmann, C. Hößle, C. Knipping, K. Lengnink & J. Michaelis (Hrsg.), *Diagnose und Förderung heterogener Lerngruppen. Theorien, Konzepte und Beispiele aus der MINT-Lehrerbildung* (S. 149–168). Waxmann.

Berliner, D. C. (2001). Learning about and learning from expert teachers. *International journal of educational research, 35*(5), 463–482.

Bildungsstandards im Fach Mathematik für den Primarbereich. (2005). Beschluss der Kultusministerkonferenz vom 15.10.2004. Herausgegeben vom Sekretariat der Ständigen Konferenz der Kultusminister der Länder in der Bundesrepublik Deutschland. Luchterhand.

BKS (2014a): *Lehrplan 21 Grundlagen.* https://v-ef.lehrplan.ch/container/V_EF_Grundla gen.pdf; 19.3.2022].

BKS (2014b): *Lehrplan 21 Volksschule. Ziele.* Aarau: Departement Bildung, Kultur und Sport. [https://www.lehrplan21.ch/ziele; 8.9.2021].

BKS (2018): *Lehrplan 21 Volksschule. Mathematik.* Aarau: Departement Bildung, Kultur und Sport. [https://ag.lehrplan.ch/container/AG_DE_Fachbereich_MA.pdf; 8.9.2021].

Black, P., & Wiliam, D. (2009). Developing the theory of formative assessment. Educational Assessment, Evaluation and Accountability. *Journal of Personnel Evaluation in Education, 21*(1), 5–31.

Blömeke, S. (2007). Qualitativ–quantitativ, induktiv–deduktiv, Prozess–Produkt, national–international. In M. Lüders & J. Wissinger (Hrsg.), *Forschung zur Lehrerbildung. Kompetenzentwicklung und Programmevaluation* (S. 13–37). Waxmann.

Blömeke, S. (2008). *Professionelle Kompetenz angehender Lehrerinnen und Lehrer: Wissen, Überzeugungen und Lerngelegenheiten deutscher Mathematikstudierender undreferendare; erste Ergebnisse zur Wirksamkeit der Lehrerausbildung.* Waxmann.

Blömeke, S., Gustafsson, J. E., & Shavelson, R. (2015a). Beyond dichotomies: Competence viewed as a continuum. *Zeitschrift für Psychologie, 223*(1), 3–13.

Blömeke, S., Kaiser, G., Döhrmann, M., & Lehmann, R. (2008). *TEDS-M 2008. Professionelle Kompetenz und Lerngelegenheiten angehender Mathematiklehrkräfte für die Sekundarstufe I im internationalen Vergleich.* Waxmann.

Blömeke, S., König, J., Suhl, U., Hoth, J., & Döhrmann, M. (2015b). Wie situationsbezogen ist die Kompetenz von Lehrkräften? Zur Generalisierbarkeit der Ergebnisse von videobasierten Performanztests. *Zeitschrift für Pädagogik, 61*(3), 310–327.

Blum, W., Krauss, S., & Neubrand, M. (2011). COACTIV-Ein mathematikdidaktisches Projekt? In J. Baumert, M. Kunter, W. Blum, U. Klusmann, S. Krauss & M. Neubrand (Hrsg.), *Professionelle Kompetenz von Lehrkräften, Ergebnisse des Forschungsprogramms COACTIV* (S. 329–345). Waxmann.

Bortz, J., & Schuster, C. (2010). *Statistik für Human-und Sozialwissenschaftler.* Springer.

Bräunling, K., & Reuter, D. (2015). Messen und Größen. In J. Leuders & K. Philipp (Hrsg.), *Mathematik– Didaktik für die Primarschule* (S.44–57). Cornelsen.

Bräunling, K., (2017). *Beliefs von Lehrkräften zum Lehren und Lernen von Arithmetik.* Springer Spektrum.

Breitenbach, E. (2020). Theoretische Grundlegungen von Diagnostik. In H. Bennewitz, A. Kleeberg-Niepage & S. Rademacher (Hrsg.), *Diagnostik. Eine Einführung* (S. 1–36). Springer.

Brinkmann, M., Kubac, R., & Rödel, S. S. (2015). *Pädagogische Erfahrung. Theoretische und empirische Perspektiven.* Springer.

Bromme, R. (1995). Was ist „pedagogical content knowledge"? Kritische Anmerkungen zu einem fruchtbaren Forschungsprogramm. In S. Hopmann & K. Riquarts (Hrsg.), *Didaktik und/oder Curriculum. Grundprobleme einer international vergleichenden Didaktik* (S. 105–113). Beltz.

Bromme, R. (1997). Kompetenzen, Funktionen und unterrichtliches Handeln des Lehrers. In F. Weinert (Hrsg.), *Psychologie des Unterrichts und der Schule* 3 (S. 177–212). Hogrefe.

Bromme, R. (2004). Das implizite Wissen des Experten. In B. Koch-Priewe, F. U. Kolbe & J. Wildt (Hrsg.), *Grundlagenforschung und mikrodidaktische Reformansätze zur Lehrerbildung* (S. 22–48). Klinkhardt.

Brovelli, D., Bölsterli, K., Rehm, M., & Wilhelm, M. (2013). Erfassen professioneller Kompetenzen für den naturwissenschaftlichen Unterricht: Ein Vignettentest mit authentisch komplexen Unterrichtssituationen und offenem Antwortformat. *Unterrichtswissenschaft, 41*(4), 306–329.

Bruckmaier, G. (2019). *Didaktische Kompetenzen von Mathematiklehrkräften. Weiterführende Analysen aus der COACTIV-Studie.* Springer.

Bruckmaier, G., Krauss, S., & Blum, W. (2018). Aspekte des Modellierens in der COACTIV-Studie. Analysen und Folgerungen. In R. Borromeo Ferri & W. Blum (Hrsg.), *Lehrerkompetenzen zum Unterrichten mathematischer Modellierung* (S. 21–55). Springer.

Brunner, M., Anders, Y., Hachfeld, A., & Krauss, S. (2011). Diagnostische Fähigkeiten von Mathematiklehrkräften. In M. Kunter, J. Baumert, W. Blum, U. Klusmann, S. Krauss & M. Neubrand (Hrsg.), *Professionelle Kompetenz von Lehrkräften, Ergebnisse des Forschungsprogramms COACTIV* (S. 215–234). Waxmann.

Bryk, A. S., & Raudenbush, S. W. (1988). Heterogeneity of variance in experimental studies: A challenge to conventional interpretations. *Psychological Bulletin, 104*(3), 396.

Bryman, A. (2016). *Social research methods.* Oxford: University press.

Bühner, M., & Ziegler, M. (2017). *Statistik für Psychologen und Sozialwissenschaftler.* Pearson.

Bundschuh, K. (2007). *Förderdiagnostik konkret. Theoretische und praktische Implikationen für die Förderschwerpunkte Lernen, geistige, emotionale und soziale Entwicklung.* Klinkhardt.

Busch, J., Barzel, B., & Leuders, T. (2015). Die Entwicklung eines Instruments zur kategorialen Beurteilung der Entwicklung diagnostischer Kompetenzen von Lehrkräften im Bereich Funktionen. Journal für Mathematik-Didaktik, *36*(2), 315–338.

BV (1999). Bundesverfassung der Schweizerischen Eidgenossenschaft. Art. 62 Schulwesen. [https://www.fedlex.admin.ch/eli/cc/1999/404/de#art_62; 19.3.2022].

Camehl, G. F. (2016). Wie beeinflusst der Besuch einer Kindertageseinrichtung nichtkognitive Fähigkeiten? *DIW Roundup: Politik im Fokus* 105, 1.

Cicchetti, D. V. (1976). Assessing inter-rater reliability for rating scales: resolving some basic issues. *The British Journal of Psychiatry, 129*(5), 452–456.

Clausen, M., Reusser, K., & Klieme, E. (2003). Unterrichtsqualität auf der Basis hochinferenter Unterrichtsbeurteilungen. Ein Vergleich zwischen Deutschland und der deutschsprachigen Schweiz. *Unterrichtswissenschaft, 31*(2), 122–141.

Cleff, T. (2015). *Deskriptive Statistik und Explorative Datenanalyse*. Gabler.

Cohen, J. (1977). *Statistical power analysis for the behavioral sciences*. Academic Press.

Dossey, J., Csapo, B., de Jong, T., Klieme, E., Vosniadou, S. (2000). Cross-Curricular Competencies in PISA Towards a framework for assessing problem-solving skills. In OECD Education Indicators programme (Ed.), *The INES Compendium. Contributions from the INES Networks and working Groups* (pp. 19–41). OECD. [https://citeseerx.ist.psu.edu/viewdoc/download?doi=10.1.1.452.9913&rep=rep1&type=pdf#page=69; 28.12.2021].

Döring, N., & Bortz, J. (2016). *Forschungsmethoden und Evaluation in den Sozial- und Humanwissenschaften*. Springer.

Drosdowski, G. (2020). *Duden. Das Herkunftswörterbuch. Etymologie der deutschen Sprache*. Bibliographisches Institut.

Dubberke, T., Kunter, M., McElvany, N., Brunner, M., & Baumert, J. (2008). Lerntheoretische Überzeugungen von Mathematiklehrkräften: Einflüsse auf die Unterrichtsgestaltung und den Lernerfolg von Schülerinnen und Schülern. *Zeitschrift für pädagogische Psychologie, 22*(34), 193–206.

Eikhoff, B., Haller-Wolf, A., Peschek, I., & Steinhauer, A. (2014). *Duden. Das Synonymwörterbuch. Ein Wörterbuch sinnverwandter Wörter*. Bibliographisches Institut.

Enenkiel, P., Bartel, M. E., Walz, M., & Roth, J. (2022). Diagnostische Fähigkeiten mit der videobasierten Lernumgebung ViviAn fördern. *Journal für Mathematik-Didaktik, 43*(1), 67–99.

Faik, J. (2018). *Statistik mit SPSS für dummies Alles in einem Band*. Wiley.

Fisseni, H. J. (2004). *Lehrbuch der psychologischen Diagnostik. Mit Hinweisen zur Intervention*. Hogrefe.

Forstmeier, S. & Rüddel, H. (2004). Volitionale Kompetenzen als Prädiktoren des Therapieerfolgs on Psychotherapien und psychosomatischer Rehabilitation. *Praxis der Klinischen Verhaltensmedizin und Rehabilitation, 17*(67), 206–215.

Franke, M. & Ruwisch, S. (2010). *Didaktik des Sachrechnens in der Primarschule*. Springer Spektrum.

Freudenthal, H. (1978). Vorrede zu einer Wissenschaft vom Mathematikunterricht. Oldebourg.

Frie, E. (2005). Adel um 1800: Oben bleiben. *zeitenblicke, 4*(3). [https://www.zeitenblicke.de/2005/3/Frie/dippArticle.pdf; 8.2.23].

Friesen, M., Kuntze, S., & Vogel, M. (2018). Videos, Texte oder Comics? Die Rolle des Vignettenformats bei der Erhebung fachdidaktischer Analysekompetenz zum Umgang mit Darstellungen im Mathematikunterricht. In J. Rutsch, M. Rehm, M. Vogel, M. Seidenfuß, T. Dörfler (Hrsg.), *Effektive Kompetenzdiagnose in der Lehrerbildung: Professionalisierungsprozesse angehender Lehrkräfte untersuchen,* (S. 153–177). Springer.

Fritzlar, T. (2013). Massenhaft Gewichte. Der Größenbereich „Gewichte" im Mathematikunterricht der Grundschule. *Praxis Grundschule, (5),* 4–7.

Gaidoschik, M., Opitz, E. M., Nührenbörger, M., & Rathgeb-Schnierer, E. (2021). Besondere Schwierigkeiten beim Mathematiklernen. Leitlinie der Gesellschaft für Didaktik der Mathematik. *Mitteilungen der Gesellschaft für Didaktik der Mathematik*, (111S), 3–19.

Girden, E. R. (1992). *ANOVA: Repeated measures. Sage university papers. Quantitative applications in the social sciences: no. 07–084.* Newbury Park, Calif.: Sage Publications.

Gräsel, C. & Trempler, K. (2017). *Entwicklung von Professionalität pädagogischen Personals: interdisziplinäre Betrachtungen, Befunde und Perspektiven.* Springer.

Grassmann, M. (2001). „Fast jede Sache auf der Welt wiegt irgendetwas " – Zum Umgang mit Gewichten. *Die Grundschulzeitschrift*, (141), 20–22.

Grassmann, M. & Rink, R. (2018). «Ich mache das am liebsten immer ganz genau – mein Schulweg ist 452.478 m lang». – Bemerkungen zum Umgang mit Größen und Messinstrumenten im Mathematikunterricht. In A. S. Steinweg (Hrsg.), *Inhalte im Fokus – Mathematische Strategien entwickeln: Tagungsband des AK Grundschule in der GDM 2018* (S. 25–40). Bamberg.

Grigutsch, S., Raatz, U. & Törner, G. (1998). Einstellungen gegenüber Mathematik bei Mathematiklehrern. *Journal für Mathematikdidaktik, 19*(1), 3–45.

Harms, U., & Riese, J. (2018). Professionelle Kompetenz und Professionswissen. In D. Krüger, I. Parchmann & H. Schecker (Hrsg.), *Theorien in der naturwissenschaftsdidaktischen Forschung* (S. 283–298). Springer.

Harr, N., Eichler, A., & Renkl, A. (2019). Lehrexpertise–Integration und Förderung von pädagogischem und psychologischem Wissen. In T. Leuders, M. Nückles, S. Mikelskis-Seifert & K. Philipp (Hrsg.), *Pädagogische Professionalität in Mathematik und Naturwissenschaften* (S. 207–235). Springer.

Hasemann, K. & Gasteiger, H. (2014). *Anfangsunterricht Mathematik.* Springer.

Hasselhorn, M. & Artelt, C. (2018). Metakognition. In D. Rost, J. Sparfeldt & S. Buch (Hrsg.), *Handwörterbuch pädagogische Psychologie* (S. 520–526). Beltz.

Hattie, J. & Temperley, H. (2007). The power of feedback. *Review of Educational Research, 77*(1), 81–112.

Hecht, M. (2009). *Selbsttätigkeit im Unterricht.* VS Verlag für Sozialwissenschaften.

Heitzmann, N., Seidel, T., Opitz, A., Hetmanek, A.,Wecker, C., Fischer, M. R., Ufer, S., Schmidmaier, R., Neuhaus, B., Siebeck, M., Stürmer, K., Obersteiner, A., Reiss, K., Girwidz, R., & Fischer, F. (2019). Facilitating diagnostic competences in simulations in higher education: a framework and a research agenda. *Frontline Learning Research, 7*(4), 1–24.

Helmke, A. (2007). *Unterrichtsqualität erfassen, bewerten, verbessern.* Klett.

Helmke, A. (2012). Unterrichtsqualität und Lehrerprofessionalität. *Diagnose, Evaluation und Verbesserung des Unterrichts,* Kallmeyer.

Helmke, A. (2021). Unterrichtsqualität und Lehrerprofessionalität. *Diagnose, Evaluation und Verbesserung des Unterrichts* (8. Aufl.). Kallmeyer.

Helmke, A., & Helmke, T. (2017). Unterrichtsdiagnostik als Ausgangspunkt für Unterrichtsentwicklung. In C. Fischer, C. Fischer-Ontrup, F. Käpnick, F.J. Mönks, N. Neuber &

C. Solzbacher (Hrsg.), *Potenzialentwicklung. Begabungsförderung. Bildung der Vielfalt. Beiträge aus der Begabungsforschung* (S. 69–84). Waxmann.

Helmke, A., Hosenfeld, I., & Schrader, F. W. (2004). Vergleichsarbeiten als Instrument zur Verbesserung der Diagnosekompetenz von Lehrkräften. In R. Arnold & C. Griese (Hrsg.), *Schulleitung und Schulentwicklung* (S. 119–144). Schneider.

Herppich, S., Praetorius, A. K., Hetmanek, A., Glogger-Frey, I., Ufer, S., Leutner, D., Behrmann, L., Böhmer, I., Böhmer, M., Förster, N., Kaiser, J., Karing, C., Karst, K., Klug, J., Ohle, A. & Südkamp, A. (2017). Ein Arbeitsmodell für die empirische Erforschung der diagnostischen Kompetenz von Lehrkräften. In A. Südkamp & A.K. Praetorius (Hrsg.), *Diagnostische Kompetenz von Lehrkräften. Theoretische und methodische Weiterentwicklungen* (S. 75–93). Waxmann.

Hesse, I., und B. Latzko. 2017. *Diagnostik für Lehrkräfte* (3. Aufl.). Barbara Budrich.

Hill, H. C., Ball, D. L., & Schilling, S. G. (2008). Unpacking pedagogical content knowledge: Conceptualizing and measuring teachers' topic-specific knowledge of students. *Journal for research in mathematics education, 39*(4), 372–400.

Hoge, R. D., & Coladarci, T. (1989). Teacher-based judgments of academic achievement: A review of literature. *Review of Educational Research, 59*(3), 297–313.

Hosenfeld, I., Helmke, A., & Schrader, F. W. (2002). Diagnostische Kompetenz. Unterrichts- und lernrelevante Schülermerkmale und deren Einschätzung durch Lehrkräfte in der Unterrichtsstudie SALVE. *Zeitschrift für Pädagogik, (45),* 65–82.

Ingenkamp, K., und U. Lissmann. 2008. *Lehrbuch der pädagogischen Diagnostik* (6. Aufl.). Beltz.

Jacobs, V. R., Lamb, L. L., & Philipp, R. A. (2010). Professional noticing of children's mathematical thinking. Journal for research in mathematics education, 41(2), 169–202.

Janssen, J., & Laatz, W. (2017). *Statistische Datenanalyse mit SPSS: eine anwendungsorientierte Einführung in das Basissystem und das Modul Exakte Tests.* Springer.

Jasper, F., & Wagener, D. (2013). *Mathematiktest für die Personalauswahl. M-PA. Manual.* Hogrefe.

Kaendler, C., Wiedmann, M., Leuders, T., Rummel, N., & Spada, H. (2016). Monitoring student interaction during collaborative learning: Design and evaluation of a training program for pre-service teachers. *Psychology Learning & Teaching, 15*(1), 44–64.

Kaiser, J., Praetorius, A. K., Südkamp, A., & Ufer, S. (2017). Die enge Verwobenheit von diagnostischem und pädagogischem Handeln als Herausforderung bei der Erfassung diagnostischer Kompetenz. In A. Südkamp & A. K. Preatorius (Hrsg.), *Diagnostische Kompetenz von Lehrkräften. Theoretische und methodische Weiterentwicklungen* (S. 114–123). Waxmann.

Käpnick, F., & Benölken, R. (2020). *Mathematiklernen in der Grundschule.* Springer.

Kardorff, E. v. (1995). Qualitative Sozialforschung – Versuch einer Standortbestimmung. In U. Flick, E. von Kardorff, H. Keupp, L. von Rosenstiel & S. Wolff (Hrsg.), *Handbuch qualitative Sozialforschung: Grundlagen, Konzepte, Methoden und Anwendungen* (S. 3–10). Beltz.

Karing, C., & Artelt, C. (2013). Genauigkeit von Lehrpersonenurteilen und Ansatzpunkte ihrer Förderung in der Aus- und Weiterbildung von Lehrkräften. *Beiträge zur Lehrerinnen-und Lehrerbildung, 31*(2), 166–173.

Karing, C., & Seidel, T. (2017). Förderung diagnostischer Kompetenz. In A. Südkamp & A. K. Praetorius (Hrsg.), *Diagnostische Kompetenz von Lehrkräften: Theoretische und methodische Weiterentwicklungen* (S. 201–202). Waxmann.

Karst, K. (2012). *Kompetenzmodellierung des diagnostischen Urteils von Grundschullehrern.* Waxmann.

Karst, K. (2017a). 2.1 Akkurate Urteile – die Ansätze von Schrader (1989) und McElvany et al. (2009). In A. Südkamp & A. K. Praetorius (Hrsg.), *Diagnostische Kompetenz von Lehrkräften: Theoretische und methodische Weiterentwicklungen* (S. 21–24). Waxmann.

Karst, K. (2017b). Diagnostische Kompetenz und unterrichtliche Situationen. In A. Südkamp & A. K. Praetorius (Hrsg.), *Diagnostische Kompetenz von Lehrkräften: Theoretische und methodische Weiterentwicklungen* (S. 25–29). Waxmann.

Karst, K., & Förster, N. (2017). Ansätze zur Modellierung diagnostischer Kompetenz. In A. Südkamp & A. K. Praetorius (Hrsg.), *Diagnostische Kompetenz von Lehrkräften: Theoretische und methodische Weiterentwicklungen* (S. 19–20). Waxmann.

Karst, K., Klug, J., & Ufer, S. (2017). Strukturierung diagnostischer Situationen im inner- und außerunterrichtlichen Handeln von Lehrkräften. *Pädagogische Psychologie und Entwicklungspsychologie, 94*, 102–113.

Kaufmann, S. & Röttger, A. (2008). Sachrechenbox 3/4. Westermann.

Kaufmann, S. & Wessolowski, S. (2015). *Rechenstörungen. Diagnose und Förderbausteine.* Kallmeyer.

Kirsch, A. (1987). *Mathematik wirklich verstehen.* Aulis.

Klauer, K. J. & Marx, E. (2010). Förderung kognitiver Fähigkeiten. In D.H. Rost (Hrsg.), *Handwörterbuch Pädagogische Psychologie* (4. Aufl., S. 214–219). Weinheim.

Klieme, E. (2004). Was sind Kompetenzen und wie lassen sie sich messen? *Pädagogik, 6*(2004), 10–13.

Klieme, E. (2006). Empirische Unterrichtsforschung: aktuelle Entwicklungen, theoretische Grundlagen und fachspezifische Befunde. *Zeitschrift für Pädagogik, 52*(6), 765–775.

Klieme, E., & Leutner, D. (2006). Kompetenzmodelle zur Erfassung individueller Lernergebnisse und zur Bilanzierung von Bildungsprozessen. Beschreibung eines neu eingerichteten Schwerpunktprogramms der DFG. *Zeitschrift für Pädagogik, 52*(6), 876–903.

Klieme, E., Leutner, D., & Kenk, M. (2010). Kompetenzmodellierung. Eine aktuelle Zwischenbilanz des DFG-Schwerpunktprogramms. *Zeitschrift für Pädagogik, 56*, 9–11.

Klug, J., Bruder, S., Kelava, A., Spiel, C., & Schmitz, B. (2013). Diagnostic competence of teachers: A process model that accounts for diagnosing learning behavior tested by means of a case scenario. *Teaching and Teacher Education, 30*(1), 38–46.

Kobi, E.E. (1995). Förderdiagnostik. *Beiträge zur Lehrerinnen- und Lehrerbildung, 13*(2), 183–189.

Krauss, S., Neubrand, M., Blum, W., Baumert, J., Brunner, M., Kunter, M., & Jordan, A. (2008). Die Untersuchung des professionellen Wissens deutscher Mathematiklehrerinnen und -lehrer im Rahmen der COACTIV-Studie. *Journal für Mathematik-Didaktik, 29*(3–4), 233–258.

Krauthausen, G. (2018). *Einführung in die Mathematikdidaktik – Primarschule.* Spektrum.

Krolak-Schwerdt, S., Böhmer, M., & Gräsel, C. (2013). The impact of accountability on teachers' assessments of student performance: A social cognitive analysis. *Social Psychology of Education, 16*(2), 215–239.

Kron, S., Sommerhoff, D., Achtner, M., Stürmer, K., Wecker, C., Siebeck, M., & Ufer, S. (2022). Cognitive and motivational person characteristics as predictors of diagnostic performance: Combined effects on pre-service teachers' diagnostic task selection and accuracy. *Journal für Mathematik-Didaktik, 43*(1), 135–172.

Krosanke, N. (2021). *Entwicklung der professionellen Kompetenz von Mathematiklehramts-studierenden zur Bedeutung von Sprache.* Springer.

Kuckartz, U. (2014). *Mixed Methods: Methodologie, Forschungsdesigns und Analyseverfahren.* Springer.

Kuckartz, U. (2016). *Qualitative Inhaltsanalyse. Methoden, Praxis, Computerunterstützung.* Beltz Juventa.

Kuckartz, U., Rädiker, S., Ebert, T., & Schehl, J. (2010). *Statistik: eine verständliche Einführung.* Springer.

Kultusministerkonferenz, K. S. (2014). Standards für die Lehrerbildung: Bildungswissenschaften. *Beschluss der Kultusministerkonferenz vom 16.12.2004 i. d .F. vom 16.05.2019.* Sekretariat der Kultusministerkonferenz. [https://www.kmk.org/fileadmin/veroeffentli chung_beschluesse/2004/2004_12_16-Standards-Lehrerbildung-Bildungswissenscha ften.pdf; 8.9.2021].

Kunter, M., Klusmann, U., & Baumert, J. (2009). Professionelle Kompetenz von Mathematiklehrkräften: Das COACTIV-Modell. In O. Zlatkin-Troitschanskaia, K. Beck, D. Sembill, R. Nickolaus & R. Mulder (Hrsg.), *Lehrprofessionalität. Bedingungen, Genese, Wirkungen und ihre Messung* (S. 153–165). Beltz.

Larrain, M., & Kaiser, G. (2022). Interpretation of students' errors as part of the diagnostic competence of pre-service primary school teachers. *Journal für Mathematik-Didaktik, 43*(1), 39–66.

Lazarides, R. & Ittel, A. (2012). *Differenzierung im mathematisch-naturwissenschaftlichen Unterricht: Implikationen für Theorie und Praxis.* Julius Klinkhardt.

Leikin, R. (2009). Bridging research and theory in mathematics education with research and theory in creativity and giftedness. In R. Leikin, A. Berman & B. Koichu (Eds.), *Creativity in mathematics and the education of gifted students* (pp. 383–411). Sense.

Leinhardt, G., & Steele, M. D. (2005). Seeing the complexity of standing to the side: Instructional dialogues. *Cognition and Instruction, 23*(1), 87–163.

Leuders, T. (2014). Modellierungen mathematischer Kompetenzen – Kriterien für eine Validitätsprüfung aus fachdidaktischer Sicht. *Journal für Mathematik-Didaktik, 35*(1), 7–48.

Leuders, T. (2017). Diagnostische Kompetenz – ein zentrales aber noch wenig geklärtes Konstrukt. In U. Kortenkamp & A. Kuzle (Hrsg.), *Beiträge zum Mathematikunterricht* (S. 11–18). WTM-Verlag.

Leuders, T., Dörfler, T., Leuders, J., & Philipp, K. (2017a). Diagnostic competence of mathematics teachers: unpacking a complex construct. In T. Leuders, T. Dörfler, J. Leuders & K. Philipp (Eds.), *Diagnostic competence of mathematics teachers. Unpacking a complex construct in teacher education and teacher practice* (pp. 3–32). Springer.

Leuders, J., Leuders, T., Prediger, S., & Ruwisch, S. (2017). *Mit Heterogenität im Mathematikunterricht umgehen lernen: Konzepte und Perspektiven für eine zentrale Anforderung an die Lehrerbildung.* Springer.

Leuders, T., Dörfler, T., Leuders, J., & Philipp, K. (2018). Diagnostic competence of mathematics teachers: Unpacking a complex construct. In T. Leuders, K. Philipp & J. Leuders

(Eds.), *Diagnostic Competence of Mathematics Teachers: Unpacking a Complex Construct in Teacher Education and Teacher Practice* (Vol. 11) (3–31). Springer.

Leuders, T., Nückles, M., Mikelskis-Seifert, S., & Philipp, K. (2019). *Pädagogische Professionalität in Mathematik und Naturwissenschaften.* Springer.

Leuders, T., Loibl, K., & Dörfler, T. (2020). Diagnostische Urteile von Lehrkräften erklären –Ein Rahmenmodell für kognitive Modellierungen und deren experimentelle Prüfung. *Unterrichtswissenschaft, 48*(4), 493–502.

Leuders, T., Loibl, K., Sommerhoff, D., Herppich, S., & Praetorius, A. K. (2022). Toward an overarching framework for systematizing research perspectives on diagnostic thinking and practice. *Journal für Mathematik-Didaktik, 43*(1), 13–38.

Lincoln, Y. S. & Guba, E. G. (1985). *Naturalistic Inquiry.* Sage.

Loibl, K., Leuders, T., & Dörfler, T. (2020). A framework for explaining teachers' diagnostic judgements by cognitive modeling (DiacoM). *Teaching and Teacher Education, 91,* 1. [https://doi.org/10. 1016/j.tate.2020.103059; 10.9.2021].

Lorenz, C., & Artelt, C. (2009). Fachspezifität und Stabilität diagnostischer Kompetenz von Grundschullehrkräften in den Fächern Deutsch und Mathematik. *Zeitschrift für Pädagogische Psychologie, 23*(3), 211–222.

Maier, P. & Schönknecht, G. (2012). *Diagnose und Förderung im Sachunterricht.* Sinus an Grundschulen Naturwissenschaften. IPN

Mayring, P. (1991). Qualitative Inhaltsanalyse. In U. Flick, E. v. Kardorff, H. Keupp, L. v. Rosenstiel, & S. Wolff (Hrsg.), *Handbuch qualitative Forschung: Grundlagen, Konzepte, Methoden und Anwendungen* (S. 209–213). Beltz.

Mayring, P., & Fenzl, T. (2019). Qualitative Inhaltsanalyse. In N. Bauer & J. Blasius (Hrsg.), *Handbuch Methoden der empirischen Sozialforschung. 2. Auflage* (S. 633–648). Springer VS.

Messick, S. (1995). Validity of psychological assessment: Validation of inferences from persons' responses and performances as scientific inquiry into score meaning. *American Psychologist, 50*(9), 741. [https://doi.org/10.1037/0003-066X.50.9.741; 10.9.2021].

Metzger, C. (2011). Kompetenzorientiert prüfen – Herausforderungen für Lehrpersonen. In O. Zlatkin-Troitschanskaia (Hrsg.), *Stationen Empirischer Bildungsforschung. Traditionslinien und Perspektiven* (S. 383–394). Springer Nature.

Meyer-Drawe, K. (2008). *Diskurse des Lernens.* Fink.

Meyer-Drawe, K. (2010). On Knowledge of Learning. A Phenomenological Sketch. *Santalka: Filosofija, Komunikacija, 18*(3), 6–17.

Moor, P. 1965. *Heilpädagogik. Ein pädagogisches Lehrbuch.* Huber.

Moser Opitz, E. (2022). Diagnostisches und didaktisches Handeln verbinden: Entwicklung eines Prozessmodells auf der Grundlage von Erkenntnissen aus der pädagogischen Diagnostik und der Förderdiagnostik. *Journal für Mathematik-Didaktik, 43*(1), 205–230.

Moser Opitz, E., Ramseier, E., Reusser, L., Haselhorn, M., Heinzel, A., Schneider, W., & Trautwein, U. (2013). Basisdiagnostik Mathematik für die Klassen 4–8 (BASIS-Math 4–8). *Jahrbuch der pädagogisch-psychologischen Diagnostik. Tests und Trends. Neue Folge, (11),* 271–286.

Moosbrugger, H., & Kelava, A. (2012). Qualitätsanforderungen an einen psychologischen Test (Testgütekriterien). In H. Moosbrugger & A. Kelava (Hrsg.), *Testtheorie und Fragebogenkonstruktion* (S. 7–25). Springer.

Moosbrugger, H., & Kelava, A. (2020). Qualitätsanforderungen an Tests und Fragebogen („Gütekriterien"). In H. Moosbrugger & A. Kelava (Hrsg.), *Testtheorie und Fragebogenkonstruktion* (S. 13–38). Springer.

Mudiappa, M., & Artelt, C. (Eds.). (2014). *BiKS-Ergebnisse aus den Längsschnittstudien: Praxisrelevante Befunde aus dem Primar-und Sekundarschulbereich.* University of Bamberg Press.

Newman, I. & Benz, C. R. (1998). *Qualitative-quantitative research methodology: Exploring the interactive continuum.* SIU Press.

Niedermann, A., Meisel-Stoll, M., Sahli, C. & Zeltner, U. (2010). *Heilpädagogische Unterrichtsgestaltung.* Haupt.

Nührenbörger, M. (2013). Warum so umständlich? Größen und Messen. *Grundschule, (2).* 12–14.

Oevermann, U. (1996): Theoretische Skizze einer revidierten Theorie professionalisierten Handelns. *Pädagogische Professionalität. Untersuchungen zum Typus pädagogischen Handelns, 1,* 70–182.

Ophuysen, S. V., & Behrmann, L. (2015). Die Qualität pädagogischer Diagnostik im Lehrerberuf-Anmerkungen zum Themenheft „Diagnostische Kompetenzen von Lehrkräften und ihre Handlungsrelevanz ". *Journal for educational research online, 7*(2), 82–98.

Opitz, E. M. (2013). *Rechenschwäche, Dyskalkulie: Theoretische Klärungen und empirische Studien an betroffenen Schülerinnen und Schülern.* Haupt.

Oser, F., & Hascher, T., Spychiger, M. (1999). Lernen aus Fehlern. Zur Psychologie des negativen Wissens. In W. Althof (Hrsg.), *Fehler-Welten* (S. 11–41). Leske + Budrich.

Oser, F., Biedermann, H., Brühwiler, C., Kopp, M., Krattenmacher, S. & Steinmann, S. (2010). *Deutschschweizer Lehrerausbildung auf dem Prüfstand. Wie gut werden unsere angehenden Lehrpersonen ausgebildet? Ein internationaler Vergleich.* [https://www.iea.nl/publications/study-reports/national-reports-iea studies/deutschschweizer-lehrerausbildung-auf-dem; 11.3.2022].

Oser, F., & Biedermann, H. Brühwiler, M., Kopp, M., Krattenmacher, S. & Steinmann, S. (2011). *Deutschschweizer Lehrerausbildung auf dem Prüfstand: wie gut werden unsere angehenden Lehrkräften ausgebildet? Ein internationaler Vergleich.* [file:///C:/Users/Admin/AppData/Local/Temp/zu10068.pdf; 15.7.2021].

Ostermann, A., Leuders, T., & Philipp, K. (2019). Fachbezogene diagnostische Kompetenzen von Lehrkräften – Von Verfahren der Erfassung zu kognitiven Modellen zur Erklärung. In T. Leuders, M. Nückles, S. Mikelskis-Seifert & K. Philipp (Hrsg.), *Pädagogische Professionalität in Mathematik und Naturwissenschaften* (S. 93–116). Springer.

Philipp, K. (2018). Diagnostic competences of mathematics teachers with a view to processes and knowledge resources. In T. Leuders, K. Philipp & J. Leuders (Eds.), *Diagnostic Competence of Mathematics Teachers: Unpacking a Complex Construct in Teacher Education and Teacher Practice* (pp. 109–127). Springer.

Philipp, K., & Gobeli-Egloff, I. (2022). Förderung diagnostischer Kompetenz im Rahmen der Ausbildung von Lehrkräften für die Primarschule – Eine Studie zum Erkennen von Stärken und Schwächen von Schülerinnen und Schülern am Beispiel von Größen. *Journal für Mathematik-Didaktik, 43*(1), 173–203.

Pohlmann, M. (2019). Modellierung, Visualisierung und Messung fachdidaktischer Kompetenz von Lehrkräften der Naturwissenschaften. [https://fachdidaktikbiologie.uni-koeln.de/sites/fachdid_bio_gym/user_upload/SEMINAR_2019.4._Pohlmann_134-152.pdf; 10.3.2022].

Popham, W. James, (2009). Assessment Literacy for Teachers: *Faddish or Fundamental? Theory Into Practice, 48*(1), 4–11. DOI: https://doi.org/10.1080/004058408 02577536

Pott, A. (2019). Diagnostische Deutungen Im Lernbereich Mathematik. Wiesbaden: Springer.

Praetorius, A. K., Hetmanek, A., Herppich, S., & Ufer, S. (2017). Herausforderungen bei der empirischen Erforschung diagnostischer Kompetenz. In A. Südkamp & A. K. Praetorius (Hrsg.), *Diagnostische Kompetenz von Lehrkräften: Theoretische und methodische Weiterentwicklungen* (S. 95–101). Waxmann.

Prediger, S. & Wittmann, G. (2009). Aus Fehlern lernen – (wie) ist das möglich? *Praxis der Mathematik in der Schule, 51*(3), 1–8.

Przyborski, A. & Wohlrab-Sahr, M (2014). *Qualitative Sozialforschung. Ein Arbeitsbuch.* Oldenburg.

Radatz, H., & Schipper, W. (2007). *Handbuch für den Mathematikunterricht an Grundschulen.* Schroedel.

Rädiker, S. & Kuckartz, U. (2019). *Analyse qualitativer Daten mit MAXQDA.* Springer Fachmedien.

Radtke, F. O. (2000). Professionalisierung der Lehrerbildung durch Autonomisierung, Entstaatlichung, Modularisierung. *sowi-onlinejournal.* [https://www.sowi-online.de/sites/def ault/files/radtke.pdf; 10.6.2021].

Rasch, B., Hofmann, W., Friese, M. & Naumann, E. (2010). *Quantitative Methoden: Einführung in die Statistik für Psychologen und Sozialwissenschaftler* (3. Aufl.). Springer.

Renkl, A. (2020). Wissenserwerb. In E. Wild & J. Möller (Hrsg.), *Pädagogische Psychologie* (S. 3–21). Springer.

Reuker, S., & Künzell, S. (2021). Learning diagnostic skills for adaptive teaching –a theoretical foundation. *Cogent Education, 8*(1), 1887432. DOI: https://doi.org/10.1080/233 1186X.2021.1887432

Reuter, D. (2011). *Kindliche Konzepte zur Größe Gewicht und ihre Entwicklung.* (Dissertation). Universität Berlin. [https://edoc.hu-berlin.de/handle/18452/17009; 10.4.2020].

Reuter, D. (2015). Wie schwer sind eigentlich 200g? Stützpunktvorstellungen aufbauen und anwenden. *Mathematik differenziert.* (4)32.

Rösike, K. A., & Schnell, S. (2017). Do math! – Lehrkräfte professionalisieren für das Erkennen und Fördern von Potenzialen. In J. Leuders, T. Leuders, S. Prediger & S. Ruwisch (Hrsg.), *Mit Heterogenität im Mathematikunterricht umgehen lernen* (S. 223–233). Springer.

Rotgans, J. I., & Schmidt, H.G. (2011). Situational interest in academic achievement in the active-learning classroom. *Learning and Instruction, 21*(1), 58–67.

Rudeloff, M. (2019). Kompetenz: Grundlagen und Begriffsbestimmung. In M. Rudeloff (Hrsg.), *Der Einfluss informeller Lerngelegenheiten auf die Finanzkompetenz von Lernendenam Ende der Sekundarstufe I* (S. 13–48). Springer.

Rutsch, J., Rehm, M., Vogel, M., Seidenfuß, M., & Dörfler, T. (2018). *Effektive Kompetenzdiagnose in der Lehrerbildung: Professionalisierungsprozesse angehender Lehrkräfte untersuchen.* Springer.

Ruwisch, S. (2000). Die Größendetektive auf Spurensuche. *Grundschulunterricht, 47*(10), 5.

Rychen, D. S., & Salganik, L. H. (2000). Definition and selection of key competencies. In OECD Education Indicators programme (Ed.), *The INES Compendium. Contributions from the INES Networks and working Groups* (pp. 61–73). OECD. [https://citeseerx.ist.psu.edu/viewdoc/download?doi=10.1.1.452.9913&rep=rep1&type=pdf#page=69; 8.9.2021].

Salkind, N. J. (Ed.). (2010). *Encyclopedia of research design*. Sage.

Schaper, N. (2014). Validitätsaspekte von Kompetenzmodellen und -tests für hochschulische Kompetenzdomänen. In F. Musekamp & G. Spöttl (Hrsg.), *Kompetenz im Studium und in der Arbeitswelt. Nationale und internationale Ansätze zur Erfassung von Ingenieurkompetenzen* (S. 41–48). Lang.

Schapper, N. (2009). Aufgabenfelder und Perspektiven bei der Kompetenzmodellierung und -messung in der Lehrerbildung. *Lehrerbildung auf dem Prüfstand, 2*(1), 166–199.

Schmidt, C., & Liebers, K. (2017). Formatives Assessment im inklusiven Unterricht–Forschungsstand und erste Befunde. In F. Hellmich & E. Blumberg (Hrsg.), *Inklusiver Unterricht in der Grundschule* (S. 50–65). Kohlhammer.

Schmotz, C., & Blömeke, S. (2009). Zum Verhältnis von fachbezogenem Wissen und epistemologischen Überzeugungen bei angehenden Lehrkräften. *Lehrerbildung auf dem Prüfstand, 2*(1), 148–165.

Schrader, F. W. (1989). *Diagnostische Kompetenzen von Lehrern und ihre Bedeutung für die Gestaltung und Effektivität des Unterrichts*. Lang.

Schrader, F. W. (2008). Diagnoseleistungen und diagnostische Kompetenzen von Lehrkräften. In W. Schneider & M. Hasselhorn (Hrsg.), *Handbuch der Pädagogischen Psychologie* (S. 168–177). Hogrefe.

Schrader, F. W. (2010). Diagnostische Kompetenz von Eltern und Lehrern. In D.H. Rost, J. R. Sparfeldt & S. Buch (Hrsg.), *Handwörterbuch Pädagogische Psychologie* (4. Aufl., S. 102–108). Beltz.

Schrader, F. W. (2011). Lehrer als Diagnostiker. In E. Terhart, H. Bennewitz, & M. Rothland (Hrsg.), *Handbuch der Forschung zum Lehrerberuf* (S. 683–698). Waxmann.

Schrader, F. W. (2013). Diagnostische Kompetenz von Lehrpersonen. *Beiträge zur Lehrerinnen- und Lehrerbildung, 31*(2), 154–165.

Schrader, F.-W. & Helmke, A. (1987). Diagnostische Kompetenz von Lehrern: Komponenten und Wirkungen. *Empirische Pädagogik, 1*(1), 27–52.

Schwarz, J. & Bruderer Enzler, H. (2021). *Methodenberatung Universität Zürich*. [https://www.methodenberatung.uzh.ch/de/datenanalyse_spss/zusammenhaenge/mreg.html#3.4._Pr%C3%BCfen_der_Voraussetzungen; 8.9.2021].

Shulman, L. S. (1986). Those who understand: Knowledge growth in teaching. *Educational researcher, 15*(2), 4–14.

Shulman, L. (1987). Knowledge and teaching: Foundations of the new reform. *Harvard educational review, 57*(1), 1–23.

Sommerhoff, D., Leuders, T., & Praetorius, A. K. (2022). Forschung zum diagnostischen Denken und Handeln von Lehrkräften – Was ist der Beitrag der Mathematikdidaktik? *Journal für Mathematik-Didaktik, 43*(1), 1–12.

Spinath, B. (2005). Akkuratheit der Einschätzung von Schülermerkmalen durch Lehrer und das Konstrukt der diagnostischen Kompetenz: Accuracy of teacher judgments on student characteristics and the construct of diagnostic competence. *Zeitschrift für pädagogische Psychologie, 19*(1/2), 85–95.

Staub, F. C., & Stern, E. (2002). The nature of teachers' pedagogical content beliefs matters for students' achievement gains: Quasi-experimental evidence from elementary mathematics. *Journal of educational psychology, 94*(2), 344.

Steiner, M., & Lassnigg, L. (2019). *Selektion, Dropout und früher Bildungsabbruch.* [https:// irihs.ihs.ac.at/id/eprint/5039/1/ihs-policybrief-lassnigg-steiner-2109-selektion_dropout_ bildungsabbruch.pdf; 20.8.2021].

Streit, C., & Weber, C. (2013). Vignetten zur Erhebung von handlungsnahem, mathematikspezifischem Wissen angehender Grundschullehrkräfte. In *Beiträge zum Mathematikunterricht.* Universitätsbibliothek.

Strübing, J. (2008). Pragmatismus als epistemische Praxis. Der Beitrag der Grounded Theory zur Empirie-Theorie-Frage. In H. Kalthoff, S. Hirschauer & G. Lindemann (Hrsg.), *Theoretische Empirie. Zur Relevanz qualitativer Forschung* (S. 279–311). Suhrkamp.

Südkamp, A., Möller, J., & Pohlmann, B. (2008). Der Simulierte Klassenraum: Eine experimentelle Untersuchung zur diagnostischen Kompetenz. *Zeitschrift für Pädagogische Psychologie, 22*(34), 261–276.

Südkamp, A., Kaiser, J., & Möller, J. (2012). Accuracy of teachers' judgments of students' academic achievement: a meta-analysis. *Journal of Educational Psychology, 104*(3), 743–762.

Südkamp, A., Kaiser J. & Möller, J. (2017). Ein heuristisches Modell der Akkuratheit diagnostischer Urteile von Lehrkräften. In A. Südkamp & A. K. Praetorius (Hrsg.), *Diagnostische Kompetenz von Lehrkräften: Theoretische und methodische Weiterentwicklungen* (S. 33–38). Waxmann.

Südkamp, A., & Praetorius, A. K. (Eds.). (2017). *Diagnostische Kompetenz von Lehrkräften: theoretische und methodische Weiterentwicklungen.* Waxmann.

Sundermann, B., & Selter, C. (2005). *Lernerfolg begleiten–Lernerfolg beurteilen.* IPN.

Terhart, E. (2016). Geschichte des Lehrerberufs. In M. Rothland (Hrsg.), *Beruf Lehrer / Lehrerin. Ein Studienbuch* (S. 19–32). Waxmann.

Ufer, S., & Leutner, D. (2017). Kompetenzen als Dispositionen – Begriffserklärungen und Herausforderungen. In A. Südkamp & A. K. Praetorius (Hrsg.), *Diagnostische Kompetenz von Lehrkräften: Theoretische und methodische Weiterentwicklungen* (S. 69–74). Waxmann.

van Es, E. A., & Sherin, M. G. (2002). Learning to notice: Scaffolding new teachers' interpretations of classroom interactions. *Journal of Technology and Teacher Education, 10*(4), 571–596.

van Es, E. A., Sherin, M. G. (2021). Expanding on prior conceptualizations of teacher noticing. *ZDM Mathematics Education, 53,* 17–27. [https://doi.org/10.1007/s11858-020-012 11-4; 4.12.2021].

Voss, T., Kunter, M. & Baumert, J. (2011). Assessing teacher candidates' general pedagogical/psychological knowledge: Test construction and validation. *Journal of Educational Psychology, 103,* 952–969.

Weinert, F. E. (2000). Lehren und Lernen für die Zukunft – Ansprüche an das Lernen in der Schule. *Nachrichten der Gesellschaft zur Förderung Pädagogischer Forschung, 2,* 4– 23.

Weinert, F. E. (2001a). Concept for 2001 competence: A conceptual clarification. In D. S. Rychen & L.H. Salganik (Eds.), *Defining and selecting key competencies* (pp. 45–65). Hogrefe & Huber Publishers.

Weinert, F. E. (2001b). *Leistungsmessungen in Schulen.* Beltz.

Weißeno, G., Weschenfelder, E. & Oberle, M. (2013). Konstruktivistische und transmissive Überzeugungen von Refendar/-innen. In A. Besand (Hrsg.), *Lehrer- und Schülerforschung in der politischen Bildung* (S. 68 – 77). Wochenschau.

Weninger, J. (1973). Gewicht: Kraft oder Masse? *Physikalische Blätter, 29*(3), 135 – 138.

Wenzel, C. & Pieler, M. (2017). Kinder dokumentieren ihr Lernen. *Grundschule aktuell: Zeitschrift des Grundschulverbandes, 138,* 5–8. [https://www.pedocs.de/volltexte/2019/ 17673/pdf/GSV_2017_Wenzel_Pieler_Portfolio_Kinder_dokumentieren_ihr_Lernen. pdf; 27.3.2022].

Wygotski, L. S. (1980). Das Spiel und seine Bedeutung in der psychischen Entwicklung des Kindes. In D. Elkonin (Hrsg.), *Psychologie des Spiels* (S. 441–465). Pahl-Rugenstein.

Zumbo, B. D. (2007). Validity: Foundational issues and statistical methodology. In C. R. Rao & S. Sinharay (Eds.), Handbook of statistics, Vol: Psychometrics (pp. 47–79). The Netherlands: Elsevier Science.

Printed in the United States
by Baker & Taylor Publisher Services